环境化学教程

苑　静　唐文华　蒋向辉　编著

西南交通大学出版社
·成　都·

内容提要

全书共分 7 章，包括环境与环境化学、大气环境化学、水环境化学、土壤环境化学、生物环境化学、典型污染物在环境各圈层中的循环、能源与资源。以大气环境化学、水环境化学、土壤环境化学为主线，污染物带来的环境问题治理中的化学原理及常见的解决方法和技术知识为辅。在介绍环境化学基本知识的基础上，还适当介绍了该领域最新的研究成果和进展。

本书可作为高等院校环境科学类专业以及大专院校相关专业较少学时的教学用书，也可作为环境保护和环境科学研究人员、高等院校教师的教学参考书。

图书在版编目（ＣＩＰ）数据

环境化学教程／苑静，唐文华，蒋向辉编著. —成都：西南交通大学出版社，2015.1
ISBN 978-7-5643-3524-3

Ⅰ. ①环… Ⅱ. ①苑… ②唐… ③蒋… Ⅲ. ①环境化学 – 高等学校 – 教材 Ⅳ. ①X13

中国版本图书馆 CIP 数据核字（2014）第 251662 号

环境化学教程	苑　静 唐文华　编著 蒋向辉	责任编辑　牛　君 封面设计　米迦设计工作室
印张　11.75　　字数　292千		出版 发行　西南交通大学出版社
成品尺寸　185 mm × 260 mm		网址　http://www.xnjdcbs.com
版本　2015年1月第1版		地址　四川省成都市金牛区交大路146号
印次　2015年1月第1次		邮政编码　610031
印刷　成都中铁二局永经堂印务有限责任公司		发行部电话　028-87600564　028-87600533
书号：ISBN 978-7-5643-3524-3		定价：22.00元

凯里学院规划教材编委会

总　序

　　教材建设是高校教学内涵建设的一项重要工作，是体现教学内容和教学方法的知识载体，是提高人才培养质量的重要条件。凯里学院 2006 年升本以来，十分重视教材建设工作，在教材选用上明确要求"本科教材必须使用国家规划教材、教育部推荐教材和面向 21 世纪课程教材"，从而保证了教材质量，为提高教学质量、规范教学管理奠定了良好基础。但在使用的过程中逐渐发现，这类适用于研究型本科院校使用的系列教材，多数内容较深、难度较大，不一定适合我校的学生使用，与应用型人才培养目标也不完全切合，从而制约了应用型人才的培养质量。因此，探索和建设适合应用型人才培养体系的校本教材、特色教材成为我校教材建设的迫切任务。自 2008 年起，学校开始了校本特色教材开发的探索与尝试，首批资助出版了 11 本原生态民族文化特色课程丛书，主要有《黔东南州情》、《苗侗文化概论》、《苗族法制史》、《苗族民间诗歌》、《黔东南民族民间体育》、《黔东南民族民间音乐概论》、《黔东南方言学导论》、《苗侗民间工艺美术》、《苗侗服饰及蜡染艺术》等。该校本特色教材丛书的出版，弥补了我校在校本教材建设上的空白，为深入开展校本教材建设积累了经验，并对探索保护、传承、弘扬与开发利用原生态民族文化，推进民族民间文化进课堂做出了积极贡献，对我校教学、科研和人才培养起到了积极的推动作用，并荣获贵州省高等教育教学成果一等奖。

　　当前，随着高等教育大众化、国际化的迅猛发展和地方本科院校转型发展的深入推进，越来越多的地方本科高校在明确应用型人才培养目标、办学特色、教学内容和课程体系的框架下，积极探索和建设适用于应用型人才培养的系列教材。在此背景下，根据我校人才培养方案和"十二五"教材建设规划，结合服务地方社会经济发展、民族文化传承需要，我们又启动了第二批校本教材的立项研究工作，通过申报、论证、评审、立项等环节确定了教材建设的选题范围，第二套校本教材建设项目分为基础课类、应用技术类、素质课类、教材教法等四类，在凯里学院教材建设专家委员会的组织、指导和教材编著者们的辛勤编撰下，目前，15 本教材的编撰工作已基本完成，即将正式出版。这套教材丛书既是近年来我校教学内容和课程体系改革的最新成果，反映了学校教学改革的基本方向，也是学校由"重视规模发展"转向"内涵式发展"的一项重大举措。

　　凯里学院校本规划教材丛书的编辑出版，集中体现了学校探索应用型人才培养的教学建设努力，倾注了编著教师团队成员的大量心血，将有助于推动地方院校提高应用型人才培养质量。然而，由于编写时间紧，加之编著者理论和实践能力水平有限，书中难免存在一些不足和错漏。我们期待在教材使用过程中获得批评意见、改进建议和专家指导，以使之日臻完善。

凯里学院规划教材编委会

二〇一四年十二月

前　言

随着技术和经济的发展，人类利用和改造自然的能力大大加强，地球上过度和不公平的资源利用和开发都以环境破坏为代价，造成了全球性的森林破坏、土地沙化、土壤退化、海洋污染、农药污染、水资源缺乏、生物多样性破坏及全球气候变暖等环境问题。环境问题已经成为人类最为关注的焦点之一。由于大多数的生态环境问题都与化学物质直接相关，环境化学学科在掌握污染来源，消除和控制污染，为确定环境保护决策提供科学依据等方面都起着重要作用。因此，"环境化学"是环境、化学、化工及相关专业的基础理论课程。同时为保护我们共同的家园，与地球和谐相处，环境化学知识也适用于非环境专业的大中专院校学生和环境保护者。

为此，为贯彻应用型本科教育由"重视规模发展"转向"注重提高教学质量"的工作思路，适应当前我国高等院校应用型教育教学改革和教材建设的迫切需要；结合社会对环境知识普及的要求，以应用为目的，以"必需、够用"为度，注重内容的实用性和可读性，不盲目苛求基础理论的完整性、系统性；注重作为非环境专业的环境化学知识对学生的学习能力和读者的环境保护思想的培养，了解环境化学最新发展动态，从而使读者具备一定的基本技能，树立可持续发展观以及人与自然和谐观而编写此书。

本书的编写，注重内容的正确性、先进性和科学性，正确处理了传统学科与新兴交叉学科知识的关系。在内容编排中能充分运用传统化学学科的原理和方法解释环境化学问题，包括生物学、生物化学、毒理学、气象学、土壤学等多种交叉学科知识的融合。

本书的编写借鉴了许多专家和学者在环境化学问题方面的见解和编写经验（参考书目见本书参考文献）。在此向这些专家和学者一并表示衷心的感谢和崇高的敬意！

本书由苑静、唐文华和蒋向辉编著。本书的编写工作得到了许多老师和朋友的支持，在此，向关心和支持本书编写和出版工作的领导和朋友们表示衷心的感谢！

鉴于时间及编者水平所限，本书的编写难免有不当之处，敬请读者批评指正。

编　者
2014 年 6 月

目　录

1　环境与环境化学

1.1　环境

　　环境是指围绕着人群的空间及可以直接、间接影响人类生活和发展的各种自然因素和社会因素的总体。它总是相对于中心事物而言的。与某一中心事物有关的周围空间和事物就是这个中心事物的环境。在环境科学中，这个中心事物就是我们人类。人类的环境就是以人类为中心的周围客观事物的总和，即包括大气、水、土地、矿藏、森林、草原、野生动植物、水生生物、名胜古迹、温泉、疗养区、自然保护区、生活居住区等。它凝聚着社会因素和自然因素。因此，环境科学中所称的环境也分为社会环境和自然环境两大类。环境化学中的环境主要是指自然环境，包括大气、水、土壤、生物等自然因素。在环境科学中，通常把这些自然环境要素形象地描绘为大气圈、水圈、土圈（岩石圈）与生物圈，称为大气环境、水环境、土壤环境与生物环境。这些环境诸要素间相互制约、相互影响，处于动态平衡状态。

1.1.1　环境的分类及特性

1.1.1.1　环境的分类

　　按照系统论观点，人类环境是由若干个规模大小不同、复杂程度有别、等级高低有序，彼此交错重叠、互相转化变换的子系统所组成的，是一个具有程序性和层次性结构的网络。人们可以从不同的角度或以不同的原则，按照人类环境的组成和结构关系将它划分为一系列的分类。通常的分类原则是：环境范围的大小、环境主体、环境要素、人类对环境的作用及环境的功能。通常采取按环境的范围由近及远进行分类。

1）聚落环境

　　人类聚居的地方与活动的中心为聚落，分为院落环境、村落环境和城市环境。院落环境是由一些功能不同的构筑物和与它联系在一起的场院组成的基本环境单元，如中国西南地区的竹楼、内蒙古草原的蒙古包、陕北的窑洞、北京的四合院、机关大院及大专院校等。村落环境是农业人口聚居的地方，比如中国贵州的西江苗寨、枪手部落岜沙。城市环境是非农业人口聚居的地方。城市是人类社会发展到一定阶段的产物，是商业、工业及交通汇集的地方。随着社会的发展，城市的规模越来越大且人口高度集中，使城市中人与环境的矛盾异常尖锐，成为当前环境保护工作的重点。

2）地理环境

地理环境包括自然地理环境和人文地理环境。地理环境位于地球的表面，即岩石圈、水圈、土圈、大气圈和生物圈相互制约、相互渗透、相互转化的交错带上。人文地理环境是人类的社会、文化和生产、生活活动的地域组合，包括人口、民族、聚落、政治、社团、经济、交通、军事等许多成分。地理环境是环境科学的重点研究对象。

3）地质环境

地质环境指的是地理环境中除生物圈以外的其余部分，它能为人类提供丰富的矿物资源。

4）宇宙环境

宇宙环境指的是地球大气圈以外的环境，又称星际环境。到目前为止，还不适合人类生存。

1.1.1.2　环境的功能特性

环境系统是一个复杂的，有时、空、量和序变化的动态系统。系统内外存在着物质和能量的变化和交换。系统的混乱度越大，熵越大，越无秩序。

1）整体性

人与地球是一个整体，地球的任一部分或任一个系统都是人类环境的组成部分。各部分之间存在着相互联系、相互制约的关系。局部地区的环境污染或破坏总会对其他地区造成影响和危害。所以，人类的生存环境及对其的保护，从整体上看是没有地区界限、省界和国界的。

2）有限性

环境的有限性指的是人类环境的稳定性有限、资源有限、容纳污染物质的能力有限或对污染物质的自净能力有限。

3）不可逆性

人类的环境系统在其运转过程中存在两个过程：能量流动和物质循环。后一过程是可逆的，但前一过程是不可逆的。因此根据热力学理论，整个过程是不可逆的。所以环境一旦遭到破坏，利用物质循环规律可以实现局部的恢复，但不能彻底回到原来的状态。当然有时候我们是有意这样做的，否则就没有必要改造环境了。

4）隐显性

除了事故性的污染与破坏，如森林大火、农药厂事故等可直观其后果，日常的环境污染与环境破坏对人类的影响及后果的显现有一个过程，需要经过一段时间。如日本汞污染引起的水俣病经过 20 年时间才显现出来；DDT 农药虽已停止使用，但已进入生物圈和人体中的DDT 还得再经过几十年才能从生物体中彻底排除出去。

5）持续反应性

事实已证明，环境污染不但影响当代人的健康，而且还会危及后代，造成难以估计的不利影响。

6）灾害放大性

当环境被污染和破坏后，危害性或灾害性都会明显放大。如上游小片林地的毁坏可能造成下游地区的水、旱、虫灾害；燃烧释放出来的 SO_2、CO_2 等气体，不仅造成局部地区空气污染，还可能造成酸沉降，毁坏大片森林，使大量湖泊不宜鱼类生存或因温室效应使全球气温升高，海水上涨，淹没城市和农田。

1.1.2　环境的自然圈层

地球环境系统由大气圈、水圈、岩石圈和生物圈四个圈层组成。

1.1.2.1　岩石圈

地球大致可分成地壳、地幔和地核三个同心圈层。地壳是指从地表以下几千米至 30 ~ 40 km 的一层，称为岩石圈。岩石圈厚度很不均匀，大陆所在的地方地壳比较厚，尤其是山脉下更厚，海洋所在地方地壳比较薄，最薄的地壳不到 10 km。

岩石圈是构成地球系统的基本圈层之一，由下伏坚硬的岩石和上覆表生自然体构成。岩石圈的表生自然体包括风化壳和土壤。土壤是地球表面生长植物的疏松层，它以不完全连续状态存在于陆地表面，有时也称土壤圈。它与水圈、大气圈和生物圈的关系密切，与人类的生活息息相关。

1.1.2.2　大气圈

地球的外圈是一层空气，这一层空气称为大气圈。大气圈的主要成分是 N_2 和 O_2。N_2、O_2、Ar 及 CO_2 占有大气总体积的 99.99%。一系列微量组分（主要是稀有气体及 H_2）也是大气的恒定组分。除恒定组分外，大气中也存在大量临时性的异常组分，它们来自火山活动和生物圈的生命活动，近代则主要来自人类的生产和生活活动。大部分高浓度的大气异常组分对动植物的生长产生不利影响，因此属于大气的污染物。属于大气异常组分的还有由于各种作用而进入大气层的粉尘颗粒，它们是：来自大陆的尘粒（化学组分可能近似黄土组分）；来自海洋表层的可溶盐的尘粒；火山爆发喷出的火山灰；偶然性来源的粉尘（主要来自宇宙尘，每天到达地球的宇宙尘为 10^{-7} g/cm²）；人为的工业粉尘（燃料燃烧）等。

1.1.2.3　水　　圈

水圈是指地球上被水和冰雪所占有或覆盖而形成的圈层。地球上的水以气态、液态和固态三种形式存在于空中、地表和地下以及生物体内，海洋、湖泊、河流、沼泽的水和地下水构成地壳的水圈。地球上的水循环是形成水圈的动力，在水循环的作用下，把特征不同的水体联系起来形成水圈，并与大气圈、岩石圈、生物圈之间进行各种形式的水交换。

1.1.2.4 生物圈

生物圈是指地球上有生命活动的区域及其居住环境的整体总和,是生活在大气圈、岩石圈和水圈中的生物活动的地方。生物圈是一个复杂的开放系统,一个生命物质与非生命物质的自我调节系统,它是生物界和水、大气及岩石三个圈层长期相互作用的结果。

有人曾将人和苜蓿草所含元素的种类和含量进行了测定对照,结果发现,两者体内的元素种类大体相同。不仅如此,在人体所含的 11 种常量元素中,苜蓿草中除了钠以外,其他元素的含量也高于万分之一,而且其含量高低次序也基本相同。而一种元素能否在生物体内存在及其含量多少,主要取决于两点:生物能否得到和生物能否利用,前者取决于生物所处的地球化学环境,而后者又更多地取决于化学元素本身的性质。这不能说是巧合,只能说明这是自然发展规律所决定的。

迄今为止,在人体内已经发现了 60 余种元素,但不能因此说组成人体的只有这 60 余种元素,由于测试手段的限制,一些含量很低的元素尚未测出。可以肯定的是,随着分析测试技术的发展,更多的元素踪迹还可能在人体内发现。

1.1.3 环境污染及环境污染物

1.1.3.1 环境污染

地球虽大(半径 6 300 km 甚至更大),但生物只能在海拔 8 km 到海底 11 km 的范围内生活,而占了 95% 的生物都只能生存在中间约 3 km 的范围内。

环境污染是由于人为因素使环境的构成或状态发生变化,环境素质下降,从而扰乱和破坏了生态系统和人类的正常生活和生产条件。地球为人类的生存和发展提供了水、土地和大量的生物及矿物资源等环境条件,如果人类的生产活动和社会活动给环境带来的影响超过了环境的承受能力(环境的自净能力或自动调节能力)就会发生环境污染。如工业生产排出的废物和余能进入环境,不合理的开发利用自然资源等,都带来了环境的污染和干扰。另一个因素是自然灾害导致的环境污染,如火山爆发、地震、洪水和风暴等。

环境污染具体包括:水污染、大气污染、噪声污染、放射性污染等。水污染是指水体因某种物质的介入,而导致其化学、物理、生物或者放射性污染等方面特性的改变,从而影响水的有效利用,危害人体健康或者破坏生态环境,造成水质恶化的现象。大气污染是指空气中污染物的浓度达到有害程度,以致破坏生态系统和人类正常生存和发展的条件,对人和生物造成危害的现象。噪声污染是指所产生的环境噪声超过国家规定的环境噪声排放标准,并干扰他人正常工作、学习、生活的现象。放射性污染是指由于人类活动造成物料、人体、场所、环境介质表面或者内部出现超过国家标准的放射性物质或者射线。例如,超过国家和地方政府制定的排放污染物的标准,超种类、超量、浓度排放污染物;未采取防止溢流和渗漏措施而装载运输油类或者有毒货物,致使货物落水造成水污染;非法向大气中排放有毒有害物质,造成大气污染事故等。

环境污染又可分为海洋污染、陆地污染、空气污染。海洋污染主要是指从油船与油井漏出来的原油、农田用的杀虫剂和化肥、工厂排出的污水、矿场流出的酸性溶液，它们使得大部分海洋、湖泊都受到污染，结果不但海洋生物受害，就是鸟类和人类也可能因吃了这些生物而中毒。陆地污染主要是大量的垃圾导致的。垃圾的清理成了各大城市的重要问题，每天千万吨的垃圾中，如塑料、橡胶、玻璃、铝等废物是不能焚化或腐化的，它们成了城市卫生的第一号敌人。空气污染是最直接与严重的，主要来自工厂、汽车、发电厂等放出的一氧化碳和硫化氢等，每天都有人因接触了这些污浊空气而染上呼吸器官或视觉器官的疾病。

1.1.3.2　环境污染物

引起环境污染的物质或因子称为环境污染物，简称污染物。大部分的环境污染物是由人类的生产和生活活动产生的。污染物进入环境后可直接或间接地对环境产生影响。

环境污染物划分类别按受污染物影响的环境要素分为大气污染物、水体污染物、土壤污染物等；按污染物的形态可分为气体污染物、液体污染物和固体废物；按污染物的性质可分为化学污染物、物理污染物和生物污染物。

影响人类健康的环境污染物种类繁多，而化学污染物数量多、危害复杂而尤为重要，它们是环境化学研究的主要对象。对环境产生危害的化学污染物概括可分为九类：

（1）元素：铅、镉、铬、汞、砷……

（2）无机物：氰化物……

（3）有机化合物和烃类：烷烃……

（4）金属有机和准金属有机化合物：甲基汞……

（5）含氧有机化合物：醚、醇、酮、醛……

（6）有机氮化合物：胺、腈、硝基甲烷……

（7）有机卤化物：四氯化碳……

（8）有机硫化合物：烷基硫化物、硫醇……

（9）有机磷化合物：主要是磷酸酯类化合物。

人类的生产活动给环境带来的环境污染物主要来自以下几方面：

（1）工业生产。生产中产生的废水、废气和废渣，即工业"三废"；对自然资源的过量开采；能源和水资源的消耗与利用；生产噪声等。

（2）农业生产。过量使用农药、化肥；农业生产的废弃物等。

（3）交通运输。交通运输工具造成的噪声污染、尾气污染、油污染及扬尘污染等。

（4）日常生活。生活中产生的生活污水、生活垃圾及燃煤等产生的废气等。

1.1.4　环境问题

1.1.4.1　环境问题的分类

环境问题是指由于人类活动作用于周围环境所引起的环境质量变化以及这种变化对人类的生产、生活以及健康造成的影响。人类与环境不断地相互影响和作用，便产生环境问题。

环境问题多种多样，归纳起来有两大类：一类是自然演变和自然灾害引起的原生环境问题，也叫第一环境问题，如地震、洪涝、干旱、台风、崩塌、滑坡、泥石流等；另一类是人类活动引起的次生环境问题，也叫第二环境问题或"公害"。次生环境问题一般又分为环境污染和环境破坏两大类，如乱砍滥伐引起的森林植被的破坏、过度放牧引起的草原退化、大面积开垦草原引起的沙漠化和土地沙化、生物多样性减少；工业生产造成大气、水环境恶化；环境污染演化而来的全球变暖、臭氧层破坏、酸雨等环境问题。

按介质分类：大气、水体、土壤、海洋环境问题；

按产生的原因分类：工业、农业、生活环境问题；

按地理空间分类：局地、区域和全球环境问题。

一切危害人类和其他生物生存和发展的环境结构和状态的变化，均称为环境问题。环境科学中所说的环境问题，不包括自然因素如地震、火山爆发等引发的环境变化。

1.1.4.2 环境问题的产生与发展

随着人类的出现、生产力的发展和人类文明的提高，环境问题由小范围、低程度危害发展到大范围、对人类生存造成不容忽视的危害。环境问题的产生和发展大致可分为3个阶段：

1）环境问题的产生与生态环境的早期破坏

此阶段包括人类出现以后至产业革命的漫长时期。此阶段初期，即原始社会，人类很少有意识地改造环境，主要以采集天然动植物为生，对自然生态系统不构成危害。到了奴隶社会和封建社会，生产力逐渐提高，出现了人类的第一次劳动大分工，人类利用和改造环境的力量与作用越来越大，产生了相应的环境问题。如西亚的美索不达米亚和中国的黄河流域是人类文明的发源地，但由于大规模毁林垦荒，造成了严重的水土流失。

2）城市环境问题突出，即近代环境问题

此阶段从产业革命到1984年发现臭氧空洞为止。英国的产业革命使生产力得到了飞跃发展，因而产生和形成了许多新兴的城市，老城市也发展扩大了。大批农民涌入城市，城市人口迅速增加，城市的结构和规模迅速扩大和变化，但城市的基础设施落后，跟不上城市工业和人口发展的需要，出现道路堵塞、交通拥挤，供水不足、排水不畅等症状。到了20世纪，人口增长迅速，世界各国城市化进程加快，能源和资源的消耗迅猛增加。2000年全世界能源消耗量为1900年的17倍。如美国平均每人每年消耗钢材约11 t，平均每两个人就有1辆小轿车，每人每年产生各种各样的固体废物约1 t。此时人类对环境的开发利用强度之大是人类历史上从未有过的。20世纪50年代末至60年代初期，近地表范围内的环境污染发展到了高峰，并已成为发达资本主义国家的一个重大的社会问题，这一时期世界公害事故发生的次数和公害病显著增加。若把1909—1973年划分为三个阶段，后期发生的公害事故是前期的17倍；公害病患者48万，是前期的50倍；因公害病死亡14万人，是前期的153倍。

不同的环境问题之间不是独立的，它们互为因果，相互交叉，彼此助长强化，使得环境问题更加恶化和复杂化。例如，震惊世界的八大公害事件就是20世纪中后期的40多年内发生的，是人类忽视环境保护所致的严重后果。"八大公害"事件列举如下（20世纪50年代至80年代以前）。

——马斯河谷（比利时）烟雾事件。

1930年12月1～5日，比利时马斯河谷的气温发生逆转，工厂排出的有害气体和煤烟粉尘在近地大气层中积聚。3天后，开始有人发病，一周内60多人死亡，还有许多家畜死亡。这次事件主要是几种有害气体和煤烟粉尘污染的综合作用所致，当时的大气中二氧化硫浓度高达25～100 mg/m³。症状：胸疼、咳嗽、流泪、咽痛、声嘶、恶心、呕吐、呼吸困难等。

——洛杉矶（美国西南海岸）光化学烟雾事件。

从20世纪40年代起，已拥有大量汽车的美国洛杉矶城市上空开始出现由光化学烟雾造成的黄色烟幕。它刺激人的眼睛，灼伤喉咙和肺部，引起胸闷等，还使植物大面积受害，松林枯死、柑橘减产。1955年，洛杉矶因光化学烟雾引起的呼吸系统衰竭死亡人数达到400多人。这是最早出现的由汽车尾气造成的大气污染事件。

——多诺拉烟雾事件。

1948年10月26～31日，美国宾夕法尼亚州多诺拉镇持续雾天，而这里却是硫酸厂、钢铁厂、炼锌厂的集中地，工厂排放的烟雾被封锁在山谷中，使6 000人突然发生眼痛、咽喉痛、流鼻涕、头痛、胸闷等不适，其中20人很快死亡。这次烟雾事件主要是因为二氧化硫等有毒有害物质和金属微粒附着在悬浮颗粒物上，人们在短时间内大量吸入这些有害气体，以致酿成大灾。

——伦敦（泰晤士河谷）烟雾事件。

1952年12月5～8日，伦敦城市上空高压，大雾笼罩，连日无风。而当时正值冬季大量燃煤取暖期，煤烟粉尘和湿气积聚在大气中，使许多城市居民都感到呼吸困难、眼睛刺痛，仅4天时间内死亡了4 000多人，在之后的两个月时间内，又有8 000人陆续死亡。这是20世纪世界上最大的由燃煤引发的城市烟雾事件。

——水俣病（日本九州南部水俣市）事件。

从1949年起，位于日本熊本县水俣镇的日本氮肥公司开始制造氯乙烯和醋酸乙烯。由于制造过程要使用含汞（Hg）的催化剂，大量的汞便随着工厂未经处理的废水被排放到了水俣湾。1954年，水俣湾开始出现一种病因不明的怪病，叫"水俣病"，患病的是猫和人，症状是步态不稳、抽搐、手足变形、精神失常、身体弯弓高叫，直至死亡。经过近十年的分析，科学家才确认：工厂排放的废水中的汞是"水俣病"的起因。汞被水生生物食用后在体内被转化成甲基汞（CH_3Hg），通过鱼虾进入人体和动物体内，侵害脑部和身体的其他部位，引起脑萎缩、小脑平衡系统被破坏等多种危害，毒性极大。在日本，食用了水俣湾中被甲基汞污染的鱼虾的人数达数十万。

——四日市（日本东部伊势湾）哮喘病事件。

20世纪50～60年代，日本东部沿海四日市设立了多家石油化工厂，石油联合企业逐渐形成规模。这些工厂排出含二氧化硫、金属粉尘的废气，1959年开始，昔日洁净的城市上空变得污浊起来。1964年，该市有3天烟雾不散，使许多居民患上哮喘等呼吸系统疾病而死亡。1967年，有些患者不堪忍受痛苦而自杀，到1970年，患者已达500多人，1972年，达817人，死亡10余人。

——米糠油事件。

1968年日本九州爱知县一个食用油厂在生产米糠油时，因管理不善，操作失误，致使米糠油中混入了在脱臭工艺中使用的热载体多氯联苯，造成食物油污染。由于当时把被污染了的米糠油中的黑油用来做鸡饲料，造成了九州、四国等地区的几十万只鸡中毒死亡的事件。

随后九州大学附属医院陆续发现了因食用被多氯联苯污染的食物而得病的人。病人初期症状是皮疹、指甲发黑、皮肤色素沉着、眼结膜充血，后期症状转为肝功能下降、全身肌肉疼痛等，重者会发生急性重型肝炎、肝性脑病、以至死亡。1978 年，确诊患者人数累计达 1 684 人。

——富山事件

19 世纪 80 年代，日本富山县神通川平原上游的神冈矿山实现现代化经营，成为从事铅、锌矿的开采、精炼及硫酸生产的大型矿山企业。然而在采矿过程及堆积的矿渣中产生的含有镉等重金属的废水却直接长期流入周围的环境中，在当地的水田土壤、河流底泥中产生了镉等重金属的沉淀堆积。镉通过稻米进入人体，首先引起肾脏障碍，逐渐导致软骨症，在妇女妊娠、哺乳、内分泌不协调、营养性钙不足等诱发原因存在的情况下，使妇女患上一种浑身剧烈疼痛的病，叫痛痛病，也叫骨痛病，重者全身多处骨折，在痛苦中死亡。从 1931—1968 年，神通川平原地区被确诊患此病的人数为 258 人，其中死亡 128 人，至 1977 年 12 月又死亡 79 人。

这一时期环境污染的特点是工业污染向城市污染和农业污染发展；点源污染向面源污染发展；局部污染正迈向区域性和全球性，构成了世界上第一次环境问题高潮。至此，人们开始正视环境保护。经过近 20 年的努力，发达国家的污染问题部分地获得了解决，但环境问题并未完全解决。同时新技术革命的发展又带来新的环境问题。许多发展中国家又在走发达国家的老路，在发展经济的同时，环境污染越来越严重。

3）全球性大气环境问题，即当代环境问题

1984 年，英国科学家发现臭氧空洞，引发了第二次环境问题高潮。此阶段问题的核心是与人类生存休戚相关的全球变暖、臭氧层破坏和酸沉降三大全球性大气环境问题，引起了各国政府和全人类的高度重视。与前次环境问题高潮相比，本次高潮有很大不同。

（1）影响的范围与性质不同。

前次高潮只是小范围的环境问题，此次是大范围乃至全球性的环境问题，是对人类赖以生存的整个地球环境造成的危害，是致命性的，是人人难以回避的，这也是国际社会对此大声疾呼的原因。

（2）人们关心的重点不同。

前次的重点是环境污染对人体健康的影响，此次不仅包括人体健康，更强调了生态破坏对经济持续发展的威胁。

（3）重视环境问题的国家不同。

前次主要出现在经济发达国家，此次包括了众多的发展中国家。发展中国家认识到国际社会面临的环境问题与自己休戚相关，且本国面临的诸多环境问题造成的生态恶性破坏是比发达国家的环境污染更大、更难解决的环境问题，因此必须调整自己的发展战略，认真对待环境保护问题。

（4）解决问题的难易程度不同。

前次出现的环境问题，污染来源比较少，来龙去脉能搞清楚，只要一个工厂、一个地区、一个国家采取措施，污染就可解决。当前的污染源和破坏源众多，分布广、来源杂，既有人类的经济活动又有人类的日常生活；既来自发达国家也来自发展中国家。世界环境污染出现了范围扩大、难以防范、危害严重的特点。自然环境和自然资源难以承受高速工业化、人口剧增和城市化的巨大压力，世界自然灾害显著增加。

解决此问题需要全球的共同努力，这就增加了解决问题的难度。而且就治理技术而言，过去的问题可以用常规技术解决，当前的问题却需要许多新型技术。到目前为止，有些环境问题还缺乏经济高效的新型治理技术。

1.1.4.3　环境问题的性质与实质

环境问题的性质具有不可根除和不断发展的属性，它与人类的欲望、经济的发展、科技的进步同时产生，同时发展。其二，环境问题范围广泛而全面，它存在于生产、生活、政治、工业、农业、科技等全部领域中。其三，环境问题对人类行为具有反馈作用，使人类的生产方式、生活方式、思维方式等一系列问题产生新变化。在关于发展工业的国际会议上，工业界表示要不惜代价采取少污染技术，环保产业已在各国兴起；在价值观念上，提出了自然资本的新概念，使用者要付费，美国的《清洁空气法》规定使用空气的付费已从工业企业扩展到家庭。例如，使用空调设备，按每磅氟利昂收税 1.2 美元，与其价格相等，即 100%收税。到 1995 年每磅氟利昂收税 5 美元，居民也认可。在瑞典有 88%的居民表示为保护地球环境愿意降低生活水平，愿意将垃圾分类。

环境问题的最后一种属性是可控性，也就是通过教育，提高人们的环境意识，充分发挥人的智慧和创造力，借助法律、经济和技术手段，可把环境问题控制在影响最小的范围内。

环境问题的实质是一个经济问题和社会问题，是人类自觉的建设人类文明的问题。当代人类面临的所谓环境污染及自然资源的不合理开发利用造成森林的破坏、水土流失的加剧和资源的枯竭，都是人类经济活动的直接或间接的结果，而且环境污染的治理与控制必须有相当的经济实力。

1.1.4.4　当前世界关注的全球环境问题

20 世纪 80 年代以后，全球环境进一步恶化，影响广、范围大、危害严重的重大污染事件多次发生。大量人工制取的化合物（包括有毒物质）进入环境，在环境中经扩散、迁移、转化和累积，不断地使环境恶化。栖息在爱尔兰海上的海鸟，体内含有高浓度的多氯联苯；荒无人烟的南极大陆上生长的企鹅体内也测到了 DDT 的存在；北极附近格陵兰冰盖层中，近几十年来铅和汞的含量在不断上升。

到目前为止已经威胁人类生存并已被人类认识到的环境问题主要有：全球变暖、臭氧层破坏、酸雨、淡水资源危机、能源短缺、森林资源锐减、土地荒漠化、物种加速灭绝、垃圾成灾、有毒化学品污染等众多方面。近期的主要环境事件有：北美死湖事件、卡迪兹号油轮事件、墨西哥湾井喷事件、印度博帕尔公害事件、切尔诺贝利核漏事件、莱茵河污染事件、雅典"紧急状态事件"、海湾战争油污染事件。

1）全球变暖

全球变暖是指全球气温升高。近 100 多年来，全球平均气温经历了冷—暖—冷—暖两次波动。进入 20 世纪 80 年代后，全球气温明显上升。1981—1990 年全球平均气温比 100 年前上升了 0.48 ℃。导致全球变暖的主要原因是人类在近一个世纪以来大量使用矿物燃料（如煤、石油等），排放出大量的 CO_2 等多种温室气体。全球变暖的后果，会使全球降水量重新分配，冰川和冻土消融，海平面上升等，既危害自然生态系统的平衡，更威胁人类的食物供应和居住环境。

2）臭氧层破坏

在地球大气层近地面 20～30 km 的平流层里存在着一个臭氧层，其中臭氧含量占这一高度气体总量的十万分之一。臭氧含量虽然极微，却具有强烈地吸收紫外线的功能。因此，它能挡住太阳紫外辐射对地球生物的伤害，保护地球上的一切生命。然而人类生产和生活中所排放出的一些污染物，如冰箱、空调等设备制冷剂的氟氯烃类化合物以及其他用途的氟溴烃类等化合物，它们受到紫外线的照射后可被激化，形成活性很强的原子，与臭氧层的臭氧（O_3）作用，使其变成氧分子（O_2），这种作用连锁发生，臭氧迅速耗减，使臭氧层遭到破坏。南极的臭氧层空洞，就是臭氧层破坏的一个最显著的标志。到 1994 年，南极上空的臭氧层破坏面积已达 2 400 万 km²。南极上空的臭氧层是在 20 亿年里形成的，可是在一个世纪里就被破坏了 60%。北半球上空的臭氧层也比以往任何时候都薄，欧洲和北美上空的臭氧层平均减少了 10%～15%，西伯利亚上空甚至减少了 35%。因此科学家警告说，地球上空臭氧层破坏的程度远比一般人想象的要严重得多。

3）酸雨

酸雨是由于空气中二氧化硫（SO_2）和氮氧化物（NO_x）等酸性污染物引起的 pH 小于 5.0 的酸性降水。受酸雨危害的地区，出现了土壤和湖泊酸化，植被和生态系统遭受破坏，建筑材料、金属结构和文物被腐蚀等一系列严重的环境问题。酸雨在 20 世纪 50～60 年代最早出现于北欧及中欧，当时北欧的酸雨是欧洲中部工业酸性废气迁移所致。70 年代以来，许多工业化国家采取各种措施防治城市和工业的大气污染，其中一个重要的措施是增加烟囱的高度。这一措施虽然有效地改变了排放地区的大气环境质量，但大气污染物远距离迁移的问题却更加严重，污染物越过国界进入邻国，形成了更广泛的跨国酸雨。此外，全世界使用矿物燃料的量有增无减，也使得受酸雨危害的地区进一步扩大。全球受酸雨危害严重的有欧洲、北美及东亚地区。我国在 80 年代，酸雨主要发生在西南地区，到 90 年代中期，已发展到长江以南、青藏高原以东及四川盆地的广大地区。

4）淡水资源危机

地球表面虽然 2/3 被水覆盖，但是其中 97%为无法饮用的海水，只有不到 3%是淡水，其中又有 2%封存于极地冰川之中。在仅有的 1%淡水中，25%为工业用水，70%为农业用水，只有很少的一部分可供饮用和其他生活用途。然而，在这样一个缺水的世界里，水却被大量滥用、浪费和污染。加之水的区域分布不均匀，致使世界上缺水现象十分普遍，全球淡水危机日趋严重。目前，世界上 100 多个国家和地区缺水，其中 28 个国家被列为严重缺水的国家和地区。预测再过 20～30 年，严重缺水的国家和地区将达 46～52 个，缺水人口将达 28～33 亿人。我国广大的北方和沿海地区水资源严重不足，据统计，我国北方缺水区总面积达 58 万 km²。全国 500 多座城市中，有 300 多座城市缺水，每年缺水量达 58 亿 m³，这些缺水城市主要集中在华北、沿海和省会城市、工业型城市。

世界上任何一种生物都离不开水，人们贴切地把水比喻为"生命的源泉"。随着地球上人口的激增，生产迅速发展，水已经变得比以往任何时候都要珍贵。一些河流和湖泊的枯竭，地下水的耗尽和湿地的消失，不仅给人类生存带来严重威胁，而且许多生物也正随着人类生产和生活造成的河流改道、湿地干化和生态环境恶化而灭绝。不少大河如美国的科罗拉多河、中国的黄河都已雄风不再，昔日"奔流到海不复回"的壮丽景象已成为历史的记忆了。

5）资源、能源短缺

当前，世界上资源和能源短缺问题已经在大多数国家甚至全球范围内出现。这种现象的出现，主要是人类无计划、不合理地大规模开采所致。在新能源（如太阳能、快中子反应堆电站、核聚变电站等）开发利用尚未取得较大突破之前，世界能源供应将日趋紧张。而且不可再生性矿产资源的储量也在日益减少，这些资源终究会被消耗殆尽。

6）森林锐减

森林是人类赖以生存的生态系统中一个重要的组成部分。地球上曾经有 76 亿 hm^2（1 hm^2=0.01 km^2）的森林，到 1976 年已经减少到 28 亿 hm^2。由于世界人口的增长，对耕地、牧场、木材的需求量日益增加，导致对森林的过度采伐和开垦，使森林受到前所未有的破坏。据统计，全世界每年约有 1 200 万 hm^2 的森林消失，其中绝大多数是对全球生态平衡至关重要的热带雨林。对热带雨林的破坏主要发生在热带地区的发展中国家，尤以巴西的亚马逊情况最为严重。亚马逊森林居世界热带雨林之首，但是到 20 世纪 90 年代初期这一地区的森林覆盖率比原来减少了 11%，相当于 70 万 km^2，平均每 5 s 就有差不多一个足球场大小的森林消失。此外，在亚太地区、非洲的热带雨林也在遭到破坏。

7）土地荒漠化

简单地说土地荒漠化就是指土地退化。1992 年联合国环境与发展大会对荒漠化的概念作了这样的定义：荒漠化是由于气候变化和人类不合理的经济活动等因素，使干旱、半干旱和具有干旱灾害的半湿润地区的土地发生了退化。1996 年 6 月 17 日第二个世界防治荒漠化和干旱日，联合国防治荒漠化公约秘书处发表公报指出：当前世界荒漠化现象仍在加剧。全球现有 12 亿多人受到荒漠化的直接威胁，其中 1.35 亿人在短期内有失去土地的危险。荒漠化已经不再是一个单纯的生态环境问题，而且演变为经济问题和社会问题，它给人类带来贫困和社会不稳定。到 1996 年为止，全球荒漠化的土地已达到 3 600 万 km^2，占整个地球陆地面积的1/4，相当于俄罗斯、加拿大、中国和美国国土面积的总和。全世界受荒漠化影响的国家有 100多个，尽管各国人民都在进行同荒漠化的抗争，但荒漠化却以每年 5 万 ~ 7 万 km^2 的速度扩大，相当于爱尔兰的面积。对于受荒漠化威胁的人们来说，荒漠化意味着他们将失去最基本的生存基础：有生产能力的土地消失。

8）物种加速灭绝

物种就是指生物种类。现今地球上生存着 500 万 ~ 1 000 万种生物。一般来说，物种灭绝速度与物种生成的速度应是平衡的。但是，由于人类活动破坏了这种平衡，物种灭绝速度加快，据《世界自然资源保护大纲》估计，每年有数千种动植物灭绝，而且灭绝速度越来越快。世界野生生物基金会发出警告：本世纪鸟类每年灭绝一种，在热带雨林，每天至少灭绝一个物种。物种灭绝将对整个地球的食物供给带来威胁，对人类社会发展带来的损失和影响是难以预料和挽回的。

9）垃圾成灾

全球每年产生垃圾近 100 亿 t，而且处理垃圾的能力远远赶不上垃圾增加的速度，特别是一些发达国家，已处于垃圾危机之中。美国素有垃圾大国之称，其生活垃圾主要靠表土掩埋。

过去几十年内，美国已经使用了一半以上可填埋垃圾的土地。30 年后，剩余的这种土地也将全部用完。我国的垃圾排放量也相当可观，在许多城市周围，排满了一座座垃圾山，除了占用大量土地外，还污染环境。危险垃圾特别是有毒、有害垃圾的处理问题（包括运送、存放），因其造成的危害更为严重、更为深远，因而成为当今世界各国面临的一个十分棘手的环境问题。

10）有毒化学品污染

市场上有 7 万～8 万种化学品，其中对人体健康和生态环境有危害的约有 3.5 万种。其中有致癌、致畸、致突变作用的约 500 余种。随着工农业生产的发展，如今每年又有 1 000～2 000 种新的化学品投入市场。由于化学品的广泛使用，全球的大气、水体、土壤乃至生物都受到了不同程度的污染、毒害，连南极的企鹅也未能幸免。自 20 世纪 50 年代以来，涉及有毒有害化学品的污染事件日益增多，如果不采取有效防治措施，将对人类和动植物造成严重的危害。

1.2 环境化学及相关概念

1.2.1 环境科学与环境化学

1.2.1.1 环境科学

环境科学产生于 20 世纪 50～60 年代，是在解决环境问题的社会需要推动下形成和发展起来的。1962 年，美国海洋生物学家蕾切尔·卡逊（R. Carson）出版了《寂静的春天》，标志着近代环境科学开始产生并发展起来。环境科学是研究环境结构与状态的运动变化规律及其与人类社会活动之间的关系，研究人类社会与环境之间协同演化、持续发展的规律和具体途径的科学。

环境科学所要研究、解决的问题主要有两个：一是人类活动对环境的影响，如气候改变、水土流失、沙漠化、盐渍化、动植物资源破坏及矿物资源破坏等；另一个是人类活动造成的环境污染对人和生物的影响，也就是环境各种因素对生物和人类生活和健康的影响。就大多数情况来说，环境污染主要是有害化学污染物质造成的。因此，运用化学及相关的理论和方法，研究有害化学物质在大气、水体、土壤及生物等环境中的存在状态、迁移转化规律、生态效应以及减少或消除有害化学物质对环境的影响等工作成为环境科学的重要内容之一。

环境科学是一门综合性的学科，是以综合性的环境学、基础环境学和应用环境学三部分组成的完整的学科体系，是化学、生物学、物理学、地学、医学、工程学以及法学、经济学、社会学等学科的交叉汇集，具有多学科性和社会性等特点。环境科学已逐步形成多种学科相互交叉渗透的庞大的学科体系。环境科学各分科按其性质和作用大致划分为三部分：环境基础科学、环境技术学及环境社会学。环境科学的主要分支如下：

1）环境生物学

研究生物与受人类干预的环境之间的相互作用的机理和规律。

2）环境物理学

研究物理环境和人类之间的相互作用。主要研究声、光、热、电磁场和射线对人类的影响以及消除其不良影响的技术途径和措施。

3）环境生态学

研究人为干扰下，生态系统内在的变化机理、规律和对人类的反效应，寻找受损生态系统恢复、重建和保护对策的科学。

4）环境医学

研究环境与人群健康的关系，特别是环境污染对人群健康的有害影响及其预防措施。

5）环境地学

以人-地系统为对象，研究它的发生和发展、组成和结构、调节和控制以及改造和利用。

6）环境工程学

运用工程技术的原理和方法，防治环境污染，合理利用自然资源，保护和改善环境质量。

7）环境法学

研究关于保护自然资源和防治环境污染的立法体系、法律制度和法律措施，调整因保护环境而产生的社会关系。

8）环境经济学

运用经济科学和环境科学的原理和方法，分析经济发展和环境保护的矛盾，以及经济再生产、人口再生产和自然再生产三者之间的关系，选择经济、合理的物质变换方式，以最小的劳动消耗为人类创造清洁、舒适、优美的生活和工作环境。

9）环境管理学

研究采用行政、法律、经济、教育和科学技术的各种手段调整社会经济发展同环境保护之间的关系，处理国民经济各部门、集团和个人有关环境问题的相互关系，通过全面规划和合理利用自然资源，达到保护环境和促进经济发展的目的。

10）环境伦理学

从伦理和哲学的角度研究人类与环境的关系，是人类对待环境的思维和行为的准绳。

1.2.1.2　环境化学

环境化学作为一门独立的学科，是 1972 年由美国密执安大学化学系首先提出的。1972 年 R. A. Honne 在所著《环境化学》中定义："环境化学是研究岩石圈、水圈、生物圈、外层大气圈的化学组成和其中发生的过程，特别是界面上的化学组成和过程的学科"。戴树桂等认为："环境化学是一门研究有害化学物质在环境介质中的存在、化学特性、行为和效应及其控制的化学原理和方法的科学。它既是环境科学的核心组成部分，也是化学科学的一个新的重要分支"。

环境化学的发展大致可以划分为三个阶段：孕育阶段（1970 年以前）、形成阶段（20 世纪 70 年代）、发展阶段（20 世纪 80 年代）。80 年代，环境化学进入新的发展阶段，各研究领域开始向纵深发展，出现了新的趋势。第一个趋势是全面开展对主要元素，尤其是生命必需元素的生物地球化学循环和主要循环之间的相互作用、人类活动对这些循环产生的干扰和影响及对这些循环有重大影响的各种因素的研究。第二个趋势是重视化学品安全评价。第三个趋势是 80 年代出现的全球变化研究，涉及臭氧层耗损、全球变暖、海平面上升等一些次级环境效应或更高级环境效应的研究。第四个趋势是污染控制化学的研究，从寻找更加高效的控制方法和材料，逐步转向"污染预防"概念的研究。80 年代末到 90 年代初，提出了"污染预防""清洁生产""零排放"等概念。

环境化学具有跨学科的综合性质，它不仅运用化学的理论和方法，也借用物理、数学、生物、气象、地理及土壤等多门学科的理论和方法研究环境中的化学现象和本质，研究大气、水体、土壤及生物中污染化学物质的性质、来源、分布、迁移、转化、归宿、反应及对人类的作用和影响。环境化学研究的体系是化学污染物和环境背景物（天然物质）构成的多组分综合、开放体系。在这个开放的研究体系中，时刻有物质流和能量流的传输，所受的影响复杂多变。除了化学因素外，还有物理因素（如光照、辐射等）、生物因素、气象、水文、地质及地理条件等，因而在探讨和研究化学污染物在环境中的变化规律和影响危害时，应综合多方面的因素才能得出符合实际的结论。例如，大气中硫氧化物等引起的大气污染，不仅要考虑它本身的化学变化，还要考虑光照、地形地势、气象等条件的影响；水体中重金属汞的污染，除了考虑其化学性质外，还应考虑水文、微生物、酶作用下的迁移转化；有机物、农药在环境中的转化，不但要研究光解和化学降解作用，还要研究生物的降解作用。

环境化学的研究目的在于揭示环境中一切化学本质和化学现象，找出其中的规律，以便更好地保护环境、改造环境和造福人类。环境化学划归于环境基础科学。

1.2.2　环境化学的任务及研究内容

1.2.2.1　环境化学与基础化学的区别和联系

环境化学研究的对象是自然环境中的化学污染物质及其在环境中的变化规律。它与基础化学的区别主要在于：环境化学是研究环境这个复杂体系中的化学现象，而基础化学研究的体系一般是单组分体系或不太复杂的多组分体系；环境化学研究的体系一般是开放体系，而基础化学研究的体系一般是封闭体系；环境化学研究的主要对象是化学污染物质，而基础化学的研究对象则是所有的化学物质。环境化学一方面是在无机化学、有机化学、分析化学、化学工程学的基本理论和方法的基础上来研究环境中的化学现象，因此可以认为它是一个新的化学分支学科；另一方面，环境化学又是从保护自然生态和人体健康的角度出发，将化学与生物学、气象学、水文地质学和土壤学等进行综合，逐渐发展出新的研究方法、手段、观点和理论，因而它又是环境科学的一个核心分支学科。

1.2.2.2　环境化学的任务、特点及研究内容

1）主要任务

（1）研究环境的化学组成，建立环境化学物质的分析方法。

（2）掌握环境的化学性质，从环境化学的角度揭示环境形成和发展规律，预测环境的未来。

（3）研究和掌握环境化学物质在环境中的形态、分布、迁移和转化规律。

（4）查清环境污染物的来源。

（5）研究污染物的控制和治理的原理及方法。

（6）研究环境化学物质对生态系统及人类的作用和影响等。

2）特点

（1）从微观的原子、分子水平来阐明宏观的环境问题。

（2）综合性强，涉及方方面面的学科领域。

（3）量微，分析检测的样品数量很小。

（4）研究体系复杂。

（5）应用性强。

（6）学科发展还很年轻，有极大的发展空间。

3）研究的主要内容

（1）有害物质在环境介质中存在的形态和浓度水平。

（2）潜在有害物质的来源及它们在个别环境介质中和不同介质间的环境化学行为。

（3）有害物质对环境和生态系统以及人体健康产生效应的机制和风险性。

（4）有害物质已造成影响的缓解和消除以及防止产生危害的方法和途径等。

也有人将环境化学研究的主要内容归纳为环境污染化学、环境分析化学和环境监测、污染物的生物效应。

4）环境化学的研究方法

一般分为① 现场实测；② 实验室研究；③ 模式模拟（计算）。例如，按进行实验的场合可分为"现场实验模拟"与"实验室实验模拟"；按所研究问题的性质可分为"过程模拟""影响因素模拟""形态分布模拟""动力学模拟"及"生态影响模拟"等；按模拟的精确性可分为"比例性模拟"和"形态分布模拟"；按实验的规模和复杂程度可分为"简单模拟"和"复杂模拟"（或称"综合模拟"）。

1.2.2.3　环境化学的分支学科

为了掌握环境污染的水平和可能造成的危害，就必须弄清化学污染物进入环境后的存在形态及其运动规律，同时还必须准确测定它们的含量。因此，环境化学的研究是随着环境问题的日益严峻和人们对它认识的提高而在各个领域深入发展并出现了某些新的趋势。其主要发展动向包括以下三方面。

1）环境分析化学

要了解和掌握化学污染物质在环境中的本底及污染情况，必须运用分析化学的技术取得各种数据，为环境中污染物化学行为的研究、环境质量的评价、环境污染的预测预报以及为治理污染等提供科学依据。环境分析化学是研究如何运用现代科学理论和先进的实验技术来鉴别和测定环境中化学物质的种类、成分、含量以及化学形态的科学。它是环境化学的一个重要分支，是开展环境科学研究和环境保护工作极为重要的基础。

污染物的性质和环境行为取决于它们的化学结构和在环境中的存在状态，所以研究污染物的形态、价态和结构分析方法是环境化学的一个重要发展方向。在环境有机分析方面，20

世纪 80 年代出现了环境样品前处理的先进技术，如超临界流体萃取法和固相萃取法，优先监测污染物的筛选一直受到各国的重视。目前有机污染物分析测试方法研究的重点对象包括多环芳烃和有机氯等全球性污染物；与空气污染有关的挥发性有机物、胺类化合物；与水污染有关的表面活性剂；砷、汞、锡等的有机化合物也是主要的研究对象。联用食品技术、连续自动分析和遥感分析同样是热门课题。

2）各圈层的环境化学

各圈层的环境化学主要研究化学污染物质在大气、水体和土壤中的形成、迁移、转化和归宿过程的化学行为和效应。

在大气环境化学方面，研究对象涉及大气颗粒物、酸沉降、大气有机物、痕量气体、臭氧耗损及全球气候变暖等。空间尺度从室内空气，城市、区域环境，远距离至全球。大气环境化学过程研究主要涉及大气光化学过程、大气自由基反应。在模式研究方面侧重于光化学烟雾和酸雨。

水环境化学方面，水体研究较多的是河流、湖泊和水库，其次是河口、海湾和近海海域。近年来，由于大量固体废弃物填埋而引起有毒有害物质污染地下水，因此对地下水污染研究十分重视。天然水体污染过程和废水净化过程是水环境化学的主要研究范围，对水环境化学的重点研究对象逐渐转向某些重金属（含准金属）及持久性有毒有机污染物。从应用基础的研究来看，当前主要集中在水体界面化学过程、金属形态转化动力学过程、有机物的化学降解过程、金属和准金属甲基化等方面的研究。

土壤环境化学主要研究农用化学品在土壤环境中的迁移、转化和归趋及对土壤和人体健康的影响，包括有机污染物在土壤中的吸附、降解过程机制、土壤环境复合污染问题及污染土壤修复的化学基础等。

3）环境工程化学

环境工程化学包括大气污染控制化学、水污染控制化学、土壤污染控制化学、固体废物污染控制化学。主要研究与污染控制有关的化学机制与工艺技术中的化学基础性问题，以便最大限度地控制化学污染，为开发高效的污染控制技术、发展清洁生产工艺提供科学依据。

过去主要围绕终端污染控制模式进行污染控制化学研究，终端污染控制对发展控制污染技术和治理环境污染产生了积极的作用，但这种模式只能在废弃物排放后处理或减少污染物排放而不能阻止污染的发生。按照可持续发展战略方针的要求，20 世纪 80 年代中期后，人们对污染预防和清洁生产的认识逐步提高，将以污染的全过程控制模式逐步代替终端污染控制模式。所谓全过程控制模式主要是通过改变产品设计和生产工艺路线，使不生成有害的中间产物和副产品，实现废物或排放物的内部循环，达到污染最小量化并节约资源和能源的目的。也就是当前政府和学术界都非常提倡的循环经济模式。20 世纪末期到 21 世纪初期跨世纪的十余年出现了体现可持续发展精神的绿色化学新方向，扩展了环境化学研究的领域，这是颇具生命力和挑战性的。

1.2.3　环境化学与绿色化学

工业革命时期的工业生产原料和能量都来自于不可再生资源，并且在生产产品的过程中不考虑废物和污染物的问题，在产品的使用过程中不顾环境影响地直接丢弃到环境中。随着社会的发展，这种不可持续的生产和消费模式直接产生了不良影响。许多事实表明，有害化学品的负面影响已给生态环境和人类的健康带来了巨大的威胁。环境化学的根本任务就是为解决人类与自然的和谐问题服务。将化学改革成可持续发展的科学是人类社会发展的需要，因此，绿色化学应运而生。绿色化学也称可持续的化学，是研究利用一套原理在化学产品的设计、开发和加工生产过程中减少或消除使用或产生对人类健康和环境有害物质的科学。

20 世纪 90 年代，绿色化学的系统开始付诸实践。绿色化学被定义为可持续的、安全的、无污染的化学科学及消耗较少材料和能源并且很少或者根本不产生废物的生产实践。绿色化学在材料使用方面是可持续的，它使用的原料少且利用率高，生产中不积累有害的无用副产物。

在绿色化学短暂的发展过程中，以下两个方案经常用到：① 使用已经存在的化学品但是通过环境友好的合成方式生产这些化学品。② 采用由环境友好的合成方法生产的替代品代替现存的化学品。

1.2.3.1　绿色化学的基本原则

（1）预防：设计没有废物的化学产品及其生产过程。

（2）设计无危险的化学品：在确保化学品有效性的同时，设计最安全的化学品及生产过程来降低其毒性。

（3）在化学合成中使用毒性最低、环境危害最小的物质，而使化学品的危害最小化。避免使用对工人的健康产生危害的有毒物质，包括在环境中易于变为大气或水污染物、危害环境和生命体的物质。在有害物质的使用不可避免时要控制其用量或产量最小。

（4）使用可再生原料：在人工合成的有机化学品中，绝大多数是从石化原料制备的，不可再生。对于损耗型的原料，循环使用才能最大限度地提高其利用率。生物质原料在这种应用实践中最为有利。凡是利用太阳能经光合作用合成的各种天然有机物，如农作物、草、树木和藻类等都属于生物质。生物性原料往往都是混合材料，因此在使用前要分离、加工和提纯。从事这种工作的工厂称为生物精炼厂。生物精炼厂可以根据绿色化学实践的最佳方案来设计和运行。

（5）使用催化剂来优化化学合成条件并减少副产物。现用的催化剂大多数或多或少有污染问题。近年来已开发出不少新型催化剂，用以代替对环境有害的传统催化剂，如新型酸碱催化剂、夹层催化剂、相转移催化剂、仿酶催化剂、沸石分子筛催化剂等。

（6）在化学合成中避免使用作为阻滞剂或其他目的的化学衍生剂，从而避免产生过多副产物。

（7）最大原子经济性：在设计合成方法时尽可能使用于生产加工过程的材料都进入最后的产品中。

（8）使用更安全的反应介质：在化学合成过程中所使用的辅助物质有溶剂、分离试剂和其他物品，这些成分并不会进入最终产品中，只会变成废物，导致健康危害，应该尽量减少其用量，最好完全避免使用。介质是指化学过程在其中或其上发生的媒介，包括某些可以使化学反应发生于其间的固相媒介，但最常见的介质形式是液态溶剂。液态溶剂除了作为反应介质，还有分离、净化和提纯的作用。水是最丰富、最安全的溶剂，在化学反应过程中应该尽量使用水。

（9）化学加工过程要提高能量使用效率：提倡在温和的温度和压力条件下使反应发生，提高生产的安全性。

（10）设计可降解的化学品和产品，此产品可分解成无害的降解产物，并不在环境中长期存在。

（11）使用实时监测和分析、实时控制技术，在有害物质形成前加以控制。

（12）在设计生产过程中，尽量选择不易发生爆炸、火灾及释放有害物质的材料，以最大限度地降低潜在事故发生的可能性。

1.2.3.2　工业生态系统

自 1970 年以来，现代环保运动的发展已经在改善环境质量方面取得巨大成就。在 1990 年左右，工业生态学概念被提出。工业生态学是针对产品生产、分配、使用、维护及最终归趋的一整套方案，其目的是最大限度地使原料和能量在企业间得到交互式地有效利用，从而减少不可再生原料和能源的消耗，同时抑制废物和污染物的产生。

工业生态系统与自然生态系统十分类似。工业生态系统是人造的，是人类仿照大自然而设计出来的。在自然生态系统中，生物体形成复杂的彼此依存的网络，不同类型的生物体可以利用其他生命体产出的废物，供其生命活动，使自然界的资源得以高效利用，几乎没有废物产生。工业生态系统是依据生态学、经济学、技术科学及系统科学的基本原理与方法而进行经营和管理的工业经济活动，是以节约资源、保护生态环境和提高物质综合利用为特征的现代工业发展模式，是由社会、经济、环境三个子系统复合而成的有机整体。工业生态系统包括生产、加工和消费的所有方面。这个系统的最大特点是使资源的利用率达到最高，而将工厂、企业对环境的污染和破坏降到最低。简单地说就是一批相关的工厂、企业组合在一起，它们共生共存、相互依赖，其联系纽带是废物，即这家工厂、企业的废物是另一家或几家工厂、企业的原料。

丹麦卡伦堡工业生态系统是被引用最频繁的工业生态系统的成功范例。它起源于 20 世纪 60 年代，这一系统为工业生态系统的自然发展道路提供了一些启示。最初很多共赢的安排是由于 ASNAES 电厂可以同时提供电力和可用的蒸汽资源。蒸汽起先被卖到 Statoil 炼油厂并从炼油厂得到燃气和冷却水。石油中脱掉的硫被送到硫酸厂。在两个能量供应商那里，作为副产物的热能被提供给住宅、公司和温室采暖、制药厂和养鱼场。制药厂产生出一种生物污泥，可用作农业上的肥料。电厂的石灰除硫单元会产生大量硫酸钙，它们可以作为石膏建筑板材厂的原料。人们还发现石油精炼厂清洁燃气这一副产物可以部分代替热电厂中的燃煤，燃煤产生的飞灰用于生产水泥或路基填充剂。养鱼场的水和废物处理工厂产生的污泥作为肥料并与药厂生产线上的剩余酵母混合制成猪饲料，这大大降低了污染。

卡伦堡工业生态系统创造了互赢的典范，是自发形成的。它的形成主要得益于各工厂的管理者之间密切的私人关系。这些工厂在一个相当长的时间内形成了一张相对紧密的社会和专业网络。所有这些联系都建立在合理的商业基础上并具有双向性。每个公司都遵照自己的喜好行事，而整体上其实并不存在一个精明的计划。在系统内调控政策都是协商性质的，并不具有强制性。协议中所涉及的企业之间合作顺畅，在每一项双向协议中，一个企业的需求都会与其他企业的产能相符合。所涉及企业之间的物理距离都是较近且易于管理的，因为蒸汽或肥料污泥这类产品长距离运输在经济上并不合算。

2 大气环境化学

2.1 大气化学基础

2.1.1 大气的组成

国际标准化组织（ISO）定义：大气是指地球环境周围所有空气的总和。环境空气是指暴露在人群、植物、动物和建筑物之外的室外空气。大气是由多种气体组成的混合体，按其成分的可变性可分为稳定的、可变的和不确定的三种组分类型（表 2-1）。稳定组分主要指大气中的氮、氧、氩及微量的氦、氖、氪、氙等稀有气体；可变组分主要指大气中的二氧化碳、二氧化硫和水汽等，这些气体受地区、人类生产活动、季节、气象等因素影响而有所变化。其中水汽含量虽然很少，但其受时间、地点、气象条件影响，变化范围较大，也是导致各种复杂的天气现象（如雨、雪、霜、露等）的主要原因之一。此外水汽又具有很强的吸收长波辐射的能力，对地面的保温起着重要的作用。另外，大气中还有一些组分，主要来源于自然界的火山爆发、森林火灾、地震以及人类社会的生活消费、交通、工业生产等产生的煤烟、尘埃、硫氧化物、氮氧化物等，它们是大气中的不确定组分，可造成一定空间范围在一段时期内暂时性的大气污染。

表 2-1 大气气体的组成及循环

气体	平均浓度（mL/m^3）	近似停留时间（a）	循环
N_2	780 840	10^6	生物和微生物
O_2	209 460	10	生物和微生物
Ar	9 340	—	无循环
Ne	18	—	无循环
Kr	1.1	—	无循环
Xe	0.09	—	无循环
CH_4	1.65	7	生物活动和化学过程
CO_2	332	15	人类活动和生物活动
CO	0.05 ~ 0.2	65/d	人类活动和生物活动
H_2	0.58	10	生物活动和化学过程
N_2O	0.33	10	生物活动和化学过程
SO_2	$10^{-5} ~ 10^{-4}$	40/d	人类活动和化学过程

续表 2-1

气体	平均浓度（mL/m³）	近似停留时间（a）	循环
NH_3	$10^{-4} \sim 10^{-3}$	20/d	生物活动，化学过程，雨除
$NO+NO_2$	$10^{-6} \sim 10^{-2}$	1/d	人类活动，化学过程，闪电
O_3	$10^{-2} \sim 10^{-1}$	?	化学过程
HNO_2	$10^{-5} \sim 10^{-3}$	1/d	化学过程，雨除
H_2O	变化	10/d	物理化学过程
He	5.2	10	物理化学过程

在讨论大气的组成时，也可以根据其含量大小分为主要成分、微量成分和痕量成分三大类。主要成分是指含量（体积分数）在百分之几数量级的成分，它们是氮、氧和氩，三者约占大气总体积的99.96%；微量成分（有时也称为次要成分）含量在 $1 \times 10^{-6} \sim 1\%$，包括二氧化碳、水汽、甲烷、氦、氖和氪等；痕量成分含量在 1×10^{-6} 以下，主要有氢、臭氧、氙、一氧化氮、一氧化二氮、二氧化氮、氨气、二氧化硫和一氧化碳等。

地球上的生物与大气之间保持着十分密切的关系，它们从大气中摄取某些必需的成分，经过物质和能量交换使大气的组分保持着精巧的平衡。大气组分的这种平衡一旦遭到破坏，就会对许多生物甚至对整个生物圈造成灾难性的生态后果。

以大气组分中的二氧化碳为例，尽管在大气圈中二氧化碳的体积分数只有0.033%，但对地球上的生物却很重要。在 19 世纪工业革命以前，生物圈每年由大气吸收的二氧化碳约为 4.8×10^{11} t，而向大气排放的二氧化碳也差不多等于这一数值。19 世纪工业革命以后，随着人口的增长和工业的发展，人类活动已经开始打破二氧化碳的自然平衡，植被的破坏和大量化石燃料的使用，生物圈向大气中排放的二氧化碳量超过了它从大气中吸收的二氧化碳量，使大气中二氧化碳含量逐年上升，目前已经达到0.035%左右。由于二氧化碳具有吸收长波辐射的特性，而使地球表面温度升高，并因此导致一系列连锁反应。其中对人类影响较大的是温度上升会使极地冰帽融化，海平面上升，世界上有些地区将被淹没在海水之下。相反，如果二氧化碳含量减少，则会引起气温下降，即使引起温度下降的幅度很小，也会带来很大的影响。例如，温度下降会使作物生长期延长，从而影响作物产量等。

2.1.2 大气层结构

大气层的厚度大约为 1×10^4 km，其结构是指气象要素的垂直分布情况，如气压、气温、大气密度和大气组成等。由于受地心引力的作用，大气层中的大气分布是不均匀的，海平面上的大气最稠密，近地层的大气密度随高度增加而迅速变小；大气气温也随其与地面的垂直高度变化而改变。大气的温度和密度在垂直方向上的分布，称为大气温度层结和大气密度层结。

根据 1962 年世界气象组织（WMO）执行委员会正式通过国际大气测量和物理联合会（IUGG）所建议的分层系统，即根据大气温度随高度垂直变化的特征，将大气层分为对流层、平流层、中间层、热层和逸散层（图 2-1）。

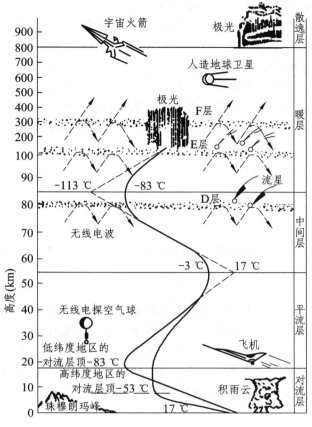

图 2-1　大气垂直方向的分层

2.1.2.1　对流层

　　对流层是大气层最低的一层，该层的厚度随地球纬度不同而有所差别，其平均厚度约为 12 km，空气质量占大气层总质量的 75% 左右。在对流层中，当低层空气受热不均匀时，因气团受热膨胀上升、冷却收缩下沉的原因，会出现气体的垂直对流运动，对流层也因此而得名。对流层是大气层中最活跃的、与人类的关系最为密切的一层，通常所说的大气污染主要发生在这一层。对流层里水汽、尘埃较多，雨、雪、云、雾、雹、霜、雷等主要天气现象与过程都发生在这一层里。人类活动排放的污染物也大多聚集于对流层，尤其是靠近地面 1~2 km 的近地层（也称为大气边界层），由于受地形、生物等影响，局部空气更是复杂多变。

　　此外，对流层内气温在一般情况下，随高度的增加而降低。由于对流层内大气的重要热源是来自地面的长波辐射，所以离地面越近，气温就越高，反之则越低。在对流层中，一般每升高 100 m，气温降低 0.6 ℃。

2.1.2.2　平流层

　　平流层是位于对流层之上，距地面 17~50 km 之间的一层。在 25 km 以下的低层，气温随着高度的增加保持不变或稍有上升。从 25 km 开始，气温随着高度的增加而增加，到平流层顶，温度可接近 273.15 K，所以也称为逆温层（即大气温度随高度的增加而升高）。在 10 ~ 35 km 高度范围内存在臭氧层，其含量在 20 ~ 25 km 处达到最大。由于臭氧层能强烈地吸收太阳紫外辐射而分解为氧原子和氧分子，当它们又重新化合为臭氧分子时，便可释放出大量的热能，致使平流层上部的大气温度明显上升。在平流层内，由于上热下冷，导致上部气体的密度比下部气体的密度小，气体状态非常稳定，大气透明度好，空气垂直对流运动很少，只能随地球自转而产生平流运动，没有对流层中那种云、雨、风暴等天气现象。因此，进入平流层中的污染物会形成一薄层，使污染物遍布全球。同时污染物在平流层中扩散速度较慢，停留时间较长，有的可达数十年。

2.1.2.3　中间层

中间层是平流层顶以上至距地面约 80 km 高度的一层。其显著特点是气温随高度的增加而降低，在中间层顶部温度可降到 190.15 ~ 160.15 K。因此，空气有强烈的垂直对流运动，垂直混合明显。

中间层顶温度在赤道为 190 ~ 200 K，在中纬度为 170 ~ 210 K，在高纬度为 130 ~ 230 K。在夏季达到这些范围的较高值，在冬季达到较低值。这层的温度变化重复对流层的情况，所以有相当强烈的对流运动，垂直方向上的温差明显，故中间层也有"高空对流层"之称。

中间层内进行强烈的光化学反应，即大气中各种成分在太阳辐射的作用下发生电离、复合等形形色色的反应。研究这些反应，对了解大气的电离过程以及太阳紫外辐射在大气中的变化过程有十分重要的意义。

2.1.2.4　热层

热层也称暖层，是中间层顶以上至距地球表面大约 800 km 高度的一层。该层的下部主要由分子氮所组成，而上部是由原子氧所组成。由于太阳和宇宙射线的作用，热层中大气的垂直温度分布特征与平流层相似，其温度随高度增加而急剧上升，空气密度很小，温度可达到 1 000 K 以上。同时热层中的气体分子大都被电离，存在着大量的离子和电子，故热层也称为电离层。

2.1.2.5　逸散层

逸散层是大气层的最外层，距地面在 800 km 以上。因为其远离地面，空气极为稀薄，气温高，气体分子受地球引力极小，因而大气质点会不断地向星际空间逃逸。逸散层也是从大气层逐步过渡到星际空间的一层。

2.1.3　大气的主要气象要素

表示大气状态的物理量和物理现象，称为气象要素，是从观测直接获得的。

1）气温

气象上讲的地面气温一般是指距地面 1.5 m 高处的百叶箱中观测到的空气温度。表示气温的单位一般用摄氏度或热力学温度。

2）气压

气压是指大气的压力，单位为帕（Pa），气象上常用百帕（hPa）。国际上规定：温度 0 ℃、纬度 45 ℃的海平面上的气压为一个标准大气压。

3）气湿

气湿指的是空气的湿度，表示空气中水汽含量的多少。常用的表示方法有绝对湿度、水汽压、饱和水汽压、相对湿度、含湿量、水汽体积分数及露点。

4）风向和风速

气象上把水平方向的空气运动称为风，垂直方向的空气运动为升降气流。风是矢量，具有大小和方向。风向是指风的来向。风速是指单位时间内空气在水平方向运动的距离。通常气象台站所测定的风向、风速，都是指一定时间（如 2 min 或 10 min）的平均值。有时也要测定瞬时风向和风速。根据自然现象将风力分为 13 个等级（0 ~ 12 级）。

5）云况

云是飘浮在空中的水汽凝结物。这些水汽凝结物是由大量小水滴或小冰晶或两者的混合物构成。云的生成与否、形成特征、量的多少、分布及演变，不仅反映了当时大气的运动状态，而且也预示着天气演变的趋势。云层存在的效果使气温随高度的变化程度减小。从大气污染物扩散的观点来看，主要关心的是云高和云量。云高是指云底距地面的高度，根据云底高度可将云分为高云（5 000 m 以上）、中云（2 500 ~ 5 000 m）、低云（2 500 m 以下）。不稳定气层中的低云常分散为孤立的大云块，稳定气层中的低云云层低且黑，结构疏松。云量是指云遮蔽天空的成数。我国将天空分为十份，云遮蔽了几份就是几，如碧空无云，云量为零；阴天云量为十。国外将天空分为八等份。

6）能见度

指视力正常的人在当时的天气条件下，能够从天空背景中看到或者辨认出的目标物的最大水平距离。表示大气清洁、透明的程度，其观测值通常分为 10 级。

2.1.4 气温垂直递减率、气块的绝热过程和干绝热递减率

气温垂直递减率是指在对流层内，气温沿垂直方向上随高度变化的速率，用 Γ 表示：

$$\Gamma = -\frac{\mathrm{d}T}{\mathrm{d}Z}$$

式中　　T——绝对温度，K；

　　　　Z——高度，m。

气温垂直递减率的大小直接影响大气的稳定性，并进而影响到污染物的扩散：

当 $\Gamma>0$ 时，大气不稳定，有利于污染物的扩散，减轻大气污染对地面层的影响；

当 $\Gamma=0$ 时，大气处于稳定状态，不利于污染物的扩散，污染物在烟囱高度附近累积；

当 $\Gamma<0$ 时，大气处于逆温状态，烟囱高度至近地面层大气污染严重。

在大气中取一个微小容积的气块，称为空气微团，简称气块。假设气块与周围的环境没有发生热量交换，那么它的状态变化过程可以认为是绝热过程。固定质量的气块所经历的不发生水相变化的过程，通常称为干过程。在该过程中其内部的总质量不变，它也是一个绝热过程，因而称为干绝热过程，它是一种可逆过程。干气块在绝热上升过程中，由于外界压力减小而膨胀，就要抵抗外界压强而做功，这个功只能依靠消耗本身的内能来完成，因而气块温度降低。反之，当这干空气从高处绝热下降时，由于外界压强增大，就要对其压缩而做功，这个功便转化为这块空气的内能，因而气块温度升高。干空气在上升时温度降低值与上升高度的比叫干绝热垂直递减率，用 Γ_d 表示。

2.1.5　大气稳定度

大气稳定度是指大气抑制或促进气团在垂直方向运动的趋势，它与风速及空气温度随高度的变化有关。大气科学中将大气稳定度细划为 A、B、C、D、E、F 六类，分别表示不同的大气稳定程度。A 类为极不稳定大气，最有利于污染物扩散；而 F 类为极稳定大气，最不利于污染物的扩散。

气块在大气中的稳定度与大气垂直递减率和干绝热垂直递减率两者有关。若 $\Gamma<\Gamma_d$，表明大气是稳定的；若 $\Gamma>\Gamma_d$，大气是不稳定的；若 $\Gamma=\Gamma_d$，大气处于平衡状态。

一般地讲，Γ 越大，气块越不稳定；反之，气块就越稳定。如果 Γ 很小，甚至形成等温或逆温状态，这时对大气垂直对流运动形成巨大障碍，地面气流不易上升，使地面污染源排放出来的污染物难以借气流上升而扩散。

2.1.6　逆温层

空气温度随高度增加而升高为逆温。具有逆温层的大气层是强稳定的大气层，某一高度上的逆温层像一个盖子一样阻碍着气流的垂直运动，所以也叫阻挡层。不利于空气对流，因而不利于污染物的扩散，使污染物滞留在局地，造成局地大气污染物的集聚。逆温形成的过程是多种多样的。根据形成过程的不同，逆温可分为辐射逆温、平流逆温、湍流逆温、下沉逆温和锋面逆温。

1）辐射逆温

在对流层中，气温一般是随高度增加而降低，但在一定条件下会出现反常现象，当大气垂直递减率小于零时，即出现逆温现象，经常发生在较低气层中。近地面层的逆温多由于热力条件而形成，以辐射逆温为主。与大气污染关系密切的是辐射逆温。辐射逆温是地面因强烈辐射而冷却降温所形成的，多发生在距地面 100～150 m 高度内。

其形成过程：当白天地面受日照而升温时，近地面空气的温度随之而升高。夜晚地面由于向外辐射而冷却，由于上面的空气比下面的冷却较慢，因而形成了自地面开始逐渐向上发展的逆温层，称为辐射逆温。最有利于辐射逆温发展的条件是平静而晴朗的夜晚，有云和有风都能减弱逆温。如风速超过 2 ~ 3 m/s 时，辐射逆温就不易形成了。

2）下沉逆温

由于空气下沉受到压缩增温而形成的逆温，称为下沉逆温。多出现在高压控制区内，范围广、厚度大，一般可达数百米。下沉气流一般达到某一高度就停止了，所以下沉逆温多发生在高空大气中。

3）平流逆温

由暖空气平流到冷地面上形成的逆温。是由于低层空气受地面影响大，降温多，上层空气降温少而形成的。暖空气与地面之间温差越大，逆温越强。

4）湍流逆温

由低层空气的湍流混合形成。湍流逆温层厚度不大，约几十米。

5）锋面逆温

在对流层中的冷空气团与暖空气团相遇时，暖空气因其密度小就会爬升到冷空气团上面去，形成一个倾斜的过渡区，称为锋面。在锋面上如果冷暖空气的温差很大，即可出现锋面逆温。

2.2 大气污染和大气污染物

2.2.1 大气污染物及来源

2.2.1.1 大气污染

由于人类活动或自然过程，改变了大气层中某些原有成分或增加了某些有毒、有害物质，致使大气质量恶化，影响原来有利的生态平衡体系，严重威胁人体健康和正常工农业生产，对建筑物和设备财产等造成损坏，这种现象称为大气污染，也称空气污染。

按照大气污染的范围，大气污染可分为四类：① 局部地区污染，局限于小范围的大气污染，如烟筒排气影响；② 地区性污染，涉及一个地区的大气污染，如工厂及其附近地区或整个城市大气受到污染；③ 广域污染，涉及比一个地区或大城市更广泛地区的大气污染；④ 全球性污染，涉及全球范围的大气污染。

2.2.1.2 大气污染物

大气污染物的种类很多，并且因污染源不同而有差异。在我国大气环境中，最主要的大气污染物的来源是燃料燃烧（表 2-2）。按照其存在状态可分为两大类：气溶胶状态污染物和气体状态污染物。

1）气体状态污染物

气体状态污染物是以分子状态存在的污染物，简称气态污染物。其又分为一次污染物和二次污染物。

（1）一次污染物：直接由污染源排放的污染物，如 CO、SO_2、NO_x。

一氧化碳是无色无味无臭的气体，对植物和微生物均无害，但对人有害，因为它能与血红素作用生成羰基血红素，使血液携带氧的能力降低而引起缺氧。症状有头痛、晕眩等，同时还使心脏过度疲劳，致使心血管工作困难，终至死亡。一氧化碳是城市大气中数量最多的污染物，约占大气中污染物总量的 1/3，现代发达国家城市空气中的一氧化碳有 80% 是汽车排放的。一氧化碳是碳氢化合物燃烧不完全的产物。

SO_2 主要来自于矿物燃料的燃烧。全世界每年排放入空气中的 SO_2 约有 1.6 亿多吨，美国 1990 年排放 2 120 万吨，1995 年我国排放 2 370 万吨，占世界第一位。SO_2 的腐蚀性较大，它能使空气中的动力线硬化和拉索钢绳的使用寿命缩短，使皮革失去强度，建筑材料变色破坏，塑像及艺术品毁坏，损害植物的叶片，影响其生长并降低其产量，刺激人的呼吸系统，对老年人尤其有害。

（2）二次污染物：指进入大气的一次污染物之间或与正常大气组分发生反应，以及在太阳辐射下引起光化学反应而产生的新的污染物。它常比一次污染物对环境和人体的危害更为严重，如光化学氧化剂（O_x）、臭氧（O_3）、硫酸盐颗粒物。

2）气溶胶状态污染物

气体介质和悬浮在其中的分散粒子所组成的系统称为气溶胶。按照气溶胶粒子的来源和物理性质可将其分为如下几类：

（1）粉尘：指悬浮于气体介质中的小固体颗粒，受策略作用能发生沉降，但在一段时间内能保持悬浮状态。它通常是由于固体物质的破碎、研磨、分级、输送等机械过程或土壤、岩石的风化等自然过程形成的。颗粒形状往往不规则，其尺寸为 1～200 mm。如煤粉、水泥粉尘、金属粉尘等。

（2）烟：一般指由冶金过程形成的固体颗粒的气溶胶，常伴随化学反应，如氧化铅烟、氧化锌烟等。颗粒尺寸为 0.01～1 mm。

（3）飞灰：指随着燃料燃烧产生的烟气排出的分散得较细的灰粉。

（4）黑烟：由燃料燃烧产生的能见气溶胶。

以上四种小颗粒很难区分开来，一般统称粉尘。

（5）霾：是大气中悬浮的大量微小尘粒使空气浑浊，能见度降低到 10 km 以下的天气现象，易出现在逆温、静风、相对湿度较大等气象条件下。

（6）雾：是气体中液滴悬浮体的总称。在气象中雾造成能见度小于 1 km 的小水滴悬浮体。

在我国的环境空气质量标准中，还根据粉尘颗粒的大小，将其分为总悬浮颗粒物和可吸入粒子。总悬浮颗粒物是用标准大容量颗粒采样器在滤膜上所采集到的颗粒物的总量，通常称为总悬浮颗粒物，用 TSP 表示。其粒径多在 100 mm 以下，尤以 10 mm 以下的为最多。可吸入粒子是易于通过呼吸过程而进入呼吸道的粒子。目前国际标准组织（ISO）建议将其定为 $D_p \leqslant 10$ mm。我国科学工作者已采用了这个建议。

表 2-2　常见大气污染物

污染物	一次污染物	二次污染物
含硫氧化物	SO_2、H_2S	SO_3、H_2SO_4、硫酸盐、硫酸酸雾
氮氧化物	NO、NH_3	N_2O、NO_2、硝酸盐、硝酸酸雾
碳氧化物	CO、CO_2	
碳氢化合物	$C_1 \sim C_5$ 化合物、CH_4 等	醛、酮、过氧乙酰硝酸酯
卤素及其化合物	F_2、HF、Cl_2、HCl、$CFCl_3$、CF_2Cl_2、氟利昂等	
氧化剂	—	O_3、自由基、过氧化物
颗粒物	煤尘、粉尘、重金属微粒、烟、雾、石棉气溶胶等	
放射性物质	铀、钍、镭等	

2.2.2　大气污染的影响及危害

根据污染物的来源、性质、浓度（常用大气污染物浓度表示法，有混合比单位表示法和单位体积内物质的质量表示法）和持续的时间不同以及污染地区的气象条件、地理环境因素的差别等，大气污染对人体健康将产生不同的危害。从规模上分类可分为微观、中型和宏观三种。如放射性建筑材料的自然辐射所引起的室内大气污染属于微观空气污染；工业生产及汽车排放所引起的室外周围大气污染属于中型大气污染；大气污染物远距离传输及对全球的影响属于宏观大气污染（如酸雨）。大气污染对人体健康影响较大的污染物有颗粒物、二氧化硫、一氧化碳和臭氧等。大气污染是当前世界最主要的环境问题之一，其对人类健康、工农业生产、动植物生长、社会财产和全球环境等都会造成很大的危害。

2.2.2.1　大气污染对人体健康的危害

大气污染对人体健康的影响，一般可分为以下几种情况。

1）急性危害

人在高浓度污染物的空气中暴露一段时间后，马上就会引起中毒或者其他一些病状，这就是急性危害。最典型的是 1952 年 12 月伦敦烟雾事件和 1984 年 12 月的印度博帕尔毒气泄漏事件。

2）慢性危害

慢性危害就是人在低浓度污染物中长期暴露，污染物危害的累积效应使人发生病状。由于慢性危害具有潜在性，往往不会立即引起人们的警觉，但一经发作，就会因影响面大、危害深而一发不可收拾。例如，长期生活、工作在低浓度污染的空气中的人们，会导致慢性疾病发病率升高。如煤矿工人吸入煤灰形成煤肺；玻璃厂或石粉加工工人吸入硅酸盐粉尘形成硅肺；石棉厂工人多患有石棉肺等。慢性危害一般可采取相应的防护措施减少其危害性。

　　大气中污染物种类很多，不同的污染物对人体健康所造成的危害程度、表现病状也各不相同。像硫氧化物，包括二氧化硫、三氧化硫，其对人体健康的主要影响是造成呼吸道内径狭窄，结果使空气进入肺部受到阻碍。浓度高时可使人出现呼吸困难，造成支气管炎和哮喘病，严重者引起肺气肿，甚至死亡；又如碳氢化合物，其种类很多，大气中以气态形式存在的碳氢化合物其碳原子数一般在 1～10 之间，它们是形成光化学烟雾的主要参与者。光化学反应产生的衍生物如丙烯醛、甲醛等对眼睛都有刺激作用，多环芳烃中有不少是致癌物质，如苯并[α]芘等。

2.2.2.2　大气污染对生物的危害

　　大气污染对农作物、森林、水产及陆地动物都有严重的危害。如因大气污染（以酸雨污染为主）造成我国农业粮食减产面积在 1993 年高达 530 万 hm^2。每年我国因大气污染、水体污染和固体废物污染造成的粮食减产量高达 120 亿 kg。严重的酸雨会使森林衰亡和鱼类死亡。

　　大气污染对植物的危害可以分为急性危害、慢性危害和不可见危害三种。

　　（1）急性危害是指在高浓度污染物影响下，短时间内产生的危害。如使植物叶子表面产生伤斑，或者直接使叶片枯萎脱落。

　　（2）慢性危害是指在低浓度污染物长期影响下产生的危害。如使植物叶片褪绿，影响植物生长发育，有时还会出现与急性危害类似的症状。

　　（3）不可见危害是指在低浓度污染物影响下，植物外表不出现受害症状，但植物生理机能已受影响，使植物品质变坏，产量下降。

　　大气污染除对植物的外观和生长发育产生上述直接影响外，还产生间接影响。主要表现为：由于植物生长发育减弱，降低了对病虫害的抵抗能力。

2.2.2.3　大气污染对材料的影响

　　突出表现在对建筑物和暴露在空气中的流体输送管道的腐蚀。如工厂金属建筑物被腐蚀生成铁锈，楼房自来水管表面的腐蚀等。大气污染也给一些历史文物、艺术珍品带来不可挽回的损失。

2.2.2.4　对大气能见度和气候的影响

　　一般说来，对大气能见度或清晰度有影响的污染物应是气溶胶粒子、能通过大气反应生成气溶胶粒子的气体或有色气体，主要有总悬浮颗粒物、硫氧化物、氮氧化物和光化学烟雾。大气能见度的降低不仅会使人感到不愉快，而且会造成极大的心理影响，还会产生交通安全方面的危害。

　　大气污染对全球大气环境的影响目前也已突显出来，如臭氧层消耗、酸雨、全球变暖等。一则研究证实，颗粒物浓度高的地区和城市工业区的降雨量明显大于其周围相对清洁区的降雨量。虽然这是对区域的影响，但如不及时控制，将对整个地球造成灾难性的危害。

2.3 大气污染物的迁移和转化

2.3.1 大气污染物迁移

大气中污染物的迁移是指由于空气运动使污染物传输和分散的过程，可以使污染物浓度降低。

大气污染物在大气中迁移时受到多种因素的影响，主要有风和湍流、天气形势和地理地势造成的逆温现象以及污染源本身的特性等。

2.3.1.1 风和湍流的影响

风和湍流对污染物在大气中的扩散和稀释起着决定性作用。

（1）风：风对大气污染物的影响包括风向和风速两个方面，风向影响污染物的扩散方向，而风速的大小决定着污染物的扩散和稀释的状况。一般情况下，污染物在大气中的浓度与污染物的总排放量成正比，而与平均风速成反比。若风速增加一倍，则在下风向污染物的浓度将减少一半。

（2）大气湍流：大气湍流是指大气以不同的尺度做无规则运动的流体状态。风速的脉动和风向的摆动就是湍流作用的结果。大气污染物的扩散主要是靠大气湍流作用。风速越大，湍流越强，污染物的扩散速度就越快，污染物的浓度就越低。

风可使污染物向下风方向扩散，湍流可使污染物向各方向扩散，浓度梯度可使污染物发生质量扩散。其中风和湍流起主导作用。污染物在大气中的迁移，水平运动方向上取决于风的平流输送，垂直方向上的扩散取决于大气的湍流运动。

2.3.1.2 天气形势和地形地貌的影响

天气形势是指大范围气压分布的状况。局部地区的气象条件总是受天气形势的影响，因而局部地区大气污染物的扩散条件与大气的天气形势是互相联系的。不利的天气形势和地形特征结合在一起常使大气污染程度加重。例如，由于大气压分布不均，在高压区里存在着下沉气流，由此使气温绝热上升，于是形成上热下冷的逆温现象，这种逆温称下沉逆温。它具有持续时间长、分布广等特点，使从污染源排放出来的污染物长时间地积累在逆温层中而不能扩散。世界上一些较大的大气污染事件大多是在这种天气形势下形成的。

因地形地貌不同，从污染源排出的污染物的危害程度也不同。如高层建筑等体形大的建筑物背风区风速下降，在局部地区产生涡流，这样就阻碍了污染物的迅速排走，而使其停滞在某一地区内，从而加重污染。

地形和地貌的差异，往往形成局部空气环流，对当地的大气污染起显著作用。典型的局部空气环流有海陆风、山谷风和城市热岛效应等。

1）海陆风

海陆风是海洋或湖泊沿岸常见的现象，是海风（或湖风）和陆风的总称。在白天，由于地表受太阳辐射后，陆地升温比海面快，陆地上的大气气温高于海面上的大气气温，产生了海陆大气之间的温度差、气压差。使低空大气由海洋流向陆地，形成海风。到了夜间，地表散热降温比海面快，在海陆之间产生了与白天相反的温度差、气压差。这使低空大气从陆地流向海洋，形成陆风，高空大气则从海洋流向陆地，它们与陆地下降气流和海面上升气流一起构成了海陆风局地环流（图 2-2）。

由上可知，建在海边排出污染物的工厂，必须考虑海陆风的影响，因为有可能出现在夜间随陆风吹到海面上的污染物，在白天又随海风吹回来，或者进入海陆风局地环流中，使污染物不能充分地扩散稀释而造成严重的污染。

在江河湖泊的水陆交界地带也会产生水陆风局地环流，称为水陆风，但水陆风的活动范围和强度比海陆风要小。

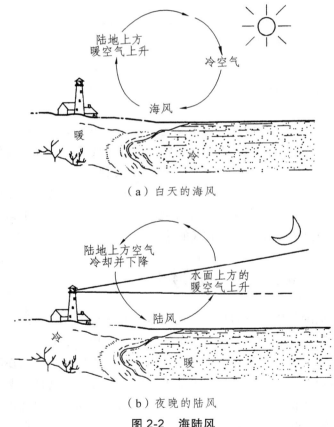

（a）白天的海风

（b）夜晚的陆风

图 2-2　海陆风

2）山谷风

山谷风是山区常见的现象，是山风和谷风的总称。它主要是由于山坡和谷地受热不均匀而产生的。在白天，太阳首先照射到山坡上，使山坡上大气比谷地上同高度的大气温度高，形成了由谷地吹向山坡的风，称为谷风。在夜间，山坡和山顶比谷地冷却得快，使山坡和山顶的冷空气顺山坡下滑到谷底，形成山风。

山风和谷风的方向是相反的，在不受大气影响的情况下，山风和谷风在一定时间内进行转换，这样就在山谷构成闭合的环流。污染物往返积累，往往会达到很高的浓度，造成严重的大气污染。

3）城市热岛效应

城市热岛效应是由城乡温度差引起的城市热岛环流或城郊风。产生城乡温度差异的主要原因是：城市工业集中、人口密集，城市热源和地面覆盖物（如建筑、水泥路面等）热容量大，白天吸收太阳辐射热，夜间放热缓慢，使低层空气冷却变缓，与郊区形成显著的差异。这种导致城市比周围地区热的现象称为城市热岛效应。

由于城市温度经常比郊区高，气压比郊区低，所以在晴朗平稳的天气下可以形成一种从周围郊区吹向城市的特殊的局地风，称为城郊风。这种风在市区汇合就会产生上升气流。因此若城市周围有较多产生污染物的工厂，就会使污染物在夜间向市中心输送，造成严重污染，尤其是夜间城市上空有逆温存在时。

2.3.2 大气污染物的转化

污染物在大气中的迁移只是使其在空间分布上发生了变化，它们的化学组成并没有改变。但如果污染物在大气中发生了化学变化，如光解、氧化-还原、酸碱中和以及聚合等反应，则可能转化为无毒化合物从而消除污染；或者转化为毒性更大的二次污染物从而加重污染。因此，研究污染物的转化对大气环境化学具有重要意义。

2.3.2.1 大气中的光化学反应

污染物在大气中的化学转化，除常规热化学反应外，更多的是与光化学反应有关，即大气污染往往是由光化学反应引发所致。

1）光化学反应过程

分子、原子、自由基或离子吸收光子而发生的化学反应，称为光化学反应。化学物质吸收光量子后可发生光化学反应的初级过程和次级过程。

（1）初级过程：化学物质吸收光量子形成激发态，其基本步骤为

$$A + h\nu \longrightarrow A^*$$

式中　A^*——物质 A 的激发态；

$h\nu$——光量子。

随后，激发态 A^* 可能发生如下几种变化。

① 辐射跃迁：$\qquad\qquad A^* \longrightarrow A + h\nu$

② 无辐射跃迁：$\qquad\quad A^* + M \longrightarrow A + M$

③ 离解：$\qquad\qquad\quad A^* \longrightarrow B_1 + B_2 + \cdots$

④ 碰撞失活：$\qquad\quad A^* + C \longrightarrow D_1 + D_2 + \cdots$

反应①为辐射跃迁，即激发态物质通过辐射荧光或磷光而失去活性。反应②为无辐射跃迁，即激发态物质通过与其他惰性分子 M 碰撞，将能量传递给 M，本身又回到基态。以上两种过程均为光物理过程，并使分子回到初始状态。反应③为光离解，即激发态物质离解为两个或两个以上新物质。反应④为 A* 与其他分子反应生成新的物质。这两种过程均为光化学过程。对于环境化学而言，光化学过程更为重要。受激态物质会在什么条件下离解为新物质，以及与什么物质反应可产生新物质，对于描述大气污染物在光作用下的转化规律具有重要意义。

（2）次级过程：指在初级过程中反应物、生成物之间进一步发生的反应。如大气中氯化氢的光化学反应过程。

初级过程 $\qquad$ $HCl + h\nu \longrightarrow H\cdot + Cl\cdot$

次级反应 $\qquad$ $H\cdot + HCl \longrightarrow H_2 + Cl\cdot$

$$Cl\cdot + Cl\cdot \longrightarrow Cl_2$$

上述反应表明，HCl 分子在光的作用下，发生化学键的裂解。裂解时，成键的一对电子平均分给氯和氢两个原子，使氯和氢各带有一个成单电子，这种带有一个成单电子的原子称为自由基，用相应的原子加上单电子"·"表示，如 H· 和 Cl· 等。自由基也可以是带成单电子的原子团，如 ·OH、·CH₃、R· 等。

自由基是电中性的，因有成单电子而非常活泼，它能迅速夺取其他分子中的成键电子而游离出新的自由基或与其他自由基结合而形成较稳定的分子。

HCl 经过初级过程产生 H· 和 Cl·，由初级过程中产生的 H· 与 HCl 发生次级反应，或者与初级过程所产生的 Cl· 之间发生次级反应（该反应必须有其他物质如 O_2 或 N_2 等存在下才能发生，式中用 M 表示）。次级过程大都是热反应。

根据光化学第一定律，首先，只有当激发态分子的能量足够使分子内的化学键断裂时，即光子的能量大于化学键能时，才能引起光离解反应。其次，为使分子产生有效的光化学反应，光还必须被所作用的分子吸收，即分子对某特定波长的光要有特征吸收光谱，才能产生光化学反应。光化学第二定律是说明分子吸收光的过程是单光子过程。这个定律的基础是电子激发态分子的寿命很短，$\leqslant 10^{-8}$ s，在这样短的时间内，辐射强度比较弱的情况下，再吸收第二个光子的几率很小。当然若光很强，如高能量光子流的激光，即使在如此短的时间内，也可以产生多光子吸收现象，这时光化学第二定律就不适用了。对于大气污染化学而言，反应大都发生在对流层，只涉及太阳光，符合光化学第二定律。

大气中重要的吸光物质 O_2、N_2、O_3、NO_2、HNO_3、HNO_2、SO_2、卤代烃等分子的光解往往引发许多大气化学反应，从而对大气平衡产生破坏。

2）大气中重要吸光物质的光离解

（1）氧分子和氮分子的光离解：通常认为 240 nm 以下的紫外光可引起的光解：

$$O_2 + h\nu \longrightarrow O\cdot + O\cdot$$

$$N_2 + h\nu \longrightarrow N\cdot + N\cdot$$

（2）臭氧的光离解：

O_3 吸收紫外光后发生如下离解反应：

$$O_3 + h\nu \longrightarrow O\cdot + O_2$$

在低于 1 000 km 的大气中，由于气体分子的密度比高空大得多，三个粒子碰撞的几率较大，O_3 光解而产生的 $O·$ 可与 O_2 发生如下反应：

$$O· + O_2 + M \longrightarrow O_3 + M$$

这一反应是平流层中 O_3 的主要来源，也是消除 $O·$ 的主要过程。它不仅吸收了来自太阳的紫外光而保护了地面的生物，同时也是上层大气能量的一个贮库。

（3）NO_2 的光离解：NO_2 是城市大气中重要的吸光物质。在低层大气中可以吸收全部来自太阳的紫外光和部分可见光。

$$NO_2 + h\nu \longrightarrow NO + O·$$

$$O· + O_2 + M \longrightarrow O_3 + M$$

这是大气中唯一已知 O_3 的人为来源。

（4）HNO_2 和 HNO_3 的光离解：

$$HNO_2 + h\nu \longrightarrow HO· + NO_2$$

另一个初级过程为

$$HNO_2 + h\nu \longrightarrow H· + NO_2$$

次级过程为

$$HO· + NO \longrightarrow HNO_2$$

$$HO· + HNO_2 \longrightarrow H_2O + NO_2$$

$$HO· + NO_2 \longrightarrow HNO_3$$

因而 HNO_2 的光解可能是大气中 $HO·$ 的重要来源。

$$HNO_3 + h\nu \longrightarrow HO· + NO_2 （光解很慢）$$

（5）SO_2 对光的吸收：由于其键能较大，240～400 nm 的光不能使其离解，只能生成激发态。

$$SO_2 + h\nu \longrightarrow SO_2^*$$

产物在污染大气中可参与许多光化学反应。

（6）HCHO 的光离解：

初级过程：

$$HCHO + h\nu \longrightarrow H· + ·CHO$$

$$HCHO + h\nu \longrightarrow H_2 + CO$$

次级过程：

$$H· + ·CHO \longrightarrow H_2 + CO$$

$$2H· + M \longrightarrow H_2 + M$$

$$2·CHO \longrightarrow 2CO + H_2$$

在对流层中，由于 O_2 的存在，可发生如下反应：

$$H· + O_2 \longrightarrow HO_2·$$

$$·CHO + O_2 \longrightarrow HO_2· + CO$$

因此，甲醛光解可产生 $HO_2·$（氢过氧自由基），其他醛类的光解也可以同样方式生成 $HO_2·$。

（7）卤代烃的光离解：在卤代烃中以卤代甲烷的光解对大气污染化学作用最大。卤代甲烷光解的初级过程如下：

在近紫外光照射下，其离解方式为

$$CH_3X \cdot + h\nu \longrightarrow \cdot CH_3 + X \cdot$$

如果含有一种以上的卤素，则断裂的是最弱的键，化学键强弱顺序为 $CH_3—F > CH_3—H > CH_3—Cl > CH_3—Br > CH_3—I$。高能量的短波长紫外光照射，可能发生两个键断裂，应断两个最弱键。即使是最短波长的紫外光，如 147 nm，三键断裂也不常见。

2.3.2.2 大气中重要自由基的来源

大气中存在的自由基有 $\cdot HO$、$HO_2 \cdot$、$R \cdot$（烷基）、$RO \cdot$（烷氧基）和 $RO_2 \cdot$（过氧烷基）等。其中以 $\cdot HO$、$HO_2 \cdot$ 最为重要。

1）HO·、HO₂·的来源

对于清洁大气而言，O_3 的光离解是大气中 $HO \cdot$ 的重要来源：

$$O_3 + h\nu \longrightarrow O \cdot + O_2$$
$$O \cdot + H_2O \longrightarrow 2HO \cdot$$

对于污染大气而言，如有 H_2O_2 和 HNO_2，它们的光离解也可产生 $HO \cdot$：

$$HNO_2 + h\nu \longrightarrow HO \cdot + NO \text{ （重要来源）}$$
$$H_2O_2 + h\nu \longrightarrow 2HO \cdot$$

$HO_2 \cdot$ 主要来源于醛的光解，尤其是甲醛的光解：

$$HCHO + h\nu \longrightarrow H \cdot + \cdot CHO$$
$$H \cdot + O_2 + M \longrightarrow HO_2 \cdot + M$$
$$\cdot CHO + O_2 \longrightarrow HO_2 \cdot + CO$$

任何光解过程只要有 $H \cdot$ 或 $\cdot CHO$ 自由基生成，它们都可与空气中的 O_2 结合而导致生成 $HO_2 \cdot$。其他醛类物质也有类似反应，但不如甲醛重要。另外，亚硝酸酯和 H_2O_2 的光解也可导致生成 $HO_2 \cdot$：

$$CH_3ONO + h\nu \longrightarrow CH_3O \cdot + NO$$
$$CH_3O \cdot + O_2 + h\nu \longrightarrow HCHO + HO_2 \cdot$$
$$H_2O_2 + h\nu \longrightarrow 2HO \cdot$$
$$HO \cdot + H_2O_2 \longrightarrow HO_2 \cdot + H_2O$$

2）R·、RO·、RO₂·等自由基的来源

大气中存在最多的烷基是甲基，它们的主要来源是乙醛和丙酮的光解：

$$CH_3OHO + h\nu \longrightarrow CH_3 \cdot + \cdot CHO$$
$$CH_3COCH_3 + h\nu \longrightarrow \cdot CH_3 + CH_3CO \cdot$$

HO・和 O・与烃类发生 H 摘除时也可生成烷基自由基：

$$RH + O \cdot \longrightarrow R \cdot + HO \cdot$$

$$RH + HO \cdot \longrightarrow R \cdot + H_2O$$

大气中的过氧烷基都是由烷基与空气结合而生成的：

$$R \cdot + O_2 \longrightarrow RO_2 \cdot$$

2.3.2.3　氮氧化物的转化

氮氧化物是大气中主要的气态污染物之一，它的主要人为来源是矿物燃料的燃烧。燃烧过程中，在高温情况下，空气中的氮与氧化合而生成氮氧化物，其中主要的是一氧化氮。一氧化氮还可进一步被氧化成二氧化氮、三氧化氮和五氧化氮等，它们溶于水后可生成亚硝酸和硝酸。另外，氮氧化物与其他污染物共存时，在阳光照射下可发生化学烟雾。

大气中主要含氮化合物有 NO_2、NO、NO_2、NH_3、HNO_2、HNO_3、亚硝酸酯、硝酸酯、亚硝酸盐、硝酸盐和铵盐等。大气污染化学中所说的氮氧化物通常主要指一氧化氮和二氧化氮，用 NO_x 表示。它们的天然来源是生物有机体腐烂过程中微生物将有机氮转化成 NO，NO 继续被氧化成 NO_2。另外，有机体中的氨基酸分解产生的氨也可被 HO・氧化成为 NO_x。NO_x 的人为来源主要是矿物燃料的燃烧。

1）NO 的氧化

氧化剂 O_3、$HO_2 \cdot$、$RO_2 \cdot$ 的直接氧化：

$$NO + O_3 \longrightarrow NO_2 + O_2$$

$$NO + HO_2 \cdot \longrightarrow NO_2 + HO \cdot$$

$$NO + RO_2 \cdot \longrightarrow NO_2 + RO \cdot$$

氧化剂 HO・、RO・直接与 NO 反应（产物极易光解）：

$$NO + HO \cdot \longrightarrow HNO_2$$

$$NO + RO \cdot \longrightarrow RONO \cdot$$

2）NO_2 的转化

它的光解可以引发大气中生成 O_3 的反应：

$$NO_2 + h\nu \longrightarrow NO + O \cdot$$

$$O \cdot + O_2 + M \longrightarrow O_3 + M$$

NO_2 能与一系列自由基反应，如 O・、HO・、$HO_2 \cdot$、RO・、$RO_2 \cdot$ 等，也能与 O_3 和 NO_3 反应。其中比较重要的是与 HO・、NO_3 和 O_3 的反应。

$$NO_2 + HO \cdot \longrightarrow HNO_3 \quad （大气中气态 HNO_3 的主要来源）$$

$$NO_2 + O_3 \longrightarrow NO_3 + O_2 \quad （对流层 NO_2、O_3 浓度都较高时）$$

$$NO_2 + NO_3 + M \rightleftharpoons N_2O_5$$

当夜间 NO 和 HO· 浓度不高，而 O_3 有一定浓度时，NO_2 会被 O_3 氧化生成 NO_3，随后进一步发生如上反应而生成 N_2O_5。

2.3.2.4 碳氢化合物的转化

碳氢化合物是大气中的重要污染物。大气中以气态形式存在的碳氢化合物的碳原子数主要有 1~10 个，包括可挥发性的所有烃类，它们是形成光化学烟雾的主要参与者。

1）大气中主要的碳氢化合物

① 甲烷：唯一能由天然源排放而形成大浓度的气体，是大气中含量最高的碳氢化合物，是一种温室气体，其温室效应比 CO_2 大 20 倍。② 石油烃。③ 萜类。④ 芳香烃：主要有两类，即单环芳烃和多环芳烃（PAN）。

2）碳氢化合物在大气中的反应

（1）烷烃的反应：烷烃可与大气中的 HO· 和 O· 发生氢原子摘除反应（一般不与 O_3 反应）。

$$RH + HO· \longrightarrow R· + H_2O$$

$$RH + O· \longrightarrow R· + HO· （O· 主要来自 O_3 光解）$$

前者反应速率常数比后者大两个数量级以上。

（2）烯烃的反应：

① 烯烃与 HO· 主要发生加成反应：

$$CH_2 = CH_2 + HO· \longrightarrow CH_2CH_2OH$$

$$CH_2CH_2OH + O_2 \longrightarrow CH_2(O_2)CH_2OH$$

$$CH_2(O_2)CH_2OH + NO \longrightarrow CH_2(O)CH_2OH + NO_2$$

$$CH_2(O)CH_2OH \longrightarrow HCHO + CH_2OH$$

$$CH_2OH + O_2 \longrightarrow HCHO + HO_2·$$

$$CH_2(O)CH_2OH + O_2 \longrightarrow HCOCH_2OH + HO_2$$

② 烯烃还可以与 HO· 发生氢原子摘除反应，如：

$$CH_3CH_2CH = CH_2 + HO· \longrightarrow CH_3CHCH = CH_2 + H_2O$$

③ 烯烃与 O_3 反应的速率虽然远不如与 HO· 反应的快，但是在大气中 O_3 的浓度远高于 HO·，因而这个反应就显得很重要了。其反应机理是首先将 O_3 加成到烯烃的双键上，形成一个分子臭氧化物，然后迅速分解为一个羰基化合物和一个二元自由基。这种二元自由基能量很高，可进一步分解，其氧化性也很强，可氧化 NO 和 SO_2 等。

④ 烯烃与 NO_3 反应的速率要比与 O_3 反应的快，其反应机理为

$$CH_3CH = CHCH_3 + NO_3 \longrightarrow CH_3CH(ONO_2)CHCH_3$$

$$CH_3CH(ONO_2)CHCH_3 + O_2 \longrightarrow CH_3CH(ONO_2)CH(O_2)CH_3$$

$$CH_3CH(ONO_2)CH(O_2)CH_3 + NO \longrightarrow CH_3CH(ONO_2)CH(O)CH_3 + NO_2$$

$$CH_3CH(ONO_2)CH(O)CH_3 + NO_2 \longrightarrow CH_3CH(ONO_2)CH(ONO_2)CH_3$$

⑤ 烯烃与 $O\cdot$ 反应也是把 $O\cdot$ 加成到烯烃的双键上，形成二元自由基，然后转变成稳定化合物。

（3）环烃的氧化：大气中已检测到的环烃大多以气态形式存在，它们主要都是在燃烧过程中生成的。环烃在大气中的反应以氢原子摘除反应为主，如果是环烯烃，与 $HO\cdot$、NO_3、O_3 的反应则类似于烯烃的反应。

3）醚、醇、酮、醛的反应

以醛为最重要，尤其是甲醛，既是一次污染物，又可由大气中的烃氧化而成。几乎所有大气污染化学反应都有甲醛参与。

$$HCHO + HO\cdot \longrightarrow HCO\cdot + H_2O$$

$$HCO\cdot + O_2 \longrightarrow CO + HO_2\cdot$$

$$HCHO + HO_2\cdot \longrightarrow HOH_2COO$$

$$HOH_2COO + NO \longrightarrow HOH_2CO + NO_2$$

$$HOH_2CO + O_2 \longrightarrow HCOOH + HO_2 \quad （甲酸对酸雨有贡献）$$

醛也能与 NO_3 反应：

$$RCHO + NO_3 \longrightarrow RCO + HNO_3$$

2.3.2.5 光化学烟雾

1）光化学烟雾现象

汽车、工厂等污染源排入大气的碳氢化合物（CH）和氮氧化物（NO_x）等一次污染物在阳光（紫外线）作用下发生光化学反应生成二次污染，参与光化学反应过程的一次污染物和二次污染物的混合物（其中有气体污染物，也有气溶胶）所形成的烟雾污染现象，称为光化学烟雾，光化学烟雾日变化曲线如图 2-3 所示。

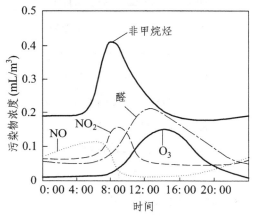

图 2-3　光化学烟雾日变化曲线（S. E. Manahan，1984）

光化学烟雾的形成条件是大气中有氮氧化物和碳氢化物存在，大气相对湿度较低，气温为 24～32 ℃，夏季晴天，而且有强的阳光照射。光化学烟雾的组成是 RH、NO_x、O_3、PAN、H_2O_2、醛等。

光化学烟雾的特征是烟雾呈蓝色，具有强氧化性，能使橡胶开裂，刺激人的眼睛，伤害植物的叶子，并使大气能见度降低。继洛杉矶之后，光化学烟雾在世界各地不断出现，如日本的东京、大阪，英国的伦敦以及澳大利亚、德国等的大城市。

2）光化学烟雾的危害性

（1）刺激眼睛，这是由于具有刺激性的二次污染物甲醛、过氧化苯甲酰硝酸酯和丙烯醛引起的。

（2）臭氧会引起胸部压缩、刺激黏膜、头痛、咳嗽、疲倦等症状。

（3）臭氧能损害有机物质，如橡胶、棉布、尼龙和聚酯等。

（4）目前哮喘病的增多与氧化剂的增多有关。氧化剂还会引起麻痹症，使人得肺气肿。

3）烟雾形成的简化机制

引发反应：

$$NO_2 + h\nu \longrightarrow NO + O\cdot$$
$$O\cdot + O_2 + M \longrightarrow O_3 + M$$
$$NO + O_3 \longrightarrow NO_2 + O_2$$

自由基传递反应：

$$RH + HO\cdot \longrightarrow R\cdot + H_2O \tag{1}$$
$$R\cdot + O_2 + M \longrightarrow RO_2\cdot + M$$
$$RCHO + HO\cdot \longrightarrow RCO\cdot + H_2O \tag{2}$$
$$RCO\cdot + O_2 \longrightarrow RC(O)O_2\cdot$$
$$RCHO + h\nu \longrightarrow RCO\cdot + H\cdot \tag{3}$$
$$RCO\cdot + O_2 \longrightarrow RO_2\cdot + CO$$
$$H\cdot + O_2 + M \longrightarrow HO_2\cdot$$
$$HO_2\cdot + NO \longrightarrow NO_2 + HO\cdot \tag{4}$$
$$RO_2\cdot + NO \longrightarrow NO_2 + RO\cdot \tag{5}$$
$$RO\cdot + O_2 \longrightarrow RCHO + HO_2\cdot$$
$$RC(O)O_2\cdot + NO \longrightarrow NO_2 + RC(O)O\cdot \tag{6}$$
$$RC(O)O\cdot \longrightarrow R\cdot + CO_2$$
$$R\cdot + O_2 + M \longrightarrow RO_2\cdot$$

终止反应：

$$HO\cdot + NO_2 \longrightarrow HNO_3 \tag{1}$$
$$RC(O)O_2\cdot + NO_2 \longrightarrow RC(O)O_2NO_2\cdot（该反应可逆）\tag{2}$$

NO_2 既起链引发作用，又起链的终止作用。

4）光化学烟雾的控制对策

（1）控制反应活性高的有机物的排放；

（2）控制臭氧的浓度。

2.3.2.6　硫氧化物的转化及硫酸烟雾型污染

硫酸烟雾也称为伦敦烟雾，最早发生在英国伦敦。它主要是由于燃煤而排放出来的 SO_2、颗粒物以及由 SO_2 氧化所形成的硫酸盐颗粒物所造成的大气污染现象。这种污染多发生在冬季，气温较低、湿度较高和日光较弱的气象条件下。

在硫酸型烟雾的形成过程中，SO_2 转变为 SO_3 的氧化反应主要靠雾滴中锰、铁及氨的催化作用而加速完成。当然 SO_2 的氧化速度还会受到其他污染物、温度以及光强等的影响。

硫酸型烟雾污染物，从化学上看属于还原性混合物，故此烟雾为还原烟雾。而光化学烟雾是高浓度氧化剂的混合物，因此也称为氧化烟雾。这两种烟雾在许多方面具有相反的化学行为。它们发生污染的根源各有不同，伦敦烟雾主要是由燃煤引起的，光化学烟雾则主要是由汽车尾气引起的。

就全球范围而言，人为排放的 SO_2 中有 60% 来源于煤的燃烧，30% 左右来源于石油的燃烧和炼制过程；天然来源主要是火山喷发。

SO_2 直接氧化为 SO_3：

$$SO_2 + O_2 \longrightarrow SO_4 \longrightarrow SO_3 + O\cdot$$

或

$$SO_4 + SO_2 \longrightarrow 2SO_3$$

SO_2 被自由基氧化（在光化学反应十分活跃的大气里，SO_2 很容易被 $HO\cdot$、$HO_2\cdot$、$RO\cdot$、$RO_2\cdot$、$RC(O)O_2\cdot$ 等这些自由基氧化）：

$$SO_2 + HO\cdot + M \longrightarrow HOSO_2\cdot + M$$

$$HOSO_2\cdot + O_2 + M \longrightarrow HO_2\cdot + SO_3 + M$$

$$SO_3 + H_2O \longrightarrow H_2SO_4$$

$$SO_2 + HO_2\cdot \longrightarrow HO\cdot + SO_3$$

$$SO_2 + CH_3O_2\cdot \longrightarrow CH_3O\cdot + SO_3$$

$$SO_2 + O\cdot \longrightarrow SO_3$$

在对 SO_2 的氧化中，以 $HO\cdot$ 氧化 SO_2 的反应速率最快，其次是 $O\cdot$。

2.4　突出的大气环境问题

2.4.1　酸　雨

酸雨（Acid rain）是指雨水中含有一定数量的酸性物质（H_2SO_4、HNO_3、HCl 等），且 pH<5.0 的自然降雨现象，包括雨、雪、雾、雹、露等。

19 世纪 50 年代，英国的 R. A. Smith 最早观察到酸雨并提出"酸雨"这个名词。后来发现降水的酸性有增强的趋势，尤其当欧洲以及北美均发现酸雨对地表水、土壤、森林和植被等有严重的危害之后，酸雨问题受到了普遍重视，进而成为全球性的环境问题。我国酸雨研究工作始于 20 世纪 70 年代末期，在北京、上海、南京和重庆等城市开展了局部研究，发现这些地区不同程度上存在酸雨污染，以西南地区最为严重。20 世纪 80 年代，国家环保总局在全国范围内设点监测，采样分析。结果表明，降水年平均 pH 小于 5.0 的地区主要分布在秦岭—淮河以南，西南、华南以及东南沿海一带，而秦岭—淮河以北仅有个别地区。我国现在已是仅次于欧洲和北美洲的第三大酸雨区，酸雨给我国带来的损失巨大，仅南方 11 省直接损失就达 44 亿元，间接损失无法估计。被称为"空中恶魔"的酸雨目前已成为一种范围广泛、跨越国界的大气污染现象。

2.4.1.1 酸雨的危害

（1）使水体和土壤酸化，危害农牧渔业生产。如抑制硝化细菌和固氮菌，析出铅和锰；使河流和湖泊酸化，从而使鱼虾等水生生物的生长发育受到影响，严重时造成死亡；酸化的水源威胁人类的健康，影响饮用。

（2）污染食物，危害人体健康。酸雨直接危害植物的芽和叶，严重时使成片的植物死亡。

（3）腐蚀金属和建筑物、名胜古迹等，缩短其"寿命"。泰姬陵、圣保罗大教堂、自由女神像等都不同程度地受到了腐蚀。

（4）间接加剧"温室效应"。使土壤酸度及湿度增加，释放更多的甲烷，甲烷的温室效应是二氧化碳的 20 倍。可以使土壤中的养分发生化学变化，从而不能被植物吸收利用。

2.4.1.2 酸雨的形成

自然界的火山爆发、森林火灾、人为造成的油田大火、人类燃烧化石燃料产生的二氧化硫和氮氧化物进入大气，经扩散、迁移转化生成酸性物质，通过干、湿沉降两种途径迁移到地表的过程为酸沉降。干沉降指大气中的酸性物质在气流作用下直接迁移到地面的过程。这些产物除干沉降外，其他是通过大气降雨到达地面（湿沉降），形成酸性降水。湿沉降有两类：雨除和冲刷。雨除是指被去除物参与成云过程即作为云滴的凝结核，使水蒸气在其上凝结，云滴吸收空气中的成分并在云滴内部发生液相反应。冲刷是指在云层下部即降雨过程中的去除。

酸雨现象是大气化学过程和大气物理过程的综合效应。酸雨中含有多种无机酸和有机酸，其中绝大部分是硫酸和硝酸，一般情况下以硫酸为主。从污染源排放出来的 SO_2 和 NO_x 是形成酸雨的主要起始物，其形成过程为

$$SO_2 + [O] \longrightarrow SO_3 \qquad SO_3 + H_2O \longrightarrow H_2SO_4$$

$$SO_2 + H_2O \longrightarrow H_2SO_3 \qquad H_2SO_3 + [O] \longrightarrow H_2SO_4$$

$$NO + [O] \longrightarrow NO_2 \qquad 2NO_2 + H_2O \longrightarrow HNO_3 + HNO_2$$

大气中的 SO_2 和 NO_x 经氧化后溶于水形成硫酸、硝酸或亚硝酸，这是造成降水 pH 降低

的主要原因。除此以外，还有许多气态或固态物质进入大气对降水的 pH 也会有影响。大气颗粒物中 Mn、Cu、V 等是酸性气体氧化的催化剂。大气光化学反应生成的 O_3 和 $HO_2\cdot$ 等又是使 SO_2 氧化的氧化剂。

飞灰中的氧化钙、土壤中的碳酸钙、天然和人为来源的 NH_3 以及其他碱性物质都可使降水中的酸中和，对酸性降水起"缓冲作用"。当大气中酸性气体浓度高时，如果中和酸的碱性物质很多，即缓冲能力很强，降水就不会有很高的酸性，甚至可能成为碱性。在碱性土壤地区，大气颗粒物浓度高时，往往会出现这种情况。相反，即使大气中 SO_2 和 NO_2 浓度不高，而碱性物质相对较少，则降水仍然会有较高的酸性。

由此可见，降水的酸度是酸和碱平衡的结果。如果降水中酸量大于碱量，就会形成酸雨。因此，研究酸雨必须进行雨水样品的化学分析，通常分析测定的化学组分有如下几种离子：阳离子有 H^+、Ca^{2+}、NH_4^+、Na^+、K^+、Mg^{2+}；阴离子有 SO_4^{2-}、NO_3^-、Cl^-、HCO_3^-。

酸雨的形成与酸性污染物的排放及其转化条件有关。从现有的监测数据分析，降水酸度的时空分布与大气中 SO_2 和降水中 SO_4^{2-} 浓度的时空分布存在着一定的相关性。如某地 SO_2 污染严重，降水中 SO_4^{2-} 浓度就高，降水 pH 就低。我国西南地区煤中含硫量高，并很少经脱硫处理，直接作为燃料燃烧，SO_2 排放量很高。另外该地区气温高，湿度大，有利于 SO_2 的转化，因而造成了大面积强酸性降雨区。

大气中的 NH_3 对酸雨形成也相当重要。NH_3 是大气中唯一的常见气态碱，由于其易溶于水，能与酸性气溶胶或雨水中的酸起中和作用，从而可降低雨水的酸度。在大气中，NH_3 与硫酸气溶胶形成中性的 $(NH_4)_2SO_4$ 或 NH_4HSO_4。SO_2 也由于与 NH_3 反应而减少，从而避免了进一步转化成硫酸。

颗粒物酸度及其缓冲能力对酸雨的酸性也有相当大的影响。大气颗粒物的组成很复杂，主要来源于土地飞起的扬尘。扬尘的化学组成与土壤组成基本相同，因而颗粒物的酸碱性取决于土壤的性质。此外，大气颗粒以及矿物燃料燃烧形成的飞灰、烟等，它们的酸碱性都会对酸雨的酸性有一定影响。

天气形势对酸雨的酸性也有影响。若某地气象条件和地形有利于污染物的扩散，则大气中污染物浓度降低，酸雨的酸度就减弱；反之则加重。

2.4.1.3 酸雨中各组分的分析方法

以 NO 和 O_3 间发生的化学发光反应为基础，可以测定气相中 NO、NO_2、HNO_3 和 NH_3。检测限可小于 10^{-9}（体积分数）数量级。液相中 NO 和 NO_2 用比色法测定，而 HNO_3 和 NH_3 可用离子色谱法测定。只是离子色谱法的灵敏度还不足，为此可换用离子选择性电极法测 NH_3。而对于 HNO_3，则可在溶液中将其还原为 NO，并通 N_2 将其吹出，然后分析之。气相中 O_3 分析可用化学发光法（与乙烯反应而发光），也可用紫外吸收法。液相中 O_3 分析常用比色法，但灵敏度较差。液相中 H_2O_2 分析可用化学发光法（与鲁米诺反应而发光），这种方法用于气相 H_2O_2 测定时，O_3、SO_2 和微量金属离子会产生干扰。气相中 SO_2 的测定可用紫外荧光法或气相色谱法（用火焰光度检测器），灵敏度可达 10^{-9}（体积分数）数量级。液相中 SO_2 的测定可用 Ce^{4+} 与 SO_2 反应而产生化学发光的方法，对实际雨水水样测定很是适用。

2.4.2　温室效应

2.4.2.1　温室效应的产生

地球在接受太阳短波辐射的同时也不断向外发射长波辐射，大气中一些气体具有吸收长波辐射，使其重新返回地表的特性，因而使得地球外逸辐射减少，气温升高，这种现象称为温室效应（图 2-4）。二氧化碳、甲烷、一氧化二氮、氟利昂及其替代物、六氟化硫等气体吸收和放出长波辐射的能力特别强，因而被称为温室气体。

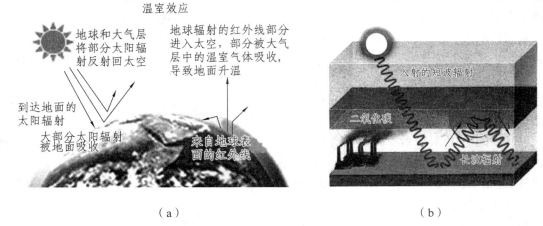

（a）　　　　　　　　　　　　（b）

图 2-4　温室效应的产生

有学者预测，到 2030 年左右，大气中温室气体的浓度相当于 CO_2 浓度增加 1 倍。因此，全球变暖问题除 CO_2 气体外，还应考虑具有温室效应的其他气体及颗粒物的作用。据陆地和海洋监测数据显示，全球地面气温在过去 100 年内上升了 0.3 ~ 0.7 ℃，全球海平面每 10 年上升 1 ~ 2 cm。1987 年南极一座面积两倍于美国罗得岛的巨大冰山崩塌后溅入大海；1988 年，非洲西部海域出现了有史以来西半球所遭遇的破坏力最大的"吉尔伯特"号飓风。

2.4.2.2　温室效应的影响

全球气候变暖导致的蒸发旺盛将使全球降水增加，且分布不均，干旱和洪涝的频率及其季节变化难测。气候缓慢地变化，生物多样性也将受到影响。气候的变化曾灭绝了许多物种，近代人类活动对环境的破坏加速了生物物种的消亡。

全球气候变暖对农业将产生直接的影响。引起温室效应的主要气体二氧化碳，也是形成 90%的植物干物质的主要原料。光合作用与 CO_2 浓度关系紧密，但不同的植物对 CO_2 的浓度要求又各有差别。CO_2 浓度增长对农业的间接影响体现为气温升高，潜在蒸发增加，从而使干旱季节延长，减少四季温差。除此以外，高温、热带风暴等灾害将加重。

全球气候变暖对人类健康也产生直接影响。气候要素与人类健康有着密切的关系。研究表明：传染病的各个环节，如病原—病毒、原虫、细菌和寄生虫等，传染媒介——蚊、蝇和虱等带菌宿主中，传染媒介对气候最为敏感。温度和降水的微小变化，对于传媒的生存时间、生命周期和地理分布都会发生明显影响。

全球变暖还可以改变哺乳类基因。例如，为适应气候的变暖，加拿大的棕红色松鼠已发生了变化。这是人们第一次在哺乳类动物身上发现如此迅速的遗传变化。加拿大阿尔伯塔大学的安德鲁·麦克亚当和他的合作者在对北方育空地区的四代松鼠进行 10 年观察以后指出，现在的雌松鼠产仔的时间比它们的"曾祖母"提前了 18 天。发生这一变化的原因是发情时间提前，春天食量的增加有利于幼仔的存活。最近 27 年来，松鼠繁殖季节的气温上升了 2 ℃。加拿大科研人员的这一发现验证了其他动物为适应地球变暖而出现的变化情况。人们发现，蚊子的基因遗传已发生了变化。有些动物（其中包括欧洲的鸟类，阿尔卑斯山区的草、蝴蝶）正在向比较冷的地方迁移，平均每 10 年向比较冷的方向迁移 55 km。

全球变暖所导致的后果可能人人都可以背出来：气温升高、冰盖融化、海平面上升。不过，地球气候变化导致的另外一些后果如加剧过敏症、令森林大火肆虐以及让北极湖泊消失等可能人们很少了解到。有美国科技媒体排出了全球变暖导致的十大惊人后果。

1）更多森林大火

全球变暖除了让冰川融化，飓风肆虐外，还加剧了森林大火。过去几十年中，在美国的西部各州，有更多森林大火发生，影响的区域更广。科学家发现，气温升高、冰雪提早融化都跟野火肆虐有关系。由于冰雪提早融化，森林地带变得更干燥，而且干燥时间变长，增加了起火的可能性。

2）古迹彻底毁掉

全球变暖很可能会令文明古迹彻底毁掉。海平面上升以及更恶劣的天气都有可能破坏这些无可替代的历史古迹。目前，全球变暖导致的洪涝灾害已经破坏了有 600 年历史的素可泰古城，这里曾经是泰国古代王朝的首都。

3）"回弹"的群山

普通登山者可能留意不到，由于山顶的冰雪融化，阿尔卑斯山与其他山脉的高度在过去一个世纪中都经历了缓慢的回弹过程。几千年来，这些冰山长期压着地表，导致地表受到压制。随着冰川融化，压在地面上的重量得以减轻，地表慢慢回弹。由于近年来全球变暖加速了冰川的融化，这些山脉回弹的速度加快。

4）运行更快的卫星

二氧化碳的增加改变着大气电离层的密度，这对在该层运行的卫星会产生一定的影响。由于大气中的二氧化碳含量不断上升，低空的二氧化碳分子相撞时释放热量，导致空气变暖，而在高空二氧化碳分子稀薄，相互撞击的机会不够频繁，所以热量就向四周辐射，让周围的空气变得凉爽（电离层气体的温度比低空要高）。随着更多二氧化碳到达高空，更多冷却过程发生，空气流动性变差，所以大气变得更加稀薄，对卫星的拉力更小，导致卫星运行速度加快。

5）改变动物基因图谱

由于植物提早开花，那些按照以前的时间迁徙的动物或许会错过所有的食物。而那些能够调整自己的内部生物钟，早早适应变化的动物更有机会生育有更强生存能力的子女，从而传递它们的基因信息，因此最终改变整个种类的基因图谱。

6）冻土解冻令地表不平

全球变暖使得永久冻土层解冻，导致地表收缩，变得凹凸不平，从而产生一些地坑，对铁路、高速公路与房屋等建筑造成损害。而对于高山来说，冻土层的融化甚至可能导致泥石流。

7）湖泊消失

过去几十年中，北极周边地区有 125 个湖泊消失。科学家研究发现，这些湖泊之所以消失可能是由于湖底永久冻结带解冻。由于这些永久冻结带解冻，湖水已经渗透到土壤里。

8）极地植物现生机

北极冰层的融化为北极的生物带来了光明前景。研究发现，现在的北极土壤中叶绿素的浓度比古代土壤要高，显示了近几十年来北极地区的生物繁荣。

9）动物向更高地势迁徙

从 19 世纪初开始，花栗鼠、老鼠等动物就开始向高处迁徙。研究发现，这些动物之所以向更高的地方迁徙，可能是因为全球变暖导致它们的栖息地环境发生变化。栖息地环境的改变还威胁着北极熊等极地动物，因为它们栖息的冰层在慢慢融化。

10）过敏症加剧

研究显示，空气中更高浓度的二氧化碳以及更高的气温也是导致过敏的因素之一。全球变暖令植物比以前早开花，而二氧化碳浓度增加，会让植物制造出更多的花粉，令空气中的花粉浓度增加。过敏源早来，过敏季节又迟迟不走，过敏症就只能越来越严重了。

防治全球气候变暖的主要控制对策是采取调整能源战略，减少温室气体的排放。1992 年联合国环发大会通过《气候变化框架公约》。1997 年，在日本京都召开了缔约国第二次大会，通过了《京都议定书》，要求：① 控制温室气体排放；② 增加温室气体吸收；③ 适应气候变化的措施。

2.4.3 臭氧层破坏

臭氧层空洞（Ozone hole）是指主要由于人类活动而使臭氧层遭到破坏而变薄。从地面向上观测，高空的臭氧层已极其稀薄，与周围相比像是形成了一个"洞"，直径上千公里，故称为臭氧洞（图 2-5）。如果在地球表面的压力和温度下把所有臭氧聚集起来，大约只有 3 mm 厚。在正常情况下，均匀分布在平流层中的臭氧能吸收太阳紫外辐射（波长 240 ～ 320 nm，都是对生物有害的部分），从而有效地保护地球上的万物生灵。

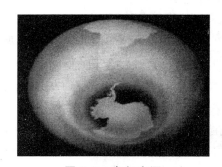

图 2-5 臭氧空洞

2.4.3.1 臭氧层形成与耗损的化学反应

生成： $$O_2 + h\nu \longrightarrow O\cdot + O\cdot \tag{1}$$

$$O_2 + O \cdot + M \longrightarrow O_3 + M \qquad (2)$$

反应（1）（2）可表示为

$$3O_2 \longrightarrow 2O_3$$

消耗：
$$O_3 + h\nu \longrightarrow O_2 + O \cdot \qquad (3)$$

$$O_3 + O \cdot \longrightarrow 2O_2 \qquad (4)$$

反应（2）（3）反复进行，吸收掉大部分紫外辐射，对地球生物起到保护作用。平流层中的臭氧处于一种动态平衡中，即在同一时间里，太阳光使分子氧分解而生成臭氧的数量与臭氧经过一系列反应重新转化成分子氧的数量是相等的。

2.4.3.2 大气臭氧层遭到破坏

1985 年，英国南极探险家 J. C. Farman 等首先提出了"臭氧洞"的概念。他发表了 1957 年以来哈雷湾考察站（南纬 76°，西经 27°）臭氧总量测定数据，说明自 1957 年以来，每年冬末春初臭氧异乎寻常地减少。此后在南极地区的观测说明了"臭氧洞"依然存在，且臭氧量仍在继续减少，"臭氧洞"的面积也在扩大。1994 年国际臭氧委员会宣布，1969 年以来，全球臭氧层总量减少了 10%，南极上空的臭氧减少了 70%。1989 年，科学家又赴北极进行考察研究，结果发现北极上空的臭氧层也已遭到严重破坏，但程度比南极要轻一些。研究人员说，2010 年冬天至 2011 年春天，北极地区 15 ~ 23 km 的高空臭氧严重减少，最大幅度减少发生在 18 ~ 20 km 的位置，减少幅度超过 80%。北极上空 2011 年春天臭氧减少状况超出先前观测记录，首次像南极上空那样出现臭氧空洞，面积最大时相当于 5 个德国。

臭氧层遭到破坏会使人类的健康受到影响。臭氧减少 1%，皮肤癌患者将增加 4% ~ 6%，主要是黑色素癌；对人类的眼睛产生损害，增加白内障患者；削弱人类的免疫力，增加传染病患者。由于臭氧减少，农产品减产，其品质下降。试验 200 种作物对紫外线辐射增加的敏感性，结果 2/3 有影响，尤其是大米、小麦、棉花、大豆、水果和洋白菜等人类经常食用的作物。估计臭氧减少 1%，大豆减产 1%。实验表明，臭氧减少 10%，紫外线辐射增加 20%，将会在 15 d 内杀死所有生活在 10 m 水深内的鳗鱼幼鱼。

2.4.3.3 破坏臭氧层的物质及其破坏机理

关于南极"臭氧洞"的成因，曾有过几种不同的论点，大多数人认为氟氯烃类化合物对臭氧层的破坏是主要原因。目前，人们认识到的直接破坏臭氧层的物质，是平流层中一些具有未成对电子的活性物质，主要有以下四类：

（1）含氯的自由基 $ClO_x \cdot$，如 $Cl \cdot$、$ClO \cdot$；

（2）含溴的自由基 $BrO_x \cdot$，如 $Br \cdot$、$BrO \cdot$；

（3）氮氧化物 $NO_x \cdot$，如 $NO \cdot$、$NO_2 \cdot$；

（4）含氢的自由基 $HO_x \cdot$，如 $H \cdot$、$HO \cdot$、$HOO \cdot$。

这些具有未成对电子的活性物质，对反应（4）有催化作用。

在平流层中，臭氧的浓度是 10^{-6} 数量级的，而上述各类活性物质的浓度仅是 10^{-9} 数量级的或更小。单次反应对臭氧的损耗是微不足道的，但这些物质与臭氧的反应是按上述方式循环进行的，即每个活性粒子可反复多次与臭氧发生反应，其影响就很大，从而加快了臭氧的消除。一个氯原子作为催化剂可以破坏 10 万个臭氧分子，溴原子破坏臭氧的能力是氯原子的50 倍。

2.4.3.4 臭氧损耗物质的来源

凡能进入平流层并产生破坏臭氧层的活性物质的污染物，称为消耗臭氧层物质（Ozone depletion substance，ODP）。消耗臭氧层的物质既有天然来源，又有人工来源。

1）氟氯烃

Cl 的天然来源是由海洋生物作用产生的 CH_3Cl 类化合物，其中少量随气流上升进入平流层发生光解产生的。

$$CH_3Cl + h\nu \longrightarrow CH_3 + Cl$$

天然来源的活性粒子的量是有限的，对臭氧损耗造成的影响不大。而造成臭氧层被破坏的主要原因是人类活动。如用作制冷剂、气雾剂、发泡剂和清洗剂的氟氯烃类化合物，化学性质非常稳定，易挥发，不溶于水，进入大气最后上升进入平流层，在平流层中光解出氯原子。

$$CFCl_3 + h\nu \longrightarrow CFCl_2 + Cl \cdot$$

$$CF_2Cl_2 + h\nu \longrightarrow CF_2Cl + Cl \cdot$$

使平流层中活性粒子的浓度大大增加，加快臭氧的损耗。

2）哈龙

哈龙全称全溴氟烃，命名的编码方式按碳、氟、氯、溴、碘的次序排成五位数，如无碘则第五位不作表示，成为 4 位数。数字前面冠以 Halon（哈龙）字头，也可以说是一类含溴的卤代甲、乙烷的商品名，主要用作灭火剂。哈龙破坏臭氧层的机制与氟氯烃相似。

$$RBr + h\nu \longrightarrow R \cdot + Br \cdot$$

$$Br \cdot + O_3 \longrightarrow BrO + O_2$$

3）氮氧化物

NO_x 的天然来源主要是 N_2O 的氧化，而 N_2O 则来自全球的氮循环。土壤中的含氮化合物经反硝化细菌的作用，还原成 N_2 和 N_2O 排入大气。N_2O 的性质很稳定，随气流升入平流层，在平流层里发生光解。

$$N_2O + h\nu \longrightarrow N_2 + O \cdot (^1D)$$

$$N_2O + O \cdot (^1D) \longrightarrow NO + NO$$

大量使用人工合成氮肥，使大气中 N_2O 的浓度大大增加。超音速飞机的飞行高度是 16～20 km，飞行过程中燃料燃烧产生的废气直接排入平流层，废气中含有大量的 NO_x 和水蒸气。

4）水

平流层中水的天然来源主要是由对流层升入平流层的甲烷氧化产生的。超音速飞机产生的水蒸气是人为来源。平流层中的 HO_x 主要是由平流层中的水、甲烷、氢等被激发态氧氧化产生的。

$$H_2O + O \cdot (^1D) \longrightarrow 2 \cdot OH$$

$$CH_4 + O \cdot (^1D) \longrightarrow \cdot CH_3 + \cdot OH$$

$$H_2 + O \cdot (^1D) \longrightarrow \cdot OH + \cdot H$$

2.4.3.5 保护臭氧层的对策

若平流层中臭氧含量减少，则透射到地面的短波辐射量增加，它对生物的危害极大，会使人体的免疫功能衰退，因而滋生包括皮肤癌在内的各种疾病；强烈的紫外线照射会使人患上白内障眼疾甚至失明；对植物来说，光合作用将受到抑制，抵抗环境污染物的能力变差，粮食作物的产量和质量由此下降；生活在海洋浅层的浮游生物和鱼苗也会因受强烈辐射而退出水生王国，扰乱和破坏水生生态系统。

为了保护臭氧层，减少 CFCs 的排放，1985 年由联合国环境署（UNEP）发起，相当多国家签署了《维也纳公约》，首次建立起全球合作控制污染的体制。1987 年 9 月 16 日，世界各国政府在加拿大蒙特利尔会议上通过了《关于消耗臭氧层物质的蒙特利尔议定书》，议定书规定了受控物质，并定出了禁用期限，发达国家于 2000 年全部禁用 CFCs，而发展中国家可以推迟 10 年。1990 年 6 月在伦敦又召开了议定书缔约国的第二次会议，达成了一项拯救臭氧层的历史性协议。协议规定，到 2000 年，完全禁止使用氟氯化碳、哈龙及四氯化碳和甲基氯仿。1992 年各缔约国又通过了 1993 年 9 月 22 日生效的《哥本哈根调整和修正案》，将 CFCs、四氯化碳和甲基氯仿的淘汰提前到 1996 年，而哈龙的淘汰则提前到 1994 年。1995 年底在维也纳召开的缔约国会议决定发展中国家的禁用期限为 2010 年。所有这些对臭氧层的保护都起着积极的作用。

我国政府于 1990 年签署了《维也纳公约》，又于 1991 年 6 月正式加入经修订的《关于消耗臭氧层物质的蒙特利尔议定书》（即伦敦修正案）。我国政府规定，在 2005 年将全面禁止生产和使用 CFCs 类物质，为全球环境保护作出了应有的贡献。

臭氧层破坏问题受到了各国政府部门和社会公众的普遍关注，有关研究工作日益深入。但学术界对这个问题还有不同看法。如有人认为，高层大气中的臭氧只是薄薄一层，在阻挡太阳紫外辐射方面起不了那么大的作用。再者，目前臭氧层中 CFCs 的浓度（体积分数）大约是千万分之几，它在破坏臭氧层方面也起不了那么大的作用。对此问题，有待人们进一步深入研究。

2.4.4 室内空气污染

"室"在日常生活中的含义非常广泛，包括居室、办公室、图书室、医院及供人们进行文体娱乐活动的各种室内公共场所。室内环境属于人们生活的小环境。室内环境质量在很大程度上决定了人们生活质量的优劣。最近 20 年来，研究人员对室内空气污染物的来源、浓度及其影响进行了研究。结果表明，在某些情况下，室内空气污染的程度比室外更严重。尤其是居住在寒带的人，可能有 70%～90% 的时间在室内活动，特别是老人和婴儿多数时间生活在室内，因而室内空气污染正引起人们的关注。

2.4.4.1　室内环境质量的决定因素

室内环境质量主要取决于室内温度、湿度、气流和室内污染程度，此外还有辐射、噪声、空间拥挤程度、人间关系及个人的心理因素等。

温度、湿度、气流及与之有关的采光、日照等因素决定了人体对寒暖的体感。过高的室温会使人的心跳和呼吸频率提高，皮下血管扩张，出汗过多等，从而引发食欲不振、怠惰的感觉。而太低的室温又会引起人体代谢功能下降，皮下血管收缩，呼吸、脉搏减弱，呼吸道黏膜抵抗力减弱，各种呼吸道疾病容易被诱发。适宜的室温范围是 22 ℃～25 ℃，在这个温度范围内人体感到舒适。在低湿度且有风的条件下，即使室温高达 30 ℃，人体尚无不适之感。但在高温又高湿的房间里活动，人就会有暑热难耐的感觉。人体感到舒适的相对湿度范围在45%～65%。室内空气流动速度因素对于人体的寒暑感也是至关重要的，夏天气流速度不小于0.15 m/s、冬天不大于 0.3 m/s 是适宜的。综合温度、湿度和气流三要素，可得出人体感到舒适的"感觉温度"范围为 17～22 ℃。

对于居室来说，净高要高于 2.8 m，否则给人一种压抑的感觉。窗户有效采光面积和房间地面面积之比不应小于 1:15。居室每天至少受日照 2 h，以得到良好采光和利用太阳辐射杀灭室内致病微生物，并进一步提高人体的免疫能力。

2.4.4.2　室内污染

人们对居室内的温度、湿度、气流、采光、日照等影响人体寒暑感的因素都能有意识地控制、调节；而对室内污染物中危害人体健康最严重的建筑材料、装饰材料和家具所释出的各类有害气体和蒸气等室内污染源没有引起重视。

1）室内污染源

与室外相比，室内污染源更加多样，污染物种类也多得不可胜数，室内空气污染物的种类主要可划分为四个类型，即生物污染、化学污染、物理污染和放射性污染。目前，室内环境空气污染中以化学污染最为严重。生物污染物包括细菌、真菌、病菌、花粉和尘螨等，可能来自于室内生活垃圾、室内植物花卉、家中宠物、室内装饰与摆设。化学污染物如二氧化硫、一氧化碳、氨、甲醛、挥发性有机物，主要来源于建筑材料、日用化学品、人体排放物、香烟烟雾、燃烧产物。放射性污染（如氡等）主要来源于地基、建材、室内装饰石材、瓷砖、陶瓷洁具等。物理污染主要指噪声、电磁辐射、光线等。

室内空气污染物按照形态可以分为气态污染物和颗粒物，按照来源可分为室内发生源和进入室内的大气污染物。室内空气污染有其自身的特点，对于不同的建筑物，这些特点又有各自的特殊性。影响因素主要是建筑物的结构和材料、通风换气状况、能源使用情况，以及生活起居方式等。

最常见的室内空气污染物有① 甲醛（从家具镶饰板或胶合板及地毯、墙面中释出）；② 碳、氮和硫的氧化物及油烟（炊事、取暖）；③ 氡（从石料、水泥等建材释出）；④ 微生物（由不良居室条件孳生）；⑤ 家用化学物质（如化妆品、油漆和地板蜡中可释放出挥发性有机物）；⑥ 石棉（从墙体衬料、绝热材料中散发）。此外还有烟草、室内排污、花卉，甚至人体和宠物的排出物和散发物等。如香烟烟雾中含焦油、尼古丁、一氧化碳、氰化氢等数百种危害人体的化合物；在卫生间、下水道内可引发臭气异味的有硫化氢、甲硫醇、乙胺、吲哚等。作为室内摆饰的花卉所散发的花粉也可能成为诱发儿童呼吸道疾病的过敏源。放在卧室中的花卉入夜之后，会与人争吸氧气，吐出二氧化碳，提高卧室空气的污浊程度。

由于室内空气中污染物种类十分多样，在某些场合下常以二氧化碳浓度作为评价居室和公共场所空气质量的综合性指标。当前全球大气中二氧化碳含量略大于 0.03%，室内含量为 0.07% 时，就是多数人感觉上能够接受的上限；达 0.2% 时室内空气较污浊；达 0.3% 时空气质量相当不良；达 1% 时人就会出现头痛等不适感；达 20% 时会引起人体中毒死亡。

目前在室内空气中已经测得存在多种挥发性有机化合物，如醛类、烷类、烯类、酮类及多环芳烃等。虽然它们并不同时都存在，但却经常有好几种同时存在。其中甲醛（HCHO）是最普遍存在且毒性较强的化合物。

2）室内污染物的来源与危害

（1）甲醛是一种无色、具有刺激性的气体，能溶于水和醇中，有强还原性和可燃性，与空气混合（体积分数 4.0% ~ 13.66%）后易发生爆炸。在日常居室中，甲醛散入环境或被人体摄入的情况大致发生于这样一些场合：

① 在一些板材（三夹板、刨花板、密度板）、塑料和涂料、油漆等的制造生产过程中，为防腐、防蛀和快干等目的，向这些材料中添加了甲醛。所以新居室的地板、家具、塑料贴面等都可能随时散发甲醛气体，造成居室污染，甲醛从中释出的期限可达 3 ~ 15 年。

② 甲醛可用作纤维助剂，在将棉、人造丝等纤维加工为衣料的工序中掺加甲醛，具有防止衣物皱折的作用。但在有酸或碱存在，且在热水洗涤条件下，又会使衣服中的这种结合物缓慢分解而重新释出甲醛，由此渗入皮肤或通过呼吸道进入人体。

③ 在香烟的烟雾中含有甲醛，可被吸烟者和被动吸烟者引入人体。一支含 500 mg 烟叶的纸烟可释出甲醛 70 ~ 100 μg。

甲醛是一种强还原性毒物，它还能与蛋白质中的氨基结合生成甲酰化蛋白而残留体内，也可能转化成甲酸，强烈刺激黏膜，并逐渐排出体外。甲醛蒸气能引起眼睛、上呼吸道和肺部损伤，表现为眼痛、流泪，引起眼结膜炎；鼻塞、喉痒、咳嗽、胸闷，引发支气管炎；重症者有肺部化脓性炎症。经口摄入甲醛时有腹痛、呕吐、肝和肾功能受损等症状。皮肤接触甲醛有致敏、发疹等作用，重症者组织凝固坏死。长期低浓度摄入甲醛会引起食欲减退、体重减轻、衰弱失眠等症状。甲醛对婴幼儿的毒性则表现在气喘、气管炎、染色体异常、抵抗力下降等。

（2）氡是元素周期表中第 88 号元素，作为地壳中所含放射性铀、钍的子体存在。居室中含铀、钍的建筑材料中不断地会有氡气体释放出来，而作为放射性母体的氡又会通过自发衰变，相继产生多种有放射性的子体。居室中的氡多积聚在底层或地下室内。它们可依附于空气中的水汽或灰尘，进入人体呼吸道，沉积于肺中，对肺组织及其邻近部位发射 α 射线，导致癌变。

（3）室内一氧化碳污染问题一直被人们所关注。由煤气炉、烤箱、煤油加热器及吸烟等引起的慢性、低浓度的 CO 污染也已引起人们的重视。

2.4.4.3　室内空气质量的控制

室内空气质量的控制方法主要有保障通风良好、控制污染源、种植植物、化学去除法。

一般来说，室内空气质量总比室外差，所以可采取室内外换气的方法来改善室内空气质量。在有通风换气设施的室内，其污染物浓度随换气次数增多而降低的程度可用以下文字式表示：

$$污染物即时浓度=污染物初始浓度+发生强度-换气次数×室内容积$$

大多数人的习惯总是在清晨起床后即开窗，让新鲜空气进入室内以替换室内隔夜的浊气，这或许是最经济的改善室内空气质量的措施。但在冬季、无风、少云的城市夜晚，很容易出现辐射逆温气象，处于逆温层内的空气比较稳定，不易发生上下方向的对流扩散，即近地面空气中有害气体和烟雾等在经过一夜之后仍积聚原处不散。须待日出过后，逆温现象逐渐消失，空气中污染物才会减少或消失。所以城市居民在冬天早晨起身后稍迟开窗或许是适宜的。

为了保障人们身体健康，国家环境保护总局等部门于 2002 年发布了《室内空气质量标准》（GB/T18883—2002）。标准涉及的装修装饰材料包括：人造板、内墙涂料、木器涂料、胶黏剂、地毯、壁纸、家具、地板革、混凝土外加剂、有放射性的建筑装饰材料等。相应涉及有毒有害物质包括：甲醛、氨、三苯（苯、甲苯和二甲苯）、游离甲苯二异氰酸酯、氯乙烯单体、苯乙烯单体及可溶性的铅、镉、铬、汞、砷等有害金属等。

2.4.5　汽车尾气污染和颗粒物

2.4.5.1　汽车尾气污染

汽车尾气排放是目前增长最快的空气污染源。汽车排放的污染物主要来自未完全燃烧的汽油、柴油，部分是由于曲轴箱的漏气和油的蒸发损失。它的主要污染物是 CO、CH、NO_x、黑烟和醛类等，它们进入大气后可生成光化学烟雾。

由于城市汽车保有量的迅速增加，以及在固定源排放控制方面的进展，在发达国家的许多大型城市，汽车尾气排放已经成为最主要的空气污染来源。虽然目前我国汽车保有量并不高，但这些车辆主要集中于大城市，使得我国一些大城市的空气污染问题日益突出。同时由于城市交通和人口集中程度高，汽车污染物排放密度和造成的污染浓度均比发达国家高。另外，由于汽车尾气排放高度主要集中在离地面 1.5～2 m 的范围内，所形成的汽车尾气污染带主要滞留在人呼吸道附近，且不易散发，在行人、自行车与汽车混行的交通方式中，这些废气排放直接危害的人口众多，造成局部地区的汽车污染问题非常严重。

汽车排放的污染物对人体健康和生态环境造成了很大影响，特别是儿童、老人、孕妇以及患有心脏病的人，更容易受到伤害。发达国家每年因哮喘病死的人数正逐年上升，汽车尾气中的许多污染物都会引发哮喘。汽车排放的污染物和大气中其他污染物共同作用还会损害生态环境，污染河流湖泊，危及野生动植物的生存。

如何减少汽车尾气污染，国外对此进行了一个时期的净化研究，现在已重点转入研究燃料及汽车设备结构的改革，以及发展高效无公害的交通系统。

2.4.5.2 颗粒物

大气中的颗粒物成分复杂，危害多种多样，尤其是飘尘，粒径小于 10 μm，可在大气中飘浮几天甚至几年，而且能经过呼吸道沉积于肺泡。大于 10 μm 的颗粒物，几乎都可被鼻腔和咽喉所捕获，很少进入肺泡。飘尘中所含的重金属种类繁多，如 Pb、Hg、Cd、Cr、Fe、Mn、Zn 以及它们的氧化物等。这些金属及其氧化物大部分有催化作用，能促进颗粒物吸附的 SO_2、NO_2 等气体变成硫酸、硝酸和其他物质。同时，飘尘也能吸附致癌性很强的苯并[α]芘等稠环致癌物。

（1）大气中的汞：大气中的汞备受关注是因为它的毒性、挥发性和移动性。大气中的一部分汞与颗粒物结合在一起。大部分汞作为煤燃烧和火山喷发的挥发元素进入大气。

（2）大气中的铅：含铅汽油的使用使大量卤化铅颗粒排入大气中。20 世纪 70 年代初，美国每年通过这种途径进入大气的铅达 20 万吨。中国近年来此种污染也在加大。

（3）大气中的铍：每年美国用来铸造特种合金消耗铍大约为 200 t，这些合金主要用于电气设备、电子器件、航天齿轮和核反应堆的组件。因此与其他大量产生的有毒金属相比，铍的分布是很有限的。在 20 世纪 40 ~ 50 年代，铍及其化合物的毒性被广泛认识，在大气中的所有元素中铍的允许含量最低。铍的毒性受到广泛关注的主要原因是荧光灯中的荧光粉含有这种元素。

从城市化过程开始后，大气颗粒物就成为城市空气污染的重要因素。目前，人们对大气颗粒物的研究更侧重于 PM2.5（Dp≤2.5 μm）超细（纳米）颗粒的研究，并从总体颗粒的研究过渡到单个颗粒的研究。各种排放源对大气细小粒子的含量都有所贡献，其中以土壤扬尘、海洋气溶胶和车辆尾气最为重要。车辆排气管排放的主要是细小的颗粒物，即 PM2.5。研究表明，机动车辆是城市 PM2.5 污染的一个重要来源。PM2.5 是人类活动所释放污染物的主要载体，携带大量的重金属和有机污染物。

空气污染对人体健康的影响焦点是可吸入颗粒物。PM2.5 在呼吸过程中能深入细胞而长期存留在人体中，并能渗透到肺部组织的深处，导致心肺功能减退甚至衰竭，因此 PM2.5 对人类健康有着重要影响。同时，由于颗粒物与气态污染物的联合作用，还会使空气污染的危害进一步加剧，使呼吸道疾病、心肺病死亡人数日增，造成大气能见度大幅度降低。

2014 年 2 月 22 日，中国环境保护部通告，在开展空气质量新标准监测的 161 个城市中，有 33 个城市发生了重度及以上污染，其中 10 个城市为严重污染。

京津冀及周边地区 39 个地级及以上城市中，有 16 个城市出现重度及以上污染。其中北京、邢台、张家口、石家庄、邯郸、廊坊、保定、阳泉、唐山 9 个城市空气质量为严重污染，天津、太原、衡水、承德、德州、沧州、秦皇岛等 7 个城市为重度污染，滨州、包头、菏泽等 11 个城市为中度污染，淄博、威海、临沂等 8 个城市为轻度污染，泰安、临汾、日照、青岛 4 个城市为良。

邢台市为区域内污染最重城市，AQI 值（空气质量指数）达到 500，空气质量为严重污染。北京市 AQI 值为 305，空气质量为严重污染，主要污染物为 PM2.5 和 PM10。西部地区宝鸡市为区域内污染最重城市，AQI 值为 320，空气质量为严重污染。西安、渭南等 8 个城市为重度污染，主要污染物均为 PM2.5。中部地区合肥、安阳、平顶山 3 个城市空气质量为重度污染。合肥市为区域内污染最重城市，AQI 值为 210，空气质量为重度污染，主要污染物均为 PM2.5。

东北地区锦州、鞍山、盘锦等 5 个城市空气质量为重度污染。锦州市为区域内污染最重城市，AQI 值为 250，空气质量为重度污染。主要污染物均为 PM2.5。据分析，该时段造成中国大范围空气重污染的原因主要有：① 污染物排放强度高、排放量大；② 气象条件不利，污染物难以及时扩散，尤其是京津冀区域近几天冷空气势力弱，近地面风力小，大气层结构稳定，污染物容易形成积聚效应；③ 机动车、北方冬季燃煤采暖污染等对空气质量产生影响。

为及时应对空气重污染，中国环境保护部已加强空气质量预测预警，及时发布空气污染信息，并部署各地区做好空气重污染应对工作，及时启动应急预案。同时，组织了 12 个督查组，赴京津冀及周边地区部分重点城市，开展专项督查。各地区也及时采取应对措施，最大限度降低空气重污染的影响。

2.4.6　大气棕色云团与沙尘暴

2.4.6.1　大气棕色云团

光化学烟雾主要作为影响城市的区域问题，烟雾其实是个更大的问题，联合国规划署在 2008 年 11 月将其定义为大气棕色云团。大气棕色云团来源于汽车、燃煤电厂、烹饪时燃烧的木材和牛粪，是由一层大约 3 km 厚的被污染的空气组成，从阿拉伯半岛延伸到中国及太平洋西部，有时甚至达到美国西海岸，使其充满烟尘和颗粒。

大气棕色云团中的颗粒能够吸收太阳光，使光变暗，尤其是在大城市中。中国自从 20 世纪 50 年代起，已经变暗了 3%～4%，北京、上海、广州已经变暗了 10%～25%。变暗效应导致受影响地区降温。由于其集中区域在亚洲，对亚洲雨季产生影响。印度夏季雨季阴雨天减少，美国和印度降雨量大于 10 cm 的极端大雨事件增加，日降雨量大于 15 cm 的大暴雨发生率增加了近一倍。亚洲的冰川在减少，中国的 47 000 个冰川大约减少了 5%。由于光线变暗，减弱了光合作用，农业和食品产量都受到影响。

大气棕色云团对人体健康造成了影响，已证明其与呼吸和心血管疾病有关。

2.4.6.2　沙尘暴

沙尘暴是沙暴和尘暴两者兼有的总称，是指强风把地面上的大量沙尘物质吹起并卷入空中，使空气特别浑浊，水平能见度小于 1 km 的严重风沙天气现象（图 2-6）。其中沙暴是指大风把大量沙粒吹入近地层所形成的挟沙风暴；尘暴则是大风把大量尘埃及其他细颗粒物卷入高空所形成的风暴。

森林砍伐和荒漠化、全球变暖是造成沙尘暴的原因。它由风吹起的灰尘和沙土组成，当它移动到工业区时与棕色云团污染物混合，产生一种非常有害的空气。沙尘暴在中国 3～5 月发生最多。导致哮喘、肺疾病和免疫疾病的发生率提高。

沙尘暴的形成需要三个条件：① 地面上的沙尘物质。它是形成沙尘暴的物质基础。② 大风。这是沙尘暴形成的动力基础，也是沙尘暴能够长距离输送的动力保证。③ 不稳定的空气状态。这是重要的局地热力条件。沙尘暴多发生于午后傍晚，说明了局地热力条件的重要性。

图 2-6　沙尘暴

1）沙尘暴的分类和等级

（1）按能见度分类，沙尘天气分为浮尘、扬沙和沙尘暴 3 类。

① 浮尘：尘土、细沙均匀地浮游在空中，使水平能见度小于 10 km 的天气现象。

② 扬沙：风将地面尘沙吹起，使空气相当浑浊，水平能见度在 1～10 km 以内的天气现象。

③ 沙尘暴：强风将地面大量尘沙吹起，使空气很浑浊，水平能见度小于 1 km 的天气现象。

（2）按强度划分，沙尘暴分为 4 个等级：

① 弱沙尘暴：4 级≤风速≤6 级，500 m≤能见度≤1 000m。

② 中等强度沙尘暴：6 级≤风速≤8 级，200 m≤能见度≤500 m。

③ 强沙尘暴：风速≥9 级，50 m≤能见度≤200 m。

④ 特强沙尘暴（或黑风暴，俗称"黑风"）：当其达到最大强度时，瞬时最大风速≥25 m/s，能见度≤50 m，甚至降低到 0 m。

2）沙尘暴天气危害

世界上共有四大沙尘暴多发区，它们分别是：北美、大洋洲、中亚以及中东地区。中国的沙尘暴天气第一个多发区在西北地区，主要集中在三片，即塔里木盆地周边地区，吐鲁番-哈密盆地经河西走廊、宁夏平原至陕北一线和内蒙古阿拉善高原、河套平原及鄂尔多斯高原。第二个多发区在华北，赤峰、张家口一带，直接影响首都北京的安全。

沙尘暴危害主要体现在以下几方面：

（1）生态环境恶化：出现沙尘暴天气时狂风裹卷沙石、浮尘到处弥漫，空气浑浊，呛鼻迷眼，呼吸道等疾病患病人数增加。如 1993 年 5 月 5 日发生在金昌市的强沙尘暴天气，监测到的室外空气含尘量为 1 016 mm/cm³，室内为 80 mm/cm³，超过国家规定的生活区内空气含尘量标准的 40 倍。

（2）生产、生活受影响：沙尘暴天气携带的大量沙尘蔽日遮光，天气阴沉，造成太阳辐射减少，几小时到十几个小时恶劣的能见度容易使人心情沉闷，工作、学习效率降低。轻者可使大量牲畜患上呼吸道及肠胃疾病，严重时将导致大量"春乏"牲畜死亡，刮走农田沃土、种子和幼苗。沙尘暴还会使地表层土壤风蚀、沙漠化加剧，覆盖在植物叶面上厚厚的沙尘影响其正常的光合作用，造成作物减产。沙尘暴还使气温急剧下降，天空如同撑起了一把遮阳伞，地面处于阴影之下，变得昏暗、阴冷。

（3）生命财产损失：1993 年 5 月 5 日，发生在甘肃省金昌市、武威市、武威市民勤县、白银市等地市的强沙尘暴天气，受灾农田 253.55 万亩，损失树木 4.28 万株，造成直接经济损失达 2.36 亿元，死亡 85 人，重伤 153 人。2000 年 4 月 12 日，永昌、金昌、武威、民勤等地市发生强沙尘暴天气，据不完全统计，仅金昌、武威两地市直接经济损失达 1534 万元。2014年 4 月 23 日，新疆尉犁县遭遇强沙尘暴。据尉犁县气象局消息，当日 9 点 30 分该县风力已达 8 级，12 时县域内能见度几乎为零，昏天黑地，白天瞬间变黑夜。受沙尘暴影响，该县路灯、学校、小区、商铺等停电；客运站班线车、出租车被迫暂停运营，交警大队出动全体警力，在县城、农村重点路段设立执勤点，对过往车辆进行指挥疏导；棉花、设施大棚均受影响。同年 4 月 24 日，内蒙古自西向东出现大风扬沙天气，主要受沙尘天气影响的地区有阿拉善盟、乌海市、巴彦淖尔市、鄂尔多斯市、包头市、呼和浩特市、乌兰察布市等。最大风力达 7 级以上，戈壁地区风力达 8 级以上，能见度小于 1 000 m，气温已下降到 0 ℃ 以下，阿拉善盟阿左旗、乌海市等地下午出现雨雪。

（4）影响交通安全：沙尘暴天气经常影响交通安全，造成飞机不能正常起飞或降落，使汽车、火车车厢玻璃破损、停运或脱轨。

（5）危害人体健康：当人暴露于沙尘天气中时，含有各种有毒化学物质、病菌等的尘土可透过层层防护进入口、鼻、眼、耳中。这些含有大量有害物质的尘土若得不到及时清理，将对这些器官造成损害或病菌，以这些器官为侵入点，引发各种疾病。

3）沙尘暴的自然生态作用

沙尘暴的危害虽然甚多，但整个沙尘暴的过程却也是自然生态系统所不能或缺的部分，例如，澳大利亚的赤色沙暴中所夹带来的大量铁质已证明是南极海域浮游生物重要的营养来源，而浮游植物又可消耗大量的二氧化碳，以减缓温室效应的危害。因此沙暴的影响层级并非全为负面。或许从另一层面来说，沙尘暴也许也是地球为了应对环境变迁的一种症候，就像我们人类感冒了会咳嗽是为了排出气管中的废物一样。为研究沙暴提供塔斯曼海养分以及其他诸多效应等，澳大利亚曾汇集了许多气候学者。他们发现澳大利亚沙尘暴的红色石英沉积物也可在新西兰找到，并且肥沃了新西兰的土地；因此澳大利亚沙尘暴所造成的养分损失却可造成新西兰土地的养分收获。而像是夏威夷当地肥沃的土壤沉积物，根据分析资料也可证明有许多养料成分也是来自遥远的欧亚大陆内部。正因为两地相隔万里，普通的风无法把内陆的尘埃吹到这么遥远的地方，因此正是沙尘暴把细小却包含养分的尘土携上 3 000 m 高空，穿越大洋，再像播种一般把它们撒下来。除了夏威夷群岛，科学家还发现，地球上最大的绿肺——亚马逊盆地的雨林也得益于沙尘暴，它的一个重要的养分来源也是空中的沙尘。沙尘暴能把磐石变得葱葱郁郁的秘密在于，沙尘气溶胶含有铁离子等有助于植物生长的成分。此外，由于沙尘暴多诞生在干燥、高盐碱的土地上，沙尘暴所挟带的一些土粒当中也经常带有一些碱性物质，所以往往可以减缓沙尘暴附近沉降区的酸雨作用或土壤酸化作用。

4）沙尘暴的防治措施

（1）加强环境保护，把环境保护提到法制的高度来。

（2）恢复植被，加强防止沙尘暴的生物防护体系。实行依法保护和恢复林草植被，防止土地沙化进一步扩大，尽可能减少沙尘源地。

（3）根据不同地区因地制宜制定防灾、抗灾、救灾规划，积极推广各种减灾技术，并建设一批示范工程，以点带面逐步推广，进一步完善区域综合防御体系。

（4）控制人口增长，减轻人为因素对土地的压力，保护好环境。

（5）加强沙尘暴的发生、危害与人类活动的关系的科普宣传，使人们认识到所生活的环境一旦被破坏，就很难恢复，不仅加剧沙尘暴等自然灾害，还会形成恶性循环。所以人们要自觉保护自己的生存环境。

2.5 大气污染综合防治

2.5.1 大气污染综合防治的含义

大气污染综合防治的基本点是防与治的综合，实质是为了达到区域环境空气质量控制目标，对多种大气污染控制方案的技术可行性、经济合理性、区域适应性和实施可能性等进行最优化选择和评价，从而得出最优的控制技术方案和工程措施。

例如，对我国大中城市存在的颗粒物和硫氧化物的控制，除了应对工业企业的集中点源进行污染物排放总量控制外，还应同时对居民生活用燃料结构、燃用方式、炉具等进行控制和改革，对于机动车排气污染、城市道路扬尘、建筑施工现场环境、城市绿化、城市环境卫生、城市功能区规划等方面，一并纳入城市规划与管理，才能取得综合防治的显著效果。

2.5.2 大气污染综合防治措施

1）全面规划、合理布局

影响环境空气质量的因素很多，从社会、经济发展角度看，涉及城市的发展规模，城市功能区的划分，人口增长和分布，经济发展类型、规模和速度，能源结构及改革，交通运输发展和调整等方面；从环境保护方面看，涉及污染源的类型、数量和分布，污染物排放的种类和数量、方式和特性等。因此，为了控制城市和工业区的大气污染，必须在进行区域的经济和纯发展规划的同时，根据该区域的大气环境容量，做好全面环境规划，采取区域性综合防治措施。

2）严格环境管理

环境管理的方法是运用法律、经济、技术、教育和行政手段，对人类的社会和经济活动实施管理，从而协调社会和经济发展与环境保护之间的关系。

完整的环境管理体制是由环境立法、环境监测和环境保护管理机构三部分组成的。环境法是进行环境管理的依据，它以法律、法令、条例、规定、标准等形式构成一个完整的体系。环境监测是环境管理的重要手段，可为环境管理及时提供准确的监测数据。环境保护管理机构是实施环境管理的领导者和组织者。

3）控制大气污染的技术措施

（1）实施清洁生产，实现生产过程的无污染或少污染；延长产品的使用寿命，易于回收再利用产品。

（2）实施可持续发展的能源战略，包括综合能源规划与管理；提高能源利用效率；推广少污染的煤炭开采技术和清洁煤气技术；积极开发利用新能源和可再生能源。

（3）建立综合性工业基地，开展综合利用，使各企业之间相互利用原材料和废弃物，减少污染物的排放总量。

（4）对二氧化硫总量进行控制。

4）控制污染的经济政策

（1）保证必要的环境保护投资并随着经济的发展逐年增加。

（2）实施污染者和使用者支付原则。

我国已实施的经济政策有排污收费制度、排污许可制度、二氧化硫排污收费制度、治理污染的排污费返还和低息贷款制度及综合利用产品的减免税制度等。

5）控制污染的产业政策

由鼓励、限制和淘汰三类目录组成。

（1）鼓励类主要是对经济、社会发展有重要促进作用，有利于节约资源、保护环境、产业结构优化升级，需要采取政策措施予以鼓励和支持的关键技术、装备及产品。

（2）限制类主要是工艺技术落后，不符合行业准入条件和有关规定，不利于产业结构优化升级，需要监督改造和禁止新建的生产能力、工艺技术、装备及产品。

（3）淘汰类主要是不符合有关法律法规规定，严重浪费资源、污染环境、不具备安全生产条件，需要淘汰的落后工艺技术、装备及产品。

6）其他

（1）绿化造林。

（2）安装废气净化装置。

3　水环境化学

　　水是人体中含量最高的组成成分，约占人体体重的 2/3，是维持人体正常生理活动的重要营养物质之一。水在人体中担负着输送养分、调节体温、促进物质代谢、润滑体内各个器官、排除体内废物等生理功能。经研究还发现，人体血液的矿化度为 9 g/L，这与 30 亿年前的海水是相同的。静脉点滴用的生理盐水为 0.9% 的 NaCl 溶液，与原始海水的矿化度一致。这说明现代人的身体内仍然流动着几十亿年前的海洋水。

　　水对人类生存和发展起着非常重要的作用，水环境优劣直接或间接影响着其他环境要素的好坏，如大气、土壤、矿藏、森林、草原、野生动物、自然遗迹、人文遗迹、自然保护区、风景名胜区、城市和乡村等。因此，水是极其重要、不可缺少的环境要素。

3.1　天然水的组成

3.1.1　地球上的水资源

　　水是地球上最丰富的资源，水覆盖了地球表面大约 71% 的面积。大约有 3% 的水是淡水。但大部分淡水（87%）被封闭在冰冠和冰川之中，或在大气、土壤中，或深藏于地下。事实上，可利用的淡水仅有 0.003%。

　　人类的主要淡水来源是河流、湖泊和水库。世界水资源按年径流总量排列依次为巴西、俄罗斯、加拿大、美国、印尼和中国，我国按年径流总量排在世界第六位，但人均年径流量仅为世界人均量的 1/4。降雨及冰雪融水在重力作用下沿地表或地下流动的水流称为径流。按水流来源有降雨径流和融水径流；按流动方式可分为地表径流和地下径流，地表径流又分坡面流和河槽流；此外，还有水流中含有固体物质（泥沙）形成的固体径流。中国年人均用水量仅为世界年人均用水量的 30%，为美国的 1/5，俄罗斯、印尼的 1/7，加拿大的 1/50。联合国据此已把中国列为 13 个最缺水国家之一。

3.1.2　水和水体

　　环境化学中研究的水是天然水，即水的溶液。

　　水体是指被水覆盖地段的自然综合体。水体不仅包括水，还包括水中的溶解物、悬浮物，以及底泥和水生生物。水体都有一定的形貌，受岸壁的限制。河流、湖泊、沼泽、水库、地下水、冰川、海洋等是不同的水体。

一般将水体分为海洋水体和陆地水体两大类。前者包括海和洋，而后者包括江河、湖泊、沼泽、水库等多种类型的水体。也可分为天然水体和人工水体两大类。

3.1.3　水的组成

天然水的化学组成及其特点是在长期的地质循环、短期的水循环以及各种生物循环中形成的。天然水与大气、岩石、土壤和生物相互接触时进行频繁的化学与物理作用，同时进行物质和能量的交换。所以，天然水的化学组成经常在变化，并且成为极其复杂的体系。根据它们在水中存在的形态不同，可将这些物质分为三类，即溶解物质、胶体物质和悬浮物质（表3-1）。

表 3-1　天然水的组成

分类	主要物质
溶解物质	N_2、O_2、CO_2、H_2S、CH_4 等可溶性气体，Ca、Mg、Na、Fe、Mn 等离子的卤化物、碳酸盐、硫酸盐等盐类，可溶性有机物
胶体物质	Si、Al、Fe 的水合氧化物胶体物质，黏土矿物胶体物质，腐殖质等有机高分子化合物
悬浮物质	细菌、病毒、藻类、原生动物、泥沙、黏土等颗粒物及其他不溶物质

溶解在天然水中的物质大致可分为四个方面：主要离子、微量元素、有机物质和溶解气体。溶解物质在水中的含量，除与物质的性质有关外，还与气候条件、水文特征、岩石与土壤的组成等因素有关。

K^+、Na^+、Ca^{2+}、Mg^{2+}、HCO_3^-、NO_3^-、Cl^-、SO_4^{2-} 为天然水中常见的八大离子，占天然水中离子总量的 95%～99%。水中这些主要离子的分类常用来作为表征水体的主要化学特征性指标。常用 Me^{n+} 表示水中的金属离子，其含义是简单的水合金属阳离子 $Me(H_2O)_x^{n+}$。例如 Ca^{2+} 不可能在水中以分离的实体独立存在。水中可溶性金属离子可以以多种形式存在。例如，三价铁离子就可以 $[Fe(OH)]^{2+}$、$[Fe(OH)_2]^+$、$[Fe_2(OH)_2]^{4+}$ 和 Fe^{3+} 等形式存在。在中性水体中，各种形态的浓度可以通过平衡常数计算。

除上述元素以外的一系列元素在天然水中的分布也很广泛，起的作用很大，但它们的含量很小，常低于 1 μg/L。这类元素包括重金属（Zn、Cu、Pb、Ni、Cr 等），稀有金属（Li、Rb、Cs、Be 等），卤素（Br、I、F）及放射性元素。尽管微量元素含量很低，但是它们对水中动植物体的生命活动却有很大影响。

溶解在水中的气体对于水中生物的生存非常重要。例如，鱼类需要水中溶解的氧气而放出 CO_2，水中污染物的生物降解过程中大量消耗水体中的溶解氧，会导致鱼类无法生存。藻类的光合作用则吸收溶解的 CO_2 而放出氧气，但这个过程仅限于白天。在夜晚，由于藻类的新陈代谢过程又使氧气损失，藻类死后残体的降解又会消耗氧气。在天然水中，溶解的气体与大气中同种气体存在溶解平衡。

3.2　天然水体中的化学平衡

3.2.1　酸碱平衡

3.2.1.1　天然水的 pH

纯水的 $c(H^+)=10^{-7}$ mol/L，即 pH=7.0。当水中溶解有 CO_2 时，$c(H^+)$ 增加；当 CO_2 自水中逸出时，pH 增大。CO_2 对调节天然水的 pH 和组成起着重要作用。在水体中存在着 CO_2、H_2CO_3、HCO_3^-、CO_3^{2-} 等四种化合态，常把 CO_2 和 H_2CO_3 合并为 $H_2CO_3^*$。因此，水中 $H_2CO_3^*$-HCO_3^--CO_3^{2-} 构成一个体系。CO_2 在水中形成酸，可同岩石中的碱性物质发生反应，并可通过沉淀反应变为沉淀物从水中除去。天然水的 pH 主要由下列平衡决定：

$$CO_2 + H_2O \Longrightarrow H_2CO_3 \Longrightarrow H^+ + HCO_3^- \Longrightarrow 2H^+ + CO_3^{2-}$$

因此，对于大多数天然水体来说，其 pH 变化在 5~9 之间，其中河水在 5~7 之间，而海水在 7.7~8.3 之间。

天然水的 pH 还会受到其他溶解在水体中的酸、碱、盐类物质的影响。此外，发生在水体中的化学反应也会影响天然水的 pH，如黄铁矿被氧化的反应会导致 pH 降低，反硝化和反硫化过程则会使 pH 升高。人为排放的工业废水进入天然水体，则可能严重破坏天然水体的 pH 平衡。

3.2.1.2　天然水的碱度和酸度

碱度：接受质子的总物质的量，包括强碱、弱碱及强碱弱酸盐。

$$总碱度 = c(HCO_3^-) + 2c(CO_3^{2-}) + c(OH^-) - c(H^+)$$

酸度：总酸度、CO_2 酸度和无机酸度。

$$总酸度 = c(H^+) + c(HCO_3^-) + 2c(H_2CO_3) - c(OH^-)$$

组成水中碱度的物质可以归纳为三类：① 强碱，如 NaOH、$Ca(OH)_2$ 等，在溶液中可以全部电离出 OH^-；② 弱碱，如 NH_3、$C_6H_5NH_2$ 等，在水中发生反应或部分解离能生成 OH^-；③ 强碱弱酸盐，如各种碳酸盐、重碳酸盐、硅酸盐、磷酸盐、硼酸盐、醋酸盐、硫化物等，它们水解时生成 OH^- 或者直接接受质子（H^+）。后两种物质在中和过程中不断继续产生 OH^-，直到全部中和完毕。

在测定已知体积天然水样的总碱度时，可用强酸标准溶液滴定，用甲基橙作为指示剂，当溶液由黄色变成橙红色时（pH 约 4.3），停止滴定，此时所得的结果称为总碱度，也称为甲基橙碱度。

以强碱滴定天然水溶液测定其酸度时，其反应过程正好与上述相反。以甲基橙作为指示剂滴定到 pH=4.3，以酚酞作为指示剂滴定到 pH=8.3，分别得到无机酸度及游离 CO_2 酸度。总酸度应在 pH=10.8 处得到。但此时滴定曲线无明显突跃，难以选择适合的指示剂，故一般以游离 CO_2 作为酸度主要指标。

如果外界没有 CO_2 供给，当无机碳转化为生命体时，水体的 pH 将增大，这种情况与快速藻类生长的情况很相似。这时无机碳的消耗是如此之快，以至于不能与大气中的 CO_2 达成平衡，水体的 pH 将升到 10 或更高。

在酸性较强的水中，H_2CO_3 占优势；在碱性较强的水中，CO_3^{2-} 占优势；而在大多数天然水的 pH=6～9 范围内，HCO_3^- 占优势，即水中含有的各种碳酸化合态控制水的 pH 并具有缓冲作用，这使天然水对于酸、碱具有一定的缓冲能力（图 3-1）。最近研究表明，水体和周围环境之间有多种物理、化学和生物化学过程，它们对水体的 pH 也有着重要作用。但无论如何，碳酸化合物仍是水体缓冲作用的重要因素，常根据它的存在情况来估算水体的缓冲能力。

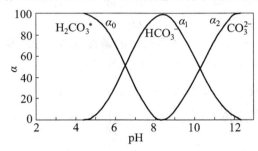

图 3-1　碳酸化合态分布图

碳酸盐的溶解平衡是水环境化学常遇到的问题。在工业用水系统中，也经常需要知道所用的水是否会产生碳酸钙沉淀，即水的稳定性问题。判断水的稳定性根据稳定性指数 S 值的大小。通常当溶液中 $CaCO_3(s)$ 处于未饱和状态，即 $S<0$ 时，称水具有侵蚀性；当 $CaCO_3(s)$ 处于饱和状态，即 $S>0$ 时，称水具有沉淀性；当处于溶解平衡状态，即 $S=0$ 时，则称水具有稳定性。

3.2.2　溶解沉淀平衡

沉淀和溶解是水溶液中常见的化学平衡现象，金属离子在天然水中的沉淀-溶解平衡对重金属离子在水环境中的迁移和转化具有重要的作用。衡量金属离子在水中的迁移能力大小可以使用溶解度或溶度积。

3.2.2.1　氢氧化物

水环境中各类重金属氢氧化物的解离度或沉淀，直接受 pH 所控制。若不考虑其他反应，可写成下列平衡式：

$$M(OH)_n \Longleftrightarrow M^{n+} + nOH^-$$

$$K_{sp} \Longleftrightarrow c(M^{n+})c(OH^-)$$

根据 K_{sp} 能求出它们的离子浓度与 pH 的关系：

$$\lg c(\mathrm{M}^{n+}) = \lg K_{\mathrm{sp}} + n\mathrm{pH} - n\lg K_{\mathrm{sp}}$$

$$\mathrm{pM} = \mathrm{p}K_{\mathrm{sp}} + n\mathrm{pH} - n\mathrm{p}K_{\mathrm{sp}}$$

根据上式，以 $\lg c(\mathrm{M}^{n+})$ 为纵坐标，pH 为横坐标作出不同金属离子在水溶液中的浓度和 pH 的关系图（图 3-2），图中直线斜率等于 n，即金属的离子价态。直线横轴截距即 $-\lg c(\mathrm{M}^{n+}) = 0$ 或 $c(\mathrm{M}^{n+}) = 1.0 \ \mathrm{mol/L}$ 时的 pH：

$$\mathrm{pH} = 14 - \frac{1}{n}\mathrm{p}K_{\mathrm{sp}}$$

根据图 3-1 可以大致查出各种金属离子在不同 pH 水溶液中能存在的理论浓度。但图中表示的关系并不能完全反映水溶液中氢氧化物的溶解度，对于像 $\mathrm{Cu(OH)_2}$ 和 $\mathrm{Zn(OH)_2}$ 这样的两性氢氧化物，水体 pH 过高时，它们又会形成羟基配离子而溶解，使水中 $\mathrm{Cu(OH)_2}$ 或 $\mathrm{Zn(OH)_2}$ 的溶解度又升高。

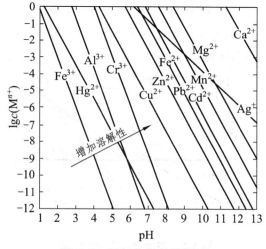

图 3-2 氢氧化物的溶解度

3.2.2.2 硫化物

$$\mathrm{H_2S} \rightleftharpoons \mathrm{H^+} + \mathrm{HS^-}$$

$$\mathrm{HS^-} \rightleftharpoons \mathrm{H^+} + \mathrm{S^{2-}}$$

$$\mathrm{H_2S} \rightleftharpoons 2\mathrm{H^+} + \mathrm{S^{2-}}$$

$$K_{12} = K_1 K_2$$

如溶液中存在二价金属离子 $\mathrm{Me^{2+}}$，则有

$$c(\mathrm{Me^{2+}})c(\mathrm{S^{2-}}) = K_{\mathrm{sp}}$$

天然水体中除氧气、二氧化碳外，在通气不良的条件下，有时还有硫化氢气体存在。水体中硫化氢气体来自厌氧条件下有机物的分解及硫酸盐的还原，而大量硫化氢是火山喷发的产物。

当 pH<7 时，水中 $\mathrm{H_2S}$ 存在形式以分子态为主；当 pH<5 时，在水中 $\mathrm{HS^-}$ 实际上已不存在，而只有 $\mathrm{H_2S}$；当 pH>7 时，主要存在形式为 $\mathrm{HS^-}$；当 pH>9 时，水中以 $\mathrm{H_2S}$ 形态存在的

含量已可忽略不计；只有在 pH=10 时，在水体中才有少量 S^{2-} 出现。

重金属硫化物的溶解度很小，除了碱金属和碱土金属以外，其他重金属的硫化物都是难溶物，Mn、Fe、Zn 和 Cd 的硫化物能溶于稀盐酸，Ni 和 Co 的硫化物能溶于浓盐酸，而 Pb、Ag、Cu 的硫化物只能溶于硝酸，Hg 的硫化物只能溶于王水。在水中只要含有微量的 S^{2-}，重金属离子就能形成硫化物沉淀下来。

3.2.2.3　碳酸盐

1）封闭体系

只考虑固相和液相，把 $H_2CO_3^*$ 当作不挥发酸处理。C_t 为常数，$CaCO_3$ 的溶解度为

$$K_{sp} = c(Ca^{2+})c(CO_3^{2-}) = 10^{-8.32}$$

$$c(Ca^{2+}) = K_{sp}/c(CO_3^{2-}) = K_{sp}/(C_t\alpha_2)$$

当水体的总碳量确定时，只要测定了水体的 pH，就能查得此时的 α 值，即可以计算得到自由 Ca^{2+} 的浓度。对于任何与碳酸盐平衡的二价金属离子，都可以推导得到类似方程式。

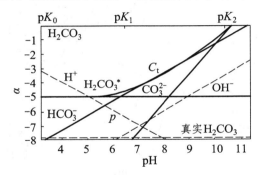

图 3-3　开放体系的碳酸平衡

2）开放体系

$CaCO_3$ 暴露在含有 CO_2 的气相中，大气中 pCO_2 固定，溶液中 CO_2 浓度也相应固定（图 3-3）。

$$C_T = \frac{1}{\alpha_0}K_H pCO_2 \qquad c(CO_3^{2-}) = \frac{\alpha_2}{\alpha_0}K_H pCO_2$$

最后必须指出的是，我们在这里讨论的沉淀-溶解现象，是从热力学角度出发的，没有考虑反应的动力学——速率问题。实际上金属离子在天然水环境中的沉淀-溶解反应是非常复杂的，它涉及非均相平衡，而在动态环境中这种平衡并不容易达到，同时还必须考虑水环境中其他离子的副反应。因此计算值往往和实际观测值有很大的差异。

3.2.3　配合解离平衡

重金属离子可以与很多无机配位体、有机配位体发生配合或螯合反应。水体中常见的配体有羟基、氯离子、碳酸根、硫酸根、氟离子和磷酸根离子等，以及带有羧基（—COOH）、

氨基（—NH_2）、酚羟基（—C_6H_4OH）的有机化合物。

天然水体中的配合物可分为两类：一类是简单配合物，简称配合物，又可分成单核配合物和多核配合物；第二类是螯合物，由多齿配体与金属离子形成的环状配合物。大多数螯合剂是天然水环境中的有机物，特别是腐殖质，无机螯合剂如多聚磷酸盐也容易形成螯合物。

配合作用对重金属在水中的迁移具有重大影响。近年来在重金属环境化学的研究中，特别注意羟基、氯离子以及腐殖质配合作用的研究，认为这些配体是影响重金属难溶盐溶解度的重要因素，能大大促进重金属在水环境中的迁移。

3.2.4 氧化还原作用

3.2.4.1 电子活度和 pE

环境化学中常用水体电位（用 E 表示）来描述水环境的氧化还原性质，它直接影响金属的存在形式及迁移能力。我们定义 $pE=-\lg \alpha_0$，α_0 表示溶液中电子的活度。

可见 pE 是平衡状态下电子活度的负对数，它衡量溶液接受或给出电子的相对趋势，pE 值与 E 值一样反映了体系氧化、还原能力的大小。pE 越小，电子浓度越高，体系提供电子的能力就越强，即还原性越强；反之 pE 越大，电子浓度越低，体系接受电子的能力就越强，氧化性也越强。

3.2.4.2 天然水体的 pE-pH 图（图 3-4）

水溶液中存在很多物质（包括水）的氧化-还原电对，其电极电位随 pH 的变化而相应变化，若作出水和其他一些物质电对的电极电位随 pH 变化的关系图（pE-pH 图），不但可直接从图中查得在某 pH 时的电位值，而且对水中存在的氧化剂或还原剂能否与水发生氧化还原反应也一目了然（图 3-5）。

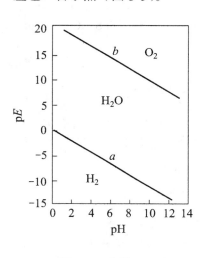

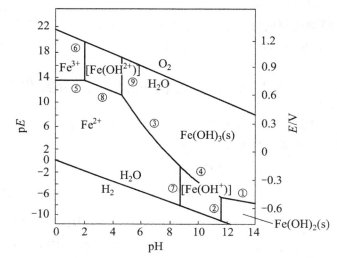

图 3-4 水的 pE-pH 图　　图 3-5 水中铁的 pE-pH 图（总可溶性铁浓度为 1.0×10^{-7} mol/L）

$$E_{O_2/H_2O} = 1.23 - 0.059\,pH \qquad\qquad E_{H^+/H_2} = -0.059\,pH$$

3.2.4.3 天然水体的氧化还原电位

天然水体中含有许多无机及有机的氧化剂和还原剂，是一复杂的氧化还原体系。水体中常见的氧化剂有溶解氧、Fe（Ⅲ）、Mn（Ⅳ）、s（Ⅵ）、Cr（Ⅵ）、As（Ⅴ）、N（Ⅴ）等，其作用后本身依次转变成 H_2O、Fe（Ⅱ）、Mn（Ⅱ）和 S（Ⅱ）、Cr（Ⅲ）、As（Ⅲ）、N（Ⅲ）等。水中重要的还原剂有种类繁多的有机化合物和 Fe（Ⅱ）、Mn（Ⅱ）、S（Ⅱ）等。这些氧化剂和还原剂的种类和数量决定了水体的氧化还原性质。事实上，氧参与绝大多数的氧化还原反应。

水体的电位值处于水中各电对的电位值之间，而接近于含量较高电对的电位值。所以含量较高电对的电位称为决定电位。在多数情况下，天然水体中起决定氧化还原电位作用的物质是溶解氧。而在有机物积累的缺氧水中，有机物起着决定电位的作用。在上面两种状态之间的天然水中，决定电位的体系应该是溶解氧和有机物体系的综合。更确切的说法是，水体的决定电位是氧电位和有机质电位的综合。除氧和有机物外，Fe 和 Mn 是环境中分布相当普遍的变价元素，它们是天然水中氧化还原反应的主要参与者，在特殊条件下，甚至起着决定电位的作用。

3.2.4.4 水中有机物的氧化

水中有机物通过微生物的作用，逐步降解转化成无机物。微生物利用水中的溶解氧对水中的有机物进行有氧降解，有氧降解产物为 H_2O、CO_2、NO_3^-、SO_4^{2-}，可以表示为

$$CH_2O + O_2 \longrightarrow CO_2 + H_2O$$

3.2.4.5 重金属元素在水体中的氧化还原转化

一般来说，重金属元素在高电位水中，将从低价态氧化成高价或较高价态，而在低电位水中将被还原成低价态或与水中存在的 H_2S 反应，形成难溶硫化物如 PbS、ZnS、CuS、CdS、HgS、NiS、CoS、Ag_2S 等转入底泥。

3.2.4.6 天然水体中无机氮化合物的氧化还原转化

由于氮元素具有多变的价态，因此在天然水体中的存在形态与水体的电位条件有关。在天然水中主要无机氮化物有 NH_4^+、NO_2^- 和 NO_3^-，下面讨论中性天然水电位对它们互变的影响。

$$NO_2^- + 8H^+ + 6e^- = NH_4^+ + 2H_2O \qquad E = 0.89\ V$$

$$NO_3^- + 2H^+ + 2e^- = O_2 + 2H_2O \qquad E = 0.84\ V$$

$$NO_3^- + 10H^+ + 8e^- = NH_4^+ + 3H_2O \qquad E = 0.88\ V$$

从上述氧化还原平衡可以看出，中性天然水中铵盐是主要存在价态，无机氮低价态的转化占优势；在高电位时，硝酸盐是主要存在价态，无机氮高价态的转化占优势；而在两者之

间，已是还原环境，主要存在价态为亚硝酸盐，氮中间价态的转化占优势。

3.3 水污染和水体污染物

3.3.1 水体污染

水体污染是指排入水体的污染物超过了该物质在水体中的本底含量和水体的环境容量即水体对污染物的净化能力，因而引起水质恶化，水体生态系统遭到破坏，造成对水生生物及人类生活与生产用水的不良影响。

自然环境包括水环境对污染物质都有一定的承受能力，称为环境容量。污染物进入水体后，水体能够在环境容量的范围之内，依靠环境自身的作用而使污染物浓度逐渐降低或消除，经一段时间后恢复到受污染前的状态，称为水体的自净作用。水体自净能力的大小是估计该水体环境容量的重要前提。

水体的自净需要：① 一定的时间；② 水体的地形和水文条件；③ 水中微生物的种类和数量；④ 水温和水体富氧状况；⑤ 还与污染物的性质、浓度（或数量）以及排放方式等有关。

按照作用机理，水体的这种自净作用又可分为物理自净、物理化学自净和生物自净三种。

3.3.1.1 物理自净

污染物进入水体后，通过水的流动，使污染物得到扩散、混合、稀释、挥发、沉降，改变污染物的物理性状和空间位置，不溶性固体经沉降逐渐沉淀至水底形成污泥；悬浮物、胶体和溶解性污染物因混合、稀释而浓度降低。

3.3.1.2 物理化学自净

污染物在水体中通过中和、沉淀、氧化还原、化合分解等物理化学变化，发生化学性质、形态、价态上的变化，从而改变污染物在水体中的迁移能力和毒性大小（一般河水中 90% CN^- 可通过该法得到自净）。如：

$$Cr^{3+} \longrightarrow Cr(OH)_3 \downarrow$$

$$CN^- + CO_2 + H_2O \longrightarrow HCN \uparrow + HCO_3^-$$

影响物理化学自净的环境条件有水的 pH、氧化还原电势、温度和化学组成等。

3.3.1.3 生物自净

生物自净指水体中的污染物在微生物作用下，发生氧化分解，浓度降低，转化为简单、无害的无机物以至从水体中消除的过程。它还可以包括生物吸收、生物转化和生物富集等过程。需氧微生物在溶解氧存在时，将水体中的有机污染物分解为简单、稳定的无机物（H_2O、CO_2、硝酸盐、磷酸盐等）；厌氧微生物在缺氧状态下，将水中的有机污染物分解为 H_2S、CH_4 等；水生植物吸收水体中的镉、汞等重金属。生物自净与生物的种类、环境条件如含氧量、温度等有关。

在水体自净中，生物自净占有主要的地位。

3.3.2　水体污染源

3.3.2.1　水体污染源的含义和分类

水体污染源是指造成水体污染的污染物发生源。通常是指向水体排入污染物或对水体产生有害影响的场所、设备和装置。

按污染物的来源可分为天然污染源和人为污染源两大类。水体天然污染源是指自然界自行向水体释放有害物质或造成有害影响的场所。岩石和矿物的风化和水解、火山喷发、水流冲蚀地表、大气降尘的降水淋洗、生物（主要是绿色植物）在地球化学循环中释放物质等，都属于天然污染物的来源。例如，在含有萤石（CaF_2）、氟磷灰石等矿区，可能引起地下水或地表水中氟含量增高，造成水体的氟污染。人类长期饮用此水可能出现氟中毒。

水体人为污染源是指人类活动形成的污染源，是环境保护研究和水污染防治的主要对象。人为污染源体系很复杂，按水体类型可分为江河、湖泊、海洋、地下水污染源；按人类活动方式可分为工业、农业、交通、生活等污染源；按污染物及其形成污染的性质可分化学、物理、生物污染源以及同时排放多种污染物的混合污染源；按排放污染物空间分布方式，可分为点源和非点源。

水污染点源是指以点状形式排放而造成水体污染的发生源。一般工业污染源和生活污染源产生的工业废水和城市生活污水，经污水处理厂或经管渠输送到水体排放口，作为重要污染点源向水体排放。这种点源含污染物多，成分复杂，依据工业废水和生活污水的排放规律，有季节性和随机性。

非点源水污染，在我国多称为水污染面源，是以面积形式分布和排放污染物而造成水体污染的发生源。坡面径流带来的污染物和农田灌溉水是水体污染的重要来源。目前湖泊等水体富营养化，主要是面源带来的大量氮、磷等造成的。

3.3.2.2　几种水体污染源的特点

1）生活污染源

生活污染源是指人类消费活动产生的水污染源。城市和人口密集的居民区是主要的生活污染源。生活污染源是人类生活产生的各种污水的混合液，其中包括厨房、浴室、厕所等场所排放的污水和污物。生活污水中的污染物，按其形态可分为：①不溶物质，约占污染物总量的 40%，它们或沉积到水底，或悬浮在水中；②胶体物质，约占污染物总量的 10%；③溶解物质，约占污染物总量的 50%。这些物质多数无毒，通常有无机盐类，如氯化物、硫酸盐、磷酸盐等，钠、钾、钙、镁等的碳酸盐，有机物如纤维素、淀粉、糖类、蛋白质、脂肪、酚类、尿素、表面活性剂，还有微量金属（如 Zn、Cu、Cr、Mn、Ni、Pb 等）和多种微生物，且多数呈颗粒状态存在。

2）工业污染源

工业污染源是目前造成水体污染的主要来源和环境保护的主要防治对象。工业废水由于受产品、原料、药剂、工艺流程、设备构造、操作条件等多种因素的综合影响，其所含的污染物质成分极为复杂，而且在不同时间里水质也会有很大差异。工业污染源如按行业来分，则有冶金工业废水、电镀废水、造纸废水、无机化工废水、有机化工废水、炼焦煤气废水、金属酸洗废水、石油炼制废水、石油化工废水、化学肥料废水、制药废水、炸药废水、纺织印染废水、染料废水、制革废水、农药废水、制糖废水、食品加工废水、电站废水等。各类废水都有其独特的特点。

3）农业污染源

农业污染源是指由农业生产而产生的水污染源，如降水所形成的径流和渗流把土壤中的氮、磷和农药带入水体；牧场、养殖场、农副产品加工厂的有机废物排入水体，它们都可使水体水质恶化，造成河流、水库、湖泊等水体污染甚至富营养化。农业污染源的特点是面广、分散，难以治理。

3.3.3　水体污染物

按污染物的危害性可分为：无毒污染物和有毒污染物两大类，其中每一类又可分为无机物和有机物。

3.3.3.1　无毒污染物

水体中的无毒污染物包括：

（1）酸、碱、盐等无机物及蛋白质、油类、脂肪等有机物。

（2）含氮、磷的化合物，如合成洗涤剂及化肥等是营养物质，因过量会引起藻类疯长而使水体缺氧。

（3）各种溶于水的无机盐类会造成水体含盐量增加，硬度增加，同样会影响某些生物的生长和造成农田盐渍化。

3.3.3.2　有毒污染物

有毒污染物可分成无机有毒物和有机有毒物。

1）无机有毒物

（1）重金属污染物。

重金属污染物主要指 Hg、Cd、Pb、Cr、As、Be、Co、Ni、V、Cu、Zn、Se 等。分布广

泛的重金属是构成地壳的元素，重金属元素遍布于土壤、大气、水体和生物体中，与人工合成的化合物不同，它们在环境的各个部分都存在一定的本底含量。重金属大多属于元素周期表中的过渡元素，在不同的水体环境中可能以不同的价态存在，重金属的价态不同，其活性和毒性效应也就不同。重金属在人类的生产和生活方面已得到广泛应用，这使得环境中存在各种各样的重金属污染源。

重金属可通过食物、饮水、呼吸等多种途径进入人体，从而对人体健康产生不利的影响，有些重金属对人体的积累性危害影响往往需要一二十年才显现出来。

① 汞。

水体汞污染主要来自使用含汞污水。另外，废气和废渣中的汞经雨水洗涤及径流作用，最终也都转移到水体中。排入水体中的汞化合物，可以发生扩散、沉降、吸附、聚沉、水解、配合、螯合、氧化-还原等一系列的物理化学变化及生化变化。

存在于水体底泥、悬浮物中的各种无机物和有机物，它们具有巨大的比表面积和很高的表面能，因此对于汞和其他金属有强烈的吸附作用。研究表明，无论是悬浮态还是沉积态，均以腐殖质对汞的吸附能力最大，且吸附量不受氯离子浓度变化的影响。从各污染源排放的汞污染物主要富集在排放口附近的底泥和悬浮物中。排入水体的汞可发生各种化学反应。Hg^{2+}及有机汞离子可与多种配体发生配合反应。

$$Hg^{2+} + 2X^- \Longrightarrow HgX_2$$

$$R — Hg^+ + X^- \Longrightarrow R — HgX \quad （X^-为提供电子对的配体）$$

pH 在 5~7 范围，Hg^{2+}几乎全部水解，生成相应的羟基化合物。

$$Hg^{2+} + H_2O \longrightarrow [Hg(OH)]^+ + H^+$$

$$Hg^{2+} + 2H_2O \longrightarrow Hg(OH)_2 + 2H^+$$

汞有三种不同价态，但在水环境中主要为单质汞和二价汞。当水体 pH 在 5 以上和中等氧化条件下，大部分属于单质汞；而在低氧化条件下，汞被沉淀为 HgS。

环境中的 Hg^{2+}，在某些微生物的作用下，转化为含有甲基（—CH$_3$）的汞化合物的反应称为汞的甲基化。甲基汞为白色粉末状，有类似温泉中硫黄散发出的气味。甲基汞具有脂溶性和高神经毒性，在细胞中可以整个分子原形积蓄。在含甲基汞的污水中，鱼类、贝类可以富集 10 000 倍，鲨鱼、箭鱼、枪鱼、带鱼及海豹体内的汞含量最高。它主要通过食物链进入人体，与胃酸作用，产生氯化甲基汞，经肠道几乎全部被吸收于血液中，并被输送到全身各器官尤其是肝和肾，其中有约 15%进入脑细胞。由于脑细胞富含类脂，脂溶性的甲基汞对类脂有很强的亲和力，所以容易蓄积在大脑皮层和小脑，故有向心性视野缩小、运动失调、肢端感觉障碍等临床表现，常见的症状为手脚麻木、哆嗦、乏力、耳鸣、视力范围变小、听力困难、语言表达不清、动作迟缓等。

无机汞化合物难于吸收，但 Hg^{2+}对体内的—SH 有很强的亲和力，能使含巯基最多的蛋白质和参与体内物质代谢的主要酶类失去活性。长期与汞接触的人有牙齿松弛、脱落，口水增多，呕吐等症状，重者消化系统和神经系统机能被严重破坏。

为防止汞中毒，我国规定生活饮用水中汞的最高允许浓度为 0.000 1 mg/L；地表水为 0.001 mg/L；工业废水排放的汞及其化合物最高允许排放浓度为 0.05 mg/L。

② 镉。

水体的镉污染来自地表径流和工业废水，主要是由铅锌矿的选矿废水和有关工业（如电镀、碱性电池等）废水排入地面水或渗入地下水引起的。工业废水的排放使近海海水和浮游生物体内的镉含量高于远海，工业区地表水的镉含量高于非工业区。

镉排入水体以后，残余浓度主要取决于水中胶体、悬浮物等颗粒物对镉的吸附和沉淀过程。河流底泥与悬浮物对镉有很强的吸附作用。由于镉的标准电极电势较低，所以一般水体中不可能出现单质 Cd。镉的硫化物、氢氧化物、碳酸盐为难溶物。镉在环境中易形成各种配合物或螯合物。当有 S^{2-} 存在时，Cd^{2+} 转化为难溶的 CdS 沉淀，特别是在厌氧的还原性较强的水体中，即使 S^{2-} 浓度很低，也能在很宽的 pH 范围内形成 CdS 沉淀。它具有高度的稳定性，是海水和土壤中控制镉含量的重要因素。许多植物如水稻、小麦等对镉的富集能力很强，使镉及其化合物能通过食物链进入人体。另外，饮用镉含量高的水，也是导致镉中毒的一个重要途径。镉的生物半衰期长，从体内排出的速度十分缓慢，容易在肾脏、肝脏等部位蓄积。镉还会损害肾小管，使人出现糖尿、蛋白尿和氨基酸尿等症状，肾功能不全又会影响维生素 D_3 的活性，使骨骼疏松、萎缩、变形等。慢性镉中毒主要影响肾脏，最典型的例子是日本的痛痛病事件。

镉还可使温血动物和人的染色体（尤其是 Y 染色体）发生畸变。镉可干扰铁代谢，使肠道对铁的吸收降低，破坏血红细胞，从而引起贫血症。镉对植物生长发育有害。植物从根部吸收镉之后，各部位的含量按根＞茎＞叶＞荚＞籽粒的顺序递减，根部的镉含量一般可超过地上部分的两倍。

镉一旦排入环境，对环境的污染就很难消除。因此预防镉中毒的关键在于控制排放和消除污染源。我国规定，生活饮用水中含镉最高允许浓度为 0.005 mg/L，地表水的最高允许浓度为 0.01 mg/L，渔业用水为 0.005 mg/L，工业废水中镉的最高允许排放浓度为 0.1 mg/L。

有研究表明，硒（Se）对镉的毒性有一定的拮抗作用。这可能与 Se 是氧族元素，能与镉较稳定地结合在一起，使镉失去活性有关。

③ 铅。

水体的铅污染主要来自铅的冶炼、制造和使用铅制品的工矿企业排放的废水，以及汽油防爆剂四乙基铅随着汽车尾气进入大气，被雨水冲淋进入水体。

铅在大多数天然水体中，多以+2 价的化合物形式存在，与其他重金属类似，铅和有机物特别是腐殖酸有很强的螯合能力，且易为水体中胶体、悬浮物特别是铁和锰的氢氧化物所吸附而沉入水底。所以铅污染物主要聚集在排放口附近的水体底泥中，而它在水体中迁移的形式主要是随悬浮物被水流搬运而迁移。在微生物的作用下，底泥中的铅可转化为四甲基铅。

铅主要损害骨骼造血系统和神经系统，对男性生殖腺也有一定的损害。长期低剂量地接触铅可引起儿童智力减退，还与 7~11 岁男孩的攻击行为、不法行为及注意力不集中有关。孕妇体内过量的铅可通过胎盘输送给胎儿，使胎儿死亡、畸形或造成流产。

为防止铅污染，我国规定饮用水中铅的最高允许浓度不超过 0.05 mg/L，工业用水中铅的最高允许排放浓度不超过 1.0 mg/L。

④ 铬。

天然水体的铬污染主要来自铬铁冶炼、耐火材料、电镀、制革、颜料等化工生产排出的废水、废气和废渣。水体中的生物对铬有较强的富集作用。在水体中最重要的价态是+3 和+6，

Cr（Ⅲ）除能水解、配合、沉淀外，Cr（Ⅲ）与 Cr（Ⅵ）之间的相互转化是重要的反应，它影响铬的迁移转化、归宿及毒性等。

排入水体的铬若以 Cr（Ⅲ）为主，$Cr(OH)_3$ 溶解较慢，而 Cr^{3+} 易被水体底泥、悬浮物吸附。当悬浮物较多时，则 Cr^{3+} 吸附后随着水流迁移到较远的下游区，最后转入固相，降低了铬的迁移能力。若排入水体的铬以 Cr（Ⅵ）为主，水体有机质较少，则能以 Cr（Ⅵ）的可溶性盐存在，有一定的迁移能力；当水体中有机质较多时，则它能很快地将 Cr（Ⅵ）还原为 Cr（Ⅲ），而后被吸附沉降进入底泥，降低了铬的迁移能力。

铬是人体必需的微量元素之一，人体缺铬会导致血糖升高，产生糖尿，还会引起动脉粥样硬化症。有人指出，近视眼的发生与缺铬有关。铬对植物生长有刺激作用，可提高产量。但由于环境铬污染，摄入过多的铬将对人和动植物产生危害。

水体中铬的毒性与它的存在形态有关。长期经消化道摄入大量的铬，可在体内蓄积，Cr（Ⅵ）的致癌作用已被确认，Cr（Ⅵ）还被怀疑有致畸、致突变作用。口服重铬酸盐的颗粒会引起恶心、呕吐、胃炎、腹泻和尿毒症等，严重时会导致休克、昏迷，甚至死亡。含 Cr（Ⅵ）化合物对皮肤和黏膜的刺激和伤害也很严重，可引起皮炎、鼻中隔穿孔等。

铬对水生生物有致死作用，它能在鱼类体内蓄积。对于水生生物，Cr（Ⅲ）的毒性比 Cr（Ⅵ）高。铬的生物半衰期比较短，容易从排泄系统排出体外。

与汞、镉、铅相比，铬污染的危害性相对小一些。但是，铬污染具有潜在的危害性，必须引起应有的重视。为此，对环境中铬的排放应严加控制。电镀业尽可能采用低毒或无毒物质代替铬。我国规定，生活饮用水中 Cr（Ⅵ）的浓度应低于 0.05 mg/L；地面水中 Cr（Ⅵ）的最高允许浓度为 0.1 mg/L，Cr（Ⅲ）的最高允许浓度为 0.5 mg/L；工业废水中 Cr（Ⅵ）及其化合物的最高允许排放浓度为 0.5 mg/L。

⑤ 砷。

砷是最重要的类金属元素污染物。人体内微量的砷有促进组织和细胞生长的功能，还具有一定的刺激生血的作用。但因为它的生化性质仍属于一种原生质毒物，对很多酶的活性以及细胞的呼吸、分裂和繁殖过程都会产生严重的干扰作用，所以不能将其列为人体必需元素。

单质砷在天然水中极少存在，砷在天然水体中的存在形态主要是氧化态的 As（Ⅲ）和 As（Ⅴ）。不同水源和地理条件的水体中，砷的存在形态不同，砷的含量也有较大差异。

砷的化合物可以在厌氧细菌作用下被还原，发生甲基化反应，生成剧毒的挥发性的二甲基胂 $[(CH_3)_2AsH]$ 和三甲基胂 $[(CH_3)_3As]$。它们可被氧化成为相应的甲胂酸 $[CH_3AsO(OH)_2]$ 或二甲胂酸 $[(CH_3)_2AsO(OH)]$。甲胂酸极不易降解，但在热力学上是很不稳定的，易被氧化和细菌脱甲基化而转化成为毒性较小的物质，回到无机砷化合物的形态。

砷的毒性与其化学形态有很大关系。单质砷的毒性极低，而砷的化合物则均有毒性。As（Ⅲ）的毒性最强，As_2O_3（砒霜）的毒性已众所周知，仅 10～25 mg 即可使人中毒，致死量为 60～200 mg。砷化氢是剧毒气体，是一种溶血性毒物。人体吸收后，严重者全身呈青铜色，鼻出血，甚至全身出血，最后因尿毒症而死亡。As（Ⅴ）只要浓度不特别高，基本是无毒的。

砷及其化合物一般可通过水、空气和食物等途径进入人体，造成危害。如果摄入量超过排出量，砷就会在人体的肝、肾、脾、肺、子宫、骨骼、肌肉等部位，特别是在毛发、指甲中蓄积，从而引起慢性砷中毒，潜伏期可长达几年甚至数十年。砷化合物对农作物产生毒害作用的最低浓度为 3 mg/L。因此，应严格控制含砷废气、污水的排放。我国规定生活饮用水的砷含量不得超过 0.05 mg/L，地面水中砷的最高允许浓度为 0.1 mg/L，工业废水最高允许排放浓度为 0.5 mg/L。

（2）无机污染物。

①氰化物：是一种致死的毒物，在水中以 HCN 形式存在，是一种弱酸。CN^- 具有强烈配合作用，能破坏细胞中的氧化酶，造成人体缺氧，呼吸困难，从而窒息死亡。

氰化物被广泛用于工业中，特别是金属清洁和电镀工业中。它也是煤气厂和炼焦厂的气体和焦炭洗涤排出物中的主要污染物。氰化物还在一些采矿作业中广泛使用。矿物加工过程中产生的氰化物排入水中造成大量鱼类死亡。

②亚硝酸根离子 NO_2^-：具有毒性，进入生物体内后在还原性条件下易转化为强致癌物质亚硝胺（R—NH—NO）。

③氟离子（F^-）：F^- 在体内破坏磷化酶、钙代谢，与骨骼组成中的 Ca^{2+} 生成溶解度较小的 CaF_2，以及生成氟斑牙。它还能导致 Ca、P 代谢紊乱，引起低血钙、氟骨症等疾病。

④高氯酸根离子：在一些地区作为水污染物被发现。它在水中很不活泼，很难除去，会破坏人体甲状腺对碘离子的正常吸收。

2）有机有毒物

（1）有机污染物的分类。

有毒的有机污染物主要包括：有机农药、多氯联苯、多环芳烃等类有机物。

有毒有机污染物的特点是：绝大多数为难降解有机物，或称持久性有机物。它们在水中的含量虽不高，但因在水体中残留时间长、有蓄积性、可促进慢性中毒，造成致癌、致畸、致突变等生理毒害。

①有机农药：水体中农药主要来自农药废水和雨水冲刷大气中漂浮的农药粒子，使用较广泛的农药有杀虫剂、除草（莠）剂、杀（真）菌剂、熏蒸剂和灭鼠剂等。农药及生产过程中的副产物对水体有严重危害，水中农药降解产物的量可能与原农药量持平甚至高于原农药量，某些情况下，降解产物毒性比原农药更强，使人产生急性、慢性、积累性毒性甚至癌症。

②多氯联苯（PCBs）：多氯联苯全部异构体有 210 种。PCBs 有剧毒，不溶于水，脂溶性大，易被生物吸收，通过食物链而富集，易聚集在脂肪组织、肝和脑中，引起皮肤和肝脏损害；PCBs 可经消化道、皮肤及呼吸道进入人体，但急性毒性属低毒，国际癌症研究所将其列为人类可疑致癌物。

③多环芳烃或稠环芳烃（PAHs）：这类化合物种类很多，其中至少有 20 种有致癌作用。最典型的是 3,4-苯并芘（以 BaP 表示）、1,2-苯并蒽（以 BaA 表示）、1,2,3,4-二苯并菲、硝基多环芳烃（NO_2—PAHs）、多氯二苯并呋喃（PCDF）等。

多环芳烃主要来自化石燃料燃烧及有机物热解产物。在温度高于 400 ℃ 时，经热解环化、聚合作用而生成，最适宜生成温度为 600～900 ℃。因此，煤炭、木材、石油、气体燃料、纸张和烟草等有机物在一定条件下燃烧均可产生多环芳烃。进入环境以后，多环芳烃难以通过生物降解消除而形成长期积累，也可以通过食物链富集浓缩，在浮游生物体内可富集数千倍。多环芳烃类化合物中含有很多致癌和致突变的成分，还含有多种促进致癌的物质，它能够通过大气、饮水、饮食及吸烟等进入人体，危害人体健康。PAH 可经呼吸道、皮肤及消化道吸收，进入人体内的 PAH 大部分经胆汁，小部分经尿排出体外。

（2）有机物污染程度的表示方法。

① 溶解氧（DO）：水中溶解氧量是水质重要指标之一。水中溶解氧含量受到两种作用的影响：一种是使 DO 下降的耗氧作用，包括有机物降解的耗氧、生物呼吸耗氧；另一种是使 DO 增加的复氧作用，主要有空气中氧的溶解、水生植物的光合作用等。这两种作用的相互消长，使水中溶解氧含量呈现时空变化。

天然水体中 DO 的数量，除与水体中的生物数量和有机物的数量有关外，还与水温和水层深度有关。

② 生化需氧量（BOD）：地面水体中微生物分解有机物的过程消耗水中溶解氧的量，称为生化需氧量，通常记为 BOD。一般有机物在微生物作用下，其降解过程可分为两个阶段，第一阶段是有机物转化为二氧化碳、氨和水的过程；第二阶段则是氨进一步在亚硝化细菌和硝化细菌的作用下，转化为亚硝酸盐和硝酸盐，即硝化过程。BOD 一般指的是第一阶段生化反应的耗氧量。

③ 化学需氧量（COD）：水体中能被氧化的物质在规定条件下进行化学氧化，过程中所消耗氧化剂的量，以每升水样消耗氧的质量（单位 mg/L）来表示，通常记为 COD。在 COD 测定过程中，有机物被氧化成二氧化碳和水。水中各种有机物进行化学氧化反应的难易程度是不同的，因此化学需氧量只表示在规定条件下，水中可被氧化物质的需氧量总和。

当前测定化学需氧量常用的方法有高锰酸盐指数法和重铬酸钾法，前者用于测定较清洁的水样，后者用于污染严重的水样和工业废水的测定。同一水样用上述两种方法测定的结果是不同的，因此在报告化学需氧量的测定结果时要注明测定方法。

④ 总有机碳（TOC）与总需氧量（TOD）：由于 BOD 测定费时，为实现快速反映有机物污染程度的目的，采用 TOC 与 TOD 测定法。它们都是使用化学燃烧法，前者测定结果以 C 表示，后者则以 O 表示需氧有机物的含量。由于测定时耗氧过程不同，而且各种水中有机物成分不同，生化过程差别也较大，所以各种水质之间，TOC 或 TOD 与 BOD 不存在固定的相互关系。

（3）有机物在水中的降解。

各类有机污染物的共同特点是降解，降解就是较高相对分子质量的有机物分解成较小相对分子质量的物质，最后变成简单化合物（如 CO_2 和 H_2O）的过程。有机物的降解过程包括化学降解、生物降解和光化学降解。难降解有机物从水体中消除的途径主要通过吸附在悬浮固体颗粒表面，然后随之一起沉降到底泥中或被浮游生物摄取或吸收，结果是随食物链富集传递或随浮游生物残体沉降至沉积物中。

① 有机物的化学降解。

有机物的化学降解可通过氧化、还原、水解等反应完成。

② 有机物的生化降解。

有机物在微生物的催化作用下，发生降解的反应称有机物的生化降解反应。水体中各种有机物的降解主要是通过生化反应实现的。有机物生化降解的基本反应可分为两大类：水解反应和氧化反应，还可发生还原、脱氨基、脱氯、脱羧基、脱烷基、脱水等反应。

③ 有机物的光化降解反应。

化学性质不稳定的农药，光化降解尤为重要。一般情况下，吸收波长在 700 nm 以下的紫外光或可见光，才可能导致有机物的降解反应。光化学反应包括了光分解作用和伴随着自由基等产生的光转化过程，是确定水环境中有机污染物去向的一个重要因素。

有机物的光化降解反应可分为两类，第一类称为直接光解，这是有机物本身直接吸收了太阳光能而进行的化学反应；第二类为间接光解，水体中存在的物质（光敏剂）包括水中的腐殖质、过渡金属离子、有机自由基和氧化性物质如氧化物、原子态氧和臭氧等被阳光激发，然后又将其激发态的能量转移到有机物，发生分解反应。

在光化反应中，有些反应物不能直接吸收某波长的光进行反应，但若有光敏剂存在，则光敏剂可吸收该波长的光，并把光能传递给反应物而发生光化反应。例如，叶绿素是植物光合作用的光敏剂，鱼藤和鱼藤酮是农药狄氏剂的强光敏剂。环境中存在许多天然的光敏剂，对物质的光化反应起着重要的影响。

光氧化被认为是水环境多环芳烃和某些持久性有机物光化学分解的重要方式，对苯并[α]蒽及苯并[α]芘在天然水体中的存在形态、水中溶解氧及 pH 条件对光解的影响以及其光解速率常数进行了研究，发现在紫外光照射下，一些双环和三环物可转化为对水生生物有害的产物，但对多环芳烃的光解反应机理、反应速率和结构的关系的研究报道尚少。

3.3.4　污染物在水环境中的运动

污染物在环境中的迁移，根据自然界中物质运动的基本形式可以分为

1）机械迁移

机械迁移指污染物随大气气流运动或水体径流而进行的机械搬迁作用。如元素 Hg 因相对密度大而发生沉降作用，Hg 蒸气随气流进行扩散；悬浮物被水体搬运而在一定水动力条件改变时产生沉积等。

2）物理化学迁移

物理化学迁移指以一定形式存在的污染物（如简单离子、配离子或可溶性分子等）在环境中通过一系列物理化学作用，它们的存在形式发生改变，从而实现它们在环境中的迁移。

3）生物迁移

生物迁移指污染物由于生物的新陈代谢、生长、死亡等生物活动过程而发生迁移。生物迁移主要是由生物体自身活动规律所决定，但是污染物的物理化学状态对它们的影响也不容忽视。污染物作为环境中的物质，依靠生物化学作用实现它们在气、水、土之间的迁移、转化，这实质上是把无机矿物界和有机生物界联系起来。这一作用很大一部分是通过食物链的形式进行的。如 N、P、S 等元素在环境中的循环就是通过生物迁移实现的。

3.4　水体富营养化

3.4.1　富营养化的含义

水体的富营养化现象，是水体中的浮游生物繁殖量和生长量增大而产生的。富营养物质

则是指那些含氮、磷的化肥或洗涤剂等物质，它们进入湖泊、水库、内海、河口等水流缓慢的水体时，使植物营养物增多，藻类大量繁殖，消耗水中溶解氧，危害水生生物的生存，这种现象称为水体的"富营养化"。此时水面往往呈现蓝色或红色、棕色、乳白色等，视占据优势的藻类颜色而异。这种现象在江河、湖泊中称"水花"或"水华"，在海洋中则叫作"赤潮"或"红潮"。

引起富营养化的物质，主要是浮游生物增殖所必需的碳、氮、磷、硫、镁、钾等 20 多种元素，以及维生素（B_{12}）、腐殖质等有机物。研究表明，铁、锌、锰、铜、硼、钼、钴、碘、钒等是植物生长、繁殖所不可缺少的元素。

3.4.2　富营养化的危害及其清除

（1）富营养化会使水中藻类恶性繁殖。大多数种类的蓝藻会使水产生霉味和腥臭味，许多种藻类还会产生毒素，可富集在水生生物体内，并通过食物链影响人类的健康。

（2）藻类死亡腐败后被微生物分解，消耗大量溶解氧，严重影响鱼类的生存。

（3）含有大量藻体可使水流变缓，长期下去大量藻类遗体可使河流和湖泊变浅、淤塞，最终成为沼泽地。

1992 年联合国《关于洗涤剂中磷酸盐及其替用品的研究报告》指出，降低水体中磷负荷的主要措施有：① 禁（限）用含磷洗衣粉。② 将污水引排到对富营养化不敏感的水域中。③ 加强生活污水的三级处理。

磷酸盐作为合成洗涤剂的有效助洗剂，目前尚未能找到性能、价格上优于其他的代用品，替代品中较好的是 4A 沸石、柠檬酸钠、层状硅酸盐等，国际上公认较好的是 4A 沸石。我国大多数地区水质硬度较高，使用无磷洗衣粉效果较差。

实际上，湖泊富营养化现象的发生及对污染源的控制是一个十分复杂的过程，洗衣粉禁磷的措施虽然对缓解湖泊富营养化进程有一定积极作用，但仅能削减磷负荷的一小部分（10%～20%），收效甚微，而生活污水的三级处理可削减磷负荷的 90%以上，是消除水域富营养化的最有效的途径。

3.4.3　富营养化的来源

1）生活污水

生活污水中常含有一定量的氮、磷等营养物，大部分是来自人类的排泄物和洗涤剂。生活污水中的氮，主要来自人体食物中蛋白质代谢的产物。新鲜生活污水中的有机氮约占 60%，氨态氮约占 40%，硝酸态氮仅微量，陈旧生活污水中有机氮转变成氨态氮而使其比例上升。人体代谢废物中还含有磷，特别是 20 世纪 50 年代以来含磷合成洗涤剂的大量使用，使生活污水中的磷含量急剧上升。

2）工业废水

工业废水也是水中氮、磷的重要来源，不少工厂在生产过程中会产生含氮、磷的废水。如焦化厂、化肥厂、石油化工厂、纺织印染厂、制药厂等废水中均含有大量氮，而食品加工、发酵、鱼品加工、化肥、洗涤剂生产、金属抛光等工厂的废水中含有大量的磷。

3）农业排水

农田中施用的氮、磷肥料，除一部分真正被农作物吸收利用外，其余的被土壤吸附、残留和溶于水中，相当一部分通过雨水冲淋入江河、湖泊。据统计，农田中施用的氮肥的30%、磷肥的5%会流失。

4）家畜排水

大量饲养家畜、家禽，其废弃物和排泄物中含有大量氮、磷，随着雨水的冲刷，大量进入水体。如以单位个体计，牛排泄物的污染量约为人体排泄物污染量的4倍。

5）水产养殖

水产养殖业的发展，由于残饵、悬浮物以及鱼类的排泄物、粪便的污染，引起了养殖场和其周围水域的水质、底泥的环境恶化及水中氮、磷含量的增加。

6）大气

来自大气的氮和磷，与人类活动有着密切的关系，通过雨水而进入水体。大气中的氮，以硝酸盐态为主，其次为亚硝酸盐及氨态氮，磷酸盐也有一定的浓度。

7）底泥

在底泥表层或其卜面的新生沉积物中所含的氮、磷，直接或通过底泥粒子间的间隙水等溶入水中，形成二次污染源。

氮、磷的溶出，机理上有所不同。氮依靠细菌的作用，在间隙水中溶出，溶出的溶解态无机氮在底泥表面的水层中进行扩散。在贫氧水中，以氨态氮溶出为主；在富氧水中，则以硝酸态氮为主，其溶出速率前者快。底泥中的磷，主要是无机态的正磷酸盐占大部分，形成钙、铝、铁等不溶性盐类，在接近底泥表面的水中有充分的溶解氧时，正磷酸盐不溶出；反之，溶解氧不充分时，磷就溶出，底泥中磷酸铁的减少和磷的溶出量成比例。

3.4.4　水体富营养化形成过程

1）水体中的藻类

藻类作为富营养化污染的主体，可分为四种类型，它们是：蓝绿藻类、绿藻类、硅藻类和有色鞭毛虫类。

蓝绿藻类呈蓝绿色，一般在早秋季节容易萌生，并以水体中有机物富集、硅藻类繁生等现象作为其产生的先兆。蓝绿藻体内含有气体乃至油珠，所以能漂浮在水面，并在水和大气界面间形成"毯子"状隔绝体。这种藻类体上不附有鞭毛，所以游动能力较差。当水体处于富营养化状态时，水面上原先占优势的硅藻逐渐消失而转为以蓝绿藻为主体的态势。蓝绿藻类含胶质外膜，不适于作为鱼类食物，甚至还可能含有一定的毒性。

绿藻类通常在盛夏季节容易大量萌生，这些藻类细胞中含有叶绿素，所以外观呈现绿色。同蓝绿藻一样，常漂浮在水面。这种藻类体上附有鞭毛，所以有一定的游动能力。

硅藻类是单细胞藻类，体上不长鞭毛。一般在较冷季节容易繁生，也能在水下越冬生长。它们一般生长在水面处，但在水体的任何深度，甚至在水底都能发现它们的存在。硅藻还能依附在水生植物的茎叶表面，使这些植物外观呈现浅棕色。在某些条件下，还能与其他藻类混杂一起。在水底岩石或岩屑表面常有一层又黏又滑的附着层，也是附生在其上的硅藻。

有色鞭毛虫类是因其有发达的鞭毛而得名，它除了具有通过光合作用合成原生质的藻类的固有机能外，还具有原生动物的浮游本领。这种藻类的繁生季节一般在春季（可因水域而异），可在任何深度的水体内活动，但多数生长在水面之下。

2）水体中的营养物

对水体中的藻类来说，营养物质是指那些促进其生长或修复其组织的能源性物质。关键性的营养物质是氮和磷的各种化合物。此外，微量的营养物质是指镁、锌、钼、硼、氯、钴等元素的化合物。人们只是对水体中的氮、磷营养物质进行了较长期的深入研究，除了它们在富营养化污染上起着关键作用外，还因为在农业生产中长期使用肥料，在近代生活中大量应用合成洗涤剂，其主要成分都是氮和磷的化合物。另外，以微量元素为研究对象时，其分析、测定、研究等方面还存在着许多困难也是原因之一。

水体中所含氮化合物有多种形态，包括有机氮、氨态氮、亚硝酸盐氮、硝酸盐氮等。多种形态的含氮化合物在水体中可能发生相互转化，但藻类优先摄取的可能是氨态氮。水体中所含磷化合物也有多种化学形态，且在水体中各种形态间也会发生相互转化，但藻类优先摄取的可能是可溶性正磷酸盐。

水体中氮、磷营养物质的最主要来源有：雨水、农业污水、城市污水、工业废水以及城镇、乡村的径流和地下水等。大面积湖水和水库中水从雨水接纳氮、磷营养物质的数量是相当大的。天然固氮作用和化肥的使用，使土壤中积累了相当数量的营养物质，可随农用排水或雨水淋洗流入邻近的水体；饲养家畜所产生的废物中也含有相当高浓度的营养物质；城市污水中所含氮、磷的来源主要是粪便和合成洗涤剂。通常水体中营养物质的分布取决于季节及生物活动能力。

水体中 N、P 浓度的比值与藻类增殖密切相关。我国学者研究发现，湖水中 N 与 P 浓度比值范围为（11.8～15.5）：1（均值为 12：1）时，最有利于藻类生长。但磷对水体的富营养化作用大于氮，当水体中磷供给充足时，藻类可以得到充分增殖。值得指出的是，即使有大量磷存在，当氮含量太低时，仍然不足以造成富营养化。当缺乏 CO_2 时，即使有足够量的磷和氮也仍然不能造成富营养化，这就是生物诸营养要素之间综合作用又相互制约关系。

3.4.5　富营养化的防治

排入水体的氮、磷的人为因素与生活污水和工业废水的排放有关，因此使用低磷或无磷洗涤剂和肥皂，恰当处理食物残渣，加强水产养殖的管理，限制污染源排水，对污水进行深度处理，都是减少污染的可用方法。其中使用各种物理化学和生物化学的方法去除污水中的氮和磷，是防治富营养化最主要的方法。

1）氮的处理

排出的污水中，氮主要以蛋白质、氨基酸之类的有机态氮和氨态氮、硝酸态氮（包括硝酸盐和亚硝酸盐）存在，水中氮的去除最理想的产物应该是氮气。物理化学法只能去除废水中的氨态氮，其他形态的氮无法去除。常用的物理化学去氮法有加氯气法、吹脱法、选择性离子交换法等。

生物脱氮是最有效的脱氮技术。生活污水的含氮物质主要是有机氮和氨态氮，生活污水中的生物脱氮通常包括以下三个基本过程：

（1）由于活性污泥或生物膜微生物的生长，使污水中的有机氮转化为氨态氮。

（2）氨态氮通过硝化作用被硝化细菌转化成硝态氮。

（3）通过反硝化细菌将硝态氮转化为氮气（或氧化亚氮），并进入大气。

2）磷的处理

目前多数情况下，磷被认为是引起富营养化的主要物质。在除磷方法中，物理化学除磷法常用来弥补生化处理时除磷的不足。其中最广泛使用的是化学沉淀法，即加入沉淀剂以生成难溶性的磷酸盐或羟基磷酸盐沉淀，进行分离从而去除水中的磷。化学法除磷简便易行，适合水量小、水质成分波动大的含磷废水处理。然而除磷沉淀后污泥量很大，难以处置，因此物理化学除磷法成本较高。

生物除磷法，即活性污泥过量除磷，主要假说为生物诱导的化学沉淀作用和生物积磷作用。其原理是由于污泥微生物的代谢作用，导致微环境发生变化，使废水中的溶解性磷酸盐转化成难溶化合物沉积于污泥上，从而随剩余污水的排放一起去除。

3.5　水污染防治对策和控制技术

3.5.1　水污染的防治对策

控制废水的技术措施有：

（1）合理用水，减少排污。

（2）改进生产工艺，减少废水排放，发展"绿色工艺"。

（3）对废水进行处理后再排放（废水处理）。

①建立污水处理厂，对城市生活污水和工业废水进行处理后再决定排放或是加以利用。

②应用土壤处理系统（让污水通过土壤、草地过滤后进行牧草灌溉、林地灌溉）、生物净化等自然净化污水技术。在污水水质达标后再排放或引灌森林、风景地、草地及经济作物、饲料作物、工业用粮等。

3.5.2　水污染的控制技术

1）物理法

通过物理或机械作用去除废水中不溶解的悬浮固体或油品。主要处理技术有：过滤、沉淀、离心分离、气浮等。

2）化学法

在污水中加入化学物质，通过化学反应改变废水中污染物的化学性质或物理性质，使之发生化学或物理状态的变化，进而从水中分离并除去，回收污水中的有用物质或将有害物质转变为无害物质。主要处理技术有：中和、氧化、还原、分解、絮凝、化学沉淀等。

3）物理化学法

运用物理和化学的综合作用使废水得到净化，主要处理技术有：汽提、吹脱、吸附、萃取、离子交换、电解、电渗析、反渗析等。

4）生物法

生物法是利用微生物的代谢作用，使污水中呈溶解和胶体状态的有机污染物氧化降解成无害物质，使污水得以净化的方法。主要处理技术有：活性污泥、生物膜、生物滤池、生物转盘、氧化塘、厌氧消化等。

（1）活性污泥法：向曝气池中的污水不断地注入空气，维持水中有足够的溶解氧，经过一段时间后，污水中即生成一种絮凝体。这种絮凝体由大量繁殖的微生物构成，能够吸附水中的有机物，易于沉淀分离，使污水得以澄清，这就是"活性污泥"。

（2）氧化塘（又称稳定塘或生物塘）：是一种类似池塘（天然或人工修建的）的处理设施。氧化塘净化污水的过程和天然水体的自净过程很相似，污水在塘内经长时间缓慢流动和停留，通过微生物（细菌、真菌、藻类和原生动物）的代谢活动，使有机物降解，污水得以净化。

（3）生物膜：好氧附着生长系统是使细菌等好氧微生物和原生动物、后生动物等好氧微型动物附着在某些物料载体（如碎石、炉渣等）上进行生长繁殖，形成生物膜。污水通过与膜的接触，水中的有机污染物作为营养被膜中生物摄取并分解。从物料载体上脱落下来的死亡生物膜随污水进入沉淀池，从而使污水得到净化。这种处理技术代表性的处理工艺有生物滤池、生物转盘和生物接触氧化等。

（4）厌氧生物处理：是在无氧的条件下，利用兼性菌和厌氧菌分解有机物的一种生物处理法，由于有机物厌氧处理的最终产物是以甲烷为主体的可燃气体，可以作为能源回收利用；处理过程中产生的剩余污泥量较少且易于脱水浓缩，可作为肥料使用，运转费也远比好氧生物处理低。最近的研究结果表明，厌氧生物处理技术不仅适用于污泥稳定处理，而且适用于高浓度和中等浓度有机废水的处理。

3.5.3　水污染处理基本工艺流程

按照水质状况及处理后出水的去向确定其处理程度，污水处理一般可分为一级、二级和三级处理。污水处理的基本流程可见图 3-6。

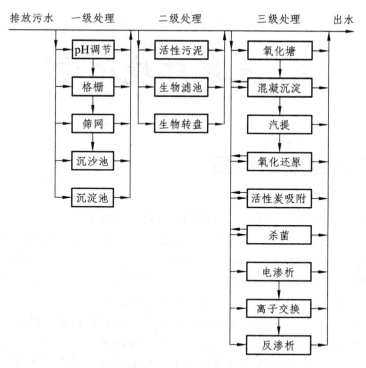

图 3-6　污水处理工艺流程

4 土壤环境化学

4.1 土壤的组成与性质

  土壤是指陆地地表具有肥力并能生长植物的疏松表层物质，它处在岩石圈最外面，具有支持植物和微生物生长繁殖的能力，被称为土壤圈。土壤的上界面直接与大气圈和生物圈相接，下界面主要与岩石圈及地下水相连，生物圈的主要组成部分——植物则植根于土壤中。土壤在整个地球环境系统中占据着特殊的空间地位，是联系无机界和有机界的纽带，它介于生物界与非生物界之间，是地球上一切生物赖以生存的基础。

  土壤圈是处于大气圈、水圈、岩石圈和生物圈之间的过渡地带，是联系有机界和无机界的中心环节。它与地球的直径相比，只不过相当于一层薄纸，但它是农业生产的基础，是人类生活的一项极其宝贵的自然资源。土壤还具有同化和代谢外界进入土壤的物质的能力，所以土壤又是保护环境的重要净化剂。

  土壤曾被认为具有无限抵抗人类活动干扰的能力。其实土壤也是很脆弱又容易被人类活动所损害的环境要素。例如，每年数十亿吨地下矿藏被采掘出来，造成的土壤污染是显而易见的。大量化石燃料的燃烧，造成大气中 CO_2 过量而引起的全球气候变暖；全球雨量分布发生变化，使肥沃的土壤变得干旱荒芜；将土地变成有毒化学品的堆放地；大量农药和化肥施入土壤，不仅造成土壤污染而且造成地下水和地表水污染，直接危及人类的健康。

  因此，为了使土壤圈永远成为适宜人类生存的良好环境，保护土壤环境是每个人义不容辞的责任，也是环境化学要研究的关键问题之一。土壤环境污染化学就是研究和掌握污染物在土壤中的分布、迁移、转化与归趋的规律，为防治土壤污染奠定理论基础。

4.1.1 土壤的形成和剖面形态

4.1.1.1 土壤的形成

  土壤是在地球表面岩石的风化过程和土壤母质的成土过程两者的综合作用下形成的。

  裸露在地表的岩石，在各种物理、化学和生物因素的长期作用下，逐渐被破坏成疏松、大小不一的矿物颗粒，此过程称为岩石的风化过程。岩石风化形成土壤母质，并产生某些特性，如透水性、保水性和通气性，且含有少量可溶性矿物元素，这些特性是岩石所不具备的。这时形成的土壤母质因不含氮素，不具备绿色植物生长所必需的肥力条件，所以土壤母质并不等于土壤。

　　土壤母质在一定的水、热条件和生物作用下，通过一系列的物理、化学和生物化学作用形成土壤。土壤具有不断供应、协调植物生长发育必需的水分、养分、空气和热量的能力，即土壤肥力。土壤具有肥力，是土壤区别于其他自然体的最本质的特征。土壤的形成过程是漫长而又复杂的过程，其主要影响因素有母质、生物、气候、地形和时间，其中生物是土壤形成的主导因素，包括植物、土壤微生物、土壤动物。在以生物为主的综合因素作用下，土壤母质发展肥力，从而形成土壤的过程称为成土过程（图 4-1）。

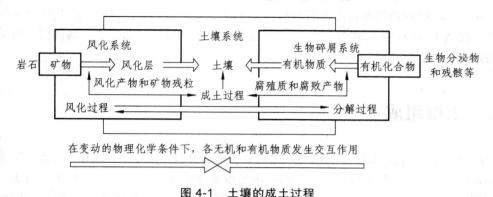

图 4-1　土壤的成土过程

4.1.1.2　土壤剖面形态

　　典型土壤随深度呈现不同的层次。图 4-2 为直接发育于基岩之上的基本的综合土壤剖面。

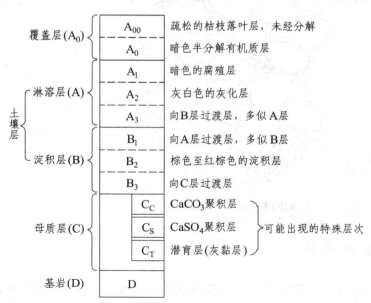

图 4-2　自然土壤的综合剖面图（南京大学，1980）

　　土壤剖面的顶部由风化最强烈的岩屑组成，是直接暴露于地表的土层，叫覆盖层。该层含有的生物残体也是最多的。当降水向下透过该层下渗过程中，水可以溶解性可溶矿物质并将它们带走，这一过程称为淋溶过程。因此，A 层包括覆盖层和淋溶层。尤其是在较干旱的气候区，从 A 层淋溶出的许多矿物积累于其下的 B 层，B 层也称为淀积层。B 层土壤受地表成土过程影响稍小，来自地表的有机质混入 B 层中的也较少。B 层之下是主要由粗大的基岩碎块和极少的其他物质组成的 C 层。C 层与通常想象的土壤一点也不一样。基岩或母质本身有时也称为 R 层。假使土壤剖面底部没有基岩，而是被搬运过的淀积层，同样可划分为 A、B、C 层。

相邻土层之间的界线可以是清晰的，也可是模糊的。有时候，一个土层还可以分成几个亚层。例如，A 层的顶部可以由含有机质特别丰富的顶土层组成，因而可将其单独分出，称为 O 层。在 A 层和 B 层或 B 层和 C 层之间也可存在逐渐过渡的亚层。土壤剖面也可局部缺失一个或多个土层。

4.1.2 土壤组成

土壤是由固体、液体和气体三相共同组成的疏松多孔体（图 4-3）。固相指土壤矿物质（原生矿物和次生矿物质）和土壤有机质，两者占土壤总量的 90%～95%。液相指土壤水分及其中的可溶物，两者合称为土壤溶液。气相指土壤空气。土壤中还有数量众多的细菌和微生物，一般作为土壤有机物而视为土壤固相物质。

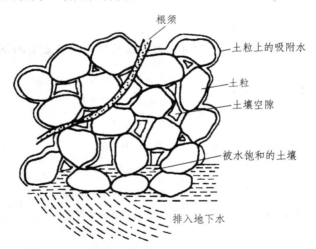

图 4-3 土壤中固、液、气相结构图（S. F. Manahan，1984）

4.1.2.1 土壤矿物质

土壤矿物质是岩石经过物理风化和化学风化作用形成的。按其成因可分为原生矿物和次生矿物。原生矿物是各种岩石（主要是岩浆岩）受到程度不同的物理风化而未经化学风化的碎屑物，其原来的化学组成和结晶构造都没有改变。次生矿物大多数是由原生矿物经风化后重新形成的新矿物，其化学组成和构造都有所改变而不同于原来的原生矿物。在土壤形成过程中，原生矿物以不同的数量与土壤中的次生矿物混合存在，成为土壤矿物质。

1）土壤中原生矿物

土壤中最主要的原生矿物有四类：硅酸盐类矿物、氧化物类矿物、硫化物类矿物和磷酸盐类矿物。数量最多的石英和长石构成土壤的砂粒骨架，而云母、闪角石类则为植物提供许多无机营养物质。其中硅酸盐类矿物占岩浆岩质量的80%以上。

（1）硅酸盐类矿物：长石类、云母类、辉石类和角闪石类等矿物，容易风化而释放出K、Na、Ca、Fe、Mg和Al等元素，可供植物吸收，同时形成新的次生矿物。

（2）氧化物类矿物：主要包括石英（SiO_2）、赤铁矿（Fe_2O_3）、金红石（TiO_2）、蓝晶石（Al_2SiO_5）等。

（3）硫化物类矿物：土壤中通常只有铁的硫化物，即黄铁矿和白铁矿，二者是同质异构物，分子式均为Fe_2S，极易风化，成为土壤中硫元素的主要来源。

（4）磷酸盐类矿物：土壤中分布最广的是磷灰石，包括氟磷灰石和氯磷灰石两种，其次是磷酸铁、铝以及其他磷的化合物，是土壤中无机磷的重要来源。

2）土壤中的次生矿物

土壤中次生矿物的种类很多，不同的土壤所含次生矿物的种类和数量也不尽相同。通常根据其性质和结构可分为：简单盐类、三氧化物类和次生铝硅酸盐类。

（1）简单盐类：如方解石（$CaCO_3$）、白云石[Ca、$Mg(CO_3)_2$]、石膏（$CaSO_2 \cdot 2H_2O$）等，是原生矿物化学风化的最终产物，结晶构造都较简单，常见于干旱和半干旱地区的土壤。

（2）三氧化物：如针铁矿（$Fe_2O_3 \cdot H_2O$）、褐铁矿（$2Fe_2O_3 \cdot 3H_2O$）等，是硅酸盐类矿物彻底风化的产物，常见于湿热的热带和亚热带地区的土壤中，特别是基性岩（玄武岩、安山岩和石灰岩）上发育的土壤中含量最多。

（3）次生铝硅酸盐类：由长石等原生硅酸盐矿物风化后形成，是构成土壤黏粒的主要成分，故又称黏土矿物或黏粒矿物。可细分为伊利石、蒙脱石和高岭石。

3）土壤矿物质的粒级

土壤矿物质的粒级划分是按粒径的大小将土粒分为若干组，称为粒组或粒级。粒级的划分标准及详细程度主要有3种，即国际制、苏联制和美国制。

（1）石块和石砾：多为岩石碎块，直径大于1 mm。山区土壤和河漫滩土壤中常见。

（2）砂粒：主要为原生矿物，大多为石英、长石、云母、角闪石等，其中以石英为主，粒径为1~0.05 mm。在冲积平原土壤中常见。

（3）黏粒：主要是次生矿物，粒径小于0.001 mm。含黏粒多的土壤，营养元素含量丰富，团聚能力较强，有良好的保水、保肥能力，但土壤的通气和透水性较差。

（4）粉粒：也称为面砂，是原生矿物与次生矿物的混合体。原生矿物有云母、长石、角闪石等，其中白云母较多；次生矿物有次生石英，高岭石，含水氧化铁、铝，其中次生石英较多。粒径为0.05~0.005 mm。粉粒的物理及化学性状介于砂粒与黏粒之间。团聚、胶结性差，分散性强，保水、保肥能力较好。

4.1.2.2　土壤有机质

土壤有机质是土壤中含碳有机化合物的总称，包括腐殖质、生物残体及土壤生物，其中腐殖质是其主要组成部分。土壤腐殖质是土壤环境中的主要有机胶体，对土壤环境特性、性质及污染物在土壤环境中的迁移、转化等过程起着重要作用。土壤有机质是土壤形成的主要标志。土壤有机质包括：

（1）非特殊性的土壤有机质，包括动植物残体的组成部分以及有机质分解的中间产物，如蛋白质、树脂、糖类、有机酸等，占土壤有机质总量的 10%～15%。

（2）土壤腐殖质，是土壤特有的有机物质，占土壤有机质总量的 85%～90%，主要是动植物残体通过微生物作用，发生复杂转化而成。

（3）土壤生物，包括土壤微生物（如细菌、放线菌、真菌和藻类等）、土壤微动物（如原生动物、蠕虫和节肢动物等）和土壤动物（如两栖类、爬行类等）。土壤生物是土壤环境的重要组成成分和物质、能量转化的重要因素；是土壤形成、养分转化、物质迁移、污染物的降解、转化、固定的重要参与者；主导着土壤有机质转化的基本过程；是土壤有机质的重要来源；是净化土壤有机物的主力军。

4.1.2.3　土壤水分

土壤水分是土壤的重要组成部分，主要来自大气降水、降雪和灌溉。在地下水位接近地面（2～3 m）的情况下，地下水也是上层土壤水分的重要来源。此外，空气中水蒸气遇冷凝结成为土壤水分。

水进入土壤以后，由于土壤颗粒表面的吸附力和微细孔隙的毛细管力，可将一部分水保持住，但不同土壤保持水分的能力不同。砂土由于土质疏松，孔隙大，水分容易渗漏流失；黏土土质细密，孔隙小，水分不容易渗漏流失（图 4-4）。气候条件对土壤水分含量影响也很大。土壤水分并非纯水，实际上是土壤中各种成分和污染物溶解形成的溶液，即土壤溶液。因此土壤水分既是植物养分的主要来源，也是进入土壤的各种污染物向其他环境圈层（如水圈、生物圈等）迁移的媒介。

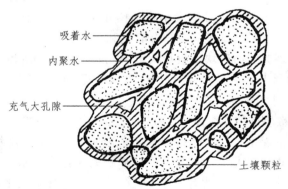

图 4-4　与土粒和充气大孔隙有关的吸着水和内聚水关系的图解（H. D. 福斯，1988）

4.1.2.4　土壤空气

土壤孔隙中所存在的各种气体的混合物称为土壤空气。以 O_2、N_2、CO_2 及水汽等为主要成分；其次是由于土壤进行生物化学作用产生的气体，如 H_2S、NH_3、NO_2、CO 等；另外一些醇类、酸类以及其他挥发性物质通过挥发作用也进入土壤。土壤空气存在于未被水分占据的土壤孔隙中。土壤空气组成与大气基本相似，其差异是：① 土壤空气存在于相互隔离的土壤孔隙中，是一个不连续的体系；② 土壤空气一般比大气含水量更高；③ 在 O_2、CO_2 含量上有很大的差异。土壤空气中 CO_2 含量比大气中高得多，大气中 CO_2 含量为 $0.02\% \sim 0.03\%$，而土壤空气中一般为 $0.15\% \sim 0.65\%$，甚至高达 5%，这主要是由于生物呼吸作用和有机物分解而产生。土壤空气中氧的含量低于大气。

4.1.3 土壤性质

4.1.3.1 土壤的吸附性

土壤中因含有土壤胶体而具有吸附性。土壤胶体是指土壤中具有胶体性质的微细颗粒，土壤中含有无机胶体和有机胶体以及有机与无机的复合胶体。无机胶体包括黏土矿物和各种水合氧化物；有机胶体主要是腐殖质，还有少量的木质素、多糖类和蛋白质及肽等高分子有机化合物。胶体的基本特征是具有较大的比表面积，同时表面带有电荷。土壤胶体因具有巨大的比表面积而具有很大的表面能，通过物理吸附作用使土壤具有吸附性。

另一方面，土壤胶体因带有电荷，通过离子交换吸附的方式也使土壤具有吸附性。土壤胶体的离子交换吸附作用包括阳离子交换吸附作用和阴离子交换吸附作用。土壤胶体的吸附性对污染物在土壤中的迁移、转化有着重要的作用。

4.1.3.2 土壤的酸碱性

土壤是一个复杂体系，其中存在着各种化学和生物化学反应，因而土壤表现出不同的酸性或碱性（表 4-1）。土壤的酸碱性直接影响土壤环境中物质的存在形态和迁移转化，影响土壤微生物的活性，影响有机污染物的分解强度和速率。此外，土壤酸度过大或碱度过大可直接影响植物的生长发育等。正常土壤的 pH 在 $5 \sim 8$ 之间，中性土壤的 pH 为 $6.5 \sim 7.0$。

表 4-1 土壤酸碱度分级

酸碱度分级	pH	酸碱度分级	pH
极强酸性	<4.5	弱碱性	$7.0 \sim 7.5$
强酸性	$4.5 \sim 5.5$	碱　性	$7.5 \sim 8.5$
酸　性	$5.5 \sim 6.0$	强碱性	$8.5 \sim 9.5$
弱酸性	$6.0 \sim 6.5$	极强碱性	>9.5
中　性	$6.5 \sim 7.0$		

1）土壤酸度

土壤酸度指土壤溶液中氢离子的浓度，通常用 pH 表示。根据土壤中 H^+ 的存在方式不同，可将土壤酸度分为两大类：活性酸度和潜性酸度。

（1）活性酸度是指土壤溶液中氢离子所显示的酸度，又称有效酸度，常用蒸馏水浸提土壤所测得的 pH 表示。土壤溶液中氢离子主要来源于土壤中 CO_2 溶于水形成的碳酸和有机物质分解产生的有机酸，以及土壤中矿物质氧化产生的无机酸，还有施用的无机肥料中残留的无机酸，如硝酸、硫酸和磷酸等。此外，大气污染所形成的大气酸沉降，也会使土壤酸化。

（2）土壤潜性酸度来源于土壤胶体吸附的可代换性 H^+ 和 Al^{3+}、Fe^{3+}。这些离子处于吸附态时不表现出酸性，当被其他阳离子交换出来进入土壤溶液后才表现出酸性，故称为潜性酸度。例如，用过量中性盐（如 KCl 或 NaCl）溶液淋洗土壤，把土壤胶体上吸附着的氢离子（包括 Al^{3+}、Fe^{3+}）代换出来，使土壤溶液显酸性。若以浸出液的 pH 来表示，即称为代换性酸度。

2）土壤碱度

土壤溶液中 OH^- 主要来源于碱金属（Na、K）及碱土金属（Ca、Mg）的碳酸盐和碳酸氢盐以及土壤胶体上交换性 Na^+ 的水解作用。

4.1.3.3　土壤的缓冲性能

土壤的缓冲性能是指土壤具有缓和其酸碱度发生激烈变化的能力，它可以保持土壤反应的相对稳定，为植物生长和土壤生物的活动创造比较稳定的生活环境，所以土壤的缓冲性能是土壤的重要性质之一。一般土壤缓冲能力的大小顺序是：腐殖质土>黏土>砂土。分为：① 土壤溶液的缓冲作用；② 土壤胶体的缓冲作用。

4.1.3.4　土壤的氧化-还原性

土壤中存在着许多具有氧化性或还原性的有机物和无机物，因而使土壤具有氧化-还原特性（表 4-2）。土壤中的主要氧化剂有氧气、NO_3^- 和高价金属离子；土壤中的主要还原剂有有机质和低价金属离子。土壤中植物的根系和土壤生物也是土壤发生氧化还原反应的重要参与者。

表 4-2　土壤的氧化-还原性

体　系	氧化态	还原态
铁体系	Fe（Ⅲ）	Fe（Ⅱ）
锰体系	Mn（Ⅳ）	Mn（Ⅱ）
硫体系	SO_4^{2-}	H_2S
氮体系	NO_3^-	NO_2^-
	NO_3^-	N_2
	NO_3^-	NH_4^+
有机碳体系	CO_2	CH_4

4.1.3.5　土壤的自净作用

在土壤中，有空气中的氧作为氧化剂，有水作为溶剂，有大量的胶体表面吸附各种物质并降低它们的反应活化能；此外，还有各种各样的微生物，它们产生的酶对各种结构的分子分别起到特有的降解作用。这些条件加在一起，使得土壤具有优越的自身更新能力。土壤的这种自身更新能力，称为土壤的自净作用。

当污染物进入土壤后，就能经生物和化学降解变为无毒无害物质；或通过化学沉淀、配合和螯合作用、氧化-还原作用变为不溶性化合物；或是被土壤胶体吸附较牢固、植物较难加以利用而暂时退出生物小循环，脱离食物链或被排除至土壤之外。

土壤的自净能力取决于土壤的物质组成和其他特性，也和污染物的种类与性质有关。不同土壤的自净能力（即对污染物质的负荷量或容纳污染物质的容量）是不同的。土壤对不同污染物质的净化能力也是不同的。一般来说，土壤自净的速度是比较缓慢的。

土壤的自净作用按其机理不同分为物理净化、物理化学净化、化学净化、生物净化。

1）物理净化

利用土壤疏松多孔的特点，通过吸附、挥发、稀释等物理作用使土壤污染物趋于稳定，毒性或活性减少，甚至排出土壤的过程。该过程只是使污染物分散、稀释、转移，不能减少污染物的问题，有时还会使其他环境介质受到污染。

2）物理化学净化

它是指污染物的阴阳离子与土壤胶体上吸附的阴阳离子之间的离子交换吸附作用。污染物的阴阳离子被交换吸附到土壤胶体上，降低了土壤溶液中这些离子的浓度，相对减轻了有害离子对植物生长的不利影响，但没有从根本上消除污染物。它是可逆的、暂时的、不稳定的，是污染物在土壤中的累积过程，将产生更严重的潜在威胁。

3）化学净化

主要通过溶解、氧化、还原和沉淀等过程使污染物转化为难溶、难解离或低毒的形式，并不改变土壤的结构。化学性质稳定的物质难以被净化；重金属只能发生凝聚沉淀反应、氧化还原、配合、整合、置换反应，不能被降解；某些农药可通过化学净化作用消除。

4）生物净化

它是指污染物在微生物及酶的作用下通过生物降解，被分解为简单的无机物而消散的过程，是土壤最重要的净化功能。

4.2　土壤环境污染

土壤环境污染的产生是由于过量的有毒有害物质通过一定途径（人为影响、意外事故或自然灾害）进入土壤，使土壤环境质量下降，土壤的结构和功能遭到破坏，它直接或间接地危害人类的生存和健康。

4.2.1　土壤环境污染的基本概念

4.2.1.1　土壤环境容量

土壤环境容量是针对土壤中的环境污染物而言的，是指土壤环境单元所容许承纳的污染物质的最大数量或负荷量。土壤环境容量实际上是土壤污染起始值和土壤所含污染物的本底值之差值。若以土壤环境标准作为土壤污染起始值（即土壤环境的最大允许值），则土壤的环境容量等于土壤环境标准值减去土壤的本底值。此值为土壤环境的基本容量，也称土壤环境的静容量。不同土壤其环境容量是不同的，同一土壤对不同的污染物的容量也是不同的。

4.2.1.2　土壤环境污染

土壤环境污染是指人类活动产生的环境污染物进入土壤并积累到一定程度，引起土壤环境质量恶化的现象，简称土壤污染。衡量土壤环境质量是否恶化的标准是土壤环境质量标准。土壤环境污染的实质是通过各种途径输入的环境污染物，其数量和速度超过了土壤自净作用的数量和速度，破坏了自然动态平衡而导致土壤自然正常功能失调，土壤质量下降，影响作物的生长发育，导致产量和质量下降；也包括由于土壤污染物质的迁移转化引起大气或水体污染，并通过食物链，最终影响人类的健康。

4.2.1.3　土壤环境污染的特点

1）隐蔽性和潜伏性

土壤环境污染不像大气与水体污染那样容易为人们所觉察，其后果要通过长期摄食由污染土壤生产的植物产品的人体和动物的健康状况才能反映出来。当土壤将有害物输送给农作物，再通过食物链而损害人畜健康时，土壤本身可能还继续保持其生产能力而经久不衰，这就充分体现了土壤污染损害的隐蔽性和潜伏性。这也使认识土壤环境污染问题的难度增加了，以致污染危害持续发展。

2）不可逆性和长期性

污染物进入土壤环境后，便与复杂的土壤组成物质发生一系列迁移转化作用。多数无机污染物，特别是金属和微量元素，都能与土壤有机质或矿物质相结合，并长久地保存在土壤中。无论它们怎样转化，都很难重新离开土壤，这成为一种最顽固的环境污染问题。

3）后果严重性

土壤污染直接导致食物品质下降，影响作物的品质。如污水灌溉已使蔬菜的味道变差、易烂，甚至出现难闻的异味，严重影响人们的健康。

4）难治理性

土壤污染一旦发生，仅仅依靠切断污染源很难恢复，有时要靠换土、淋洗土壤等方法才能解决，其治理成本很高，周期较长。

4.2.1.4　土壤污染物质

土壤污染物质是指进入土壤中并足以影响土壤环境正常功能、降低作物产量和生物学质量，有害人体健康的那些物质。其中主要是指城乡工矿企业所排放的对人体、生物体有害的

"三废"物质，以及化学农药、病原微生物等。根据污染物性质，可把土壤污染物质大致分为无机污染物和有机污染物、放射性污染物和病原菌污染物。

1）有机污染物

其中数量较大而又比较重要的是化学农药，主要是有机氯、有机磷、有机氮、氨基甲酸酯类、苯氧羧酸类和苯酰胺类农药等。此外，还有洗涤剂、酚、多环芳烃、多氯联苯、石油和有害微生物等。

2）无机污染物

它主要包括化学废料、酸碱污染物和重金属污染物三种。如镉、汞、铬、铜、锌、铅、镍和砷等来自工矿企业和汽车废气沉降；硫酸盐过多会使土壤板结，改变土壤结构；氯化物和可溶性碳酸盐过多会引起土壤盐渍化，肥力降低。

3）放射性物质

它主要指来源于大气层中核爆炸降落的裂变产物和部分原子能机构排出的液体和固体放射性废弃物。在土壤中生存期长的放射性元素以 ^{137}Cs、^{90}Sr 为主。土壤一旦被放射性物质污染就难以自行消除，只能等它们通过自然衰变为稳定元素消除其放射性。放射性元素可通过食物链对人畜产生放射病，能致畸、致突变、致癌等。

4）病原菌污染物

主要包括病原菌、病毒等，来源于人畜的粪便及用于灌溉的污水，特别是传染病医院未经消毒处理的污水和污物。病原菌污染物不仅危害人类的健康且造成植物减产。

4.2.2　土壤环境污染的主要途径

土壤环境污染物质可以通过多种途径进入土壤，其主要发生类型可归纳为以下四种。

1）水体污染型

工矿企业废水和城市生活污水未经处理，不实行清污分流就直接排放，使水系和农田遭到污染。尤其是缺水地区，引用污水灌溉，使土壤受到重金属、无机盐、有机物和病原体的污染。污水灌溉的土壤污染物质一般集中于土壤表层，但随着污灌时间的延长，污染物质也可由上部土体向下部土体扩散和迁移，以致达到地下水深度。水污染型的污染特点是沿河流或干支渠呈枝形片状分布。

2）大气污染型

污染物质来源于被污染的大气，其特点是以大气污染源为中心呈环状或带状分布，长轴沿主风向伸长。其污染的面积、程度和扩散的距离，取决于污染物质的种类、性质、排放量、排放形式及风力大小等。由大气污染造成的土壤污染的特征是：污染物质主要集中在土壤表层，主要污染物是大气中的二氧化硫、氮氧化物和颗粒物等，它们通过沉降和降水而降落地面。大气中的酸性氧化物如 SO_2、NO_x 形成的酸沉降可引起土壤酸化，破坏土壤的肥力与生态系统的平衡；各种大气颗粒物，包括重金属、非金属有毒有害物质及放射性散落物等多种物质，可造成土壤的多种污染。

3）农业污染型

污染物质主要集中在表层和耕层，其分布比较广泛，属面源污染。污染物主要来自施入土壤的化学农药和化肥，其污染程度与化肥、农药的数量、种类、利用方式及耕作制度等有关。有些农药如有机氯杀虫剂 DDT、六六六等在土壤中长期停留并在生物体内富集。氮、磷等化学肥料，凡未被植物吸收利用和未被根层土壤吸收吸附固定的养分都在根层以下积累或转入地下水，成为潜在的污染物。残留在土壤中的农药和氮、磷等化合物在地面径流或土壤风蚀时，就会向其他环境转移，扩大污染范围。

4）固体废弃物污染型

主要是工矿企业排出的尾矿废渣、污泥和城市垃圾在地表堆放或处置过程中通过扩散、降水淋滤等直接或间接地影响土壤，使土壤受到不同程度的污染。固体废弃物污染是以污染物堆放地或填埋地为中心，呈放射性向周围扩散的点源污染。

4.3 土壤的重金属污染及其防治

重金属污染：在环境污染方面所提到的重金属一般是指对生物有显著毒性的元素，如汞、镉、铅、铬、锌、铜、钴、镍、锡、钡、砷等，是土壤环境中一类有潜在危害的污染物。

特点：在土壤中一般不易随水淋溶，不能被土壤微生物分解；相反，生物体可以富集重金属，常常使重金属在土壤环境中逐渐积累，甚至某些重金属元素在土壤中还可以转化为毒性更大的甲基化合物。还有的通过食物链以有害浓度在人体内蓄积，严重危害人体健康。

重金属对土壤环境的污染与水环境的污染相比，其治理难度更大，污染危害更大。研究重金属元素的污染是土壤污染与防治的重要内容之一。

4.3.1 土壤环境中重金属的迁移转化形式

土壤无机污染物中，重金属的污染问题比较突出。这是因为重金属一般不易随水淋滤，不能被土壤微生物所分解，但能被土壤胶体吸附，被土壤微生物富集或被植物吸收，有时甚至可能转化为毒性更强的物质。有的通过食物链以有害浓度在人体内蓄积，严重危害人体健康。重金属在土壤中积累初期，不易被人们觉察和关注，属于潜在危害，但土壤一旦被重金属污染，就很难彻底消除。

影响重金属迁移转化的因素很多，如金属的化学特性，土壤的生物特性、物理特性和环境条件等。重金属在土壤环境中的迁移转化过程按其特征常分为物理迁移、物理化学迁移、化学迁移和生物迁移。但重金属在土壤环境中的迁移转化形式往往是复杂多样的，且往往是多种形式错综结合。

1）物理迁移

土壤溶液中重金属离子或配离子可以随着水迁移至地面水或地下水层。而更多的是重金属可以通过多种途径被包含于矿物颗粒内或被吸附于土壤胶体表面，随土壤中水分的流动而被机械搬运，特别是多雨地区的坡地土壤，这种随水冲刷的机械迁移更加突出。在干旱地区，这样的矿物颗粒或土壤胶粒可以扬尘的形式随风而被机械搬运。

2）物理化学迁移

土壤胶体对重金属的吸附作用是土壤胶体的物理化学性质所决定的，其吸附过程是金属离子从液相转入固相的主要途径。吸附过程可分为非专性吸附和专性吸附两种。

（1）非专性吸附：又称极性吸附，这种作用的发生与土壤胶体微粒所带电荷有关。因各种土壤胶体所带电荷的电性和数量不同，所以对重金属离子吸附的种类和吸附交换容量也不同。

（2）专性吸附：重金属离子可被铝、铁、锰的水合氧化物表面牢固地吸附。因为这些离子能进入氧化物金属原子的配位壳中，与—OH配位基重新配位，并通过共价键或配位键结合在固体表面，这种结合称为专性吸附（也称选择吸附）。这种吸附不一定发生在带电表面上，也可发生在中性表面上，甚至在与吸附离子带同号电荷的表面上也可进行。其吸附量的大小并非决定于表面电荷的多少和强弱，这是专性吸附与非专性吸附的根本区别之处。专性吸附使土壤对某些重金属离子有较大的富集能力，从而影响它们在土壤中的迁移和在植物体内的累积。专性吸附对土壤溶液中重金属离子浓度的调节和控制甚至强于受溶度积原理的控制。

3）化学迁移

重金属化合物在土壤中的溶解和沉淀作用是土壤环境中重金属元素化学迁移的重要形式。影响其溶解和沉淀作用的主要因素有土壤的酸碱度（pH）、氧化-还原电位及土壤中存在的其他物质（能与重金属形成配合物的物质，如 Cl^-、OH^-、富里酸或胡敏酸等）。

4）生物迁移

生物迁移主要是指植物通过根系从土壤中吸收某些化学形态的重金属，并将其在植物体内积累起来的过程。这一方面可以看作是植物对土壤重金属污染的净化；另一方面也可看成是重金属通过土壤对植物的污染。如果这种受污染的植物残体再次进入土壤，则会使土壤表层进一步富集重金属。

除植物的吸收外，土壤微生物的吸收及土壤动物啃食重金属含量较高的表土，也是重金属生物迁移的一种途径。但是，生物残体又可将重金属归还给土壤。

4.3.2　土壤中主要重金属污染物

4.3.2.1　汞

汞是一种对动植物及人体无生物学作用的有毒元素。土壤中的汞按其存在的化学形态可分为金属汞、无机化合态汞和有机化合态汞。无机汞化合物的主要存在形式有 HgS、HgO、$HgCO_3$、$HgHPO_4$、$HgSO_4$、$HgCl_2$ 和 $Hg(NO_3)_2$ 等；有机汞化合物主要有甲基汞和有机配合汞等。除甲基汞、$HgCl_2$、$Hg(NO_3)_2$ 外，大多均为难溶化合物。在各种含汞化合物中，甲基汞和乙基汞的毒性最强。土壤中汞的迁移转化比较复杂，主要有如下几种途径。

1）土壤中汞的氧化-还原

土壤中的汞有三种价态形式：Hg、Hg^{2+} 和 Hg_2^{2+}。汞能以零价（单质汞）形式存在于土壤中，这是土壤中汞的重要特点。汞的三种价态在一定条件下可以相互转化，其转化反应如下：

$$Hg^0 \rightleftharpoons Hg_2^{2+} + Hg^{2+}$$

$$Hg_2^{2+} \rightleftharpoons Hg^0 + Hg^{2+}$$

$$Hg^{2+} \rightleftharpoons Hg^0$$

当土壤处于还原条件时，二价汞可以被还原为零价的金属汞。而有机汞在有促进还原的有机物的参与下，也能变为金属汞。土壤中金属汞的含量甚微，但很活泼。它可从土壤中挥发进入大气环境，而且随着土壤温度的升高，其挥发的速度加快。土壤中的金属汞既可被植物的根系吸收，也可被植物的叶片吸收。

2）土壤胶体对汞的吸附

土壤中的各类胶体对汞均有强烈的表面吸附（物理吸附）和离子交换吸附作用。这种吸附作用是汞及其他许多微量重金属从被污染的水体中转入土壤固相的重要途径之一。已有资料表明，不同的黏土矿物对汞的吸附能力有很大差别。土壤对汞的吸附还受 pH 及汞浓度的影响。当土壤 pH 在 $1 \sim 8$ 的范围内时，其吸附量随着 pH 的增大而逐渐增大；当 pH > 8 时，吸附的汞量基本不变。

3）配位体对汞的配合-螯合作用

土壤中配位体与汞的配合-螯合作用对汞的迁移转化有较大的影响。OH^-、Cl^- 对汞的配合作用可大大提高汞化合物的溶解度。为此，一些研究者曾提出应用 $CaCl_2$ 等盐类来消除土壤中汞污染的可能性。

土壤中的腐殖质对汞离子有很强的螯合能力及吸附能力。通过生物小循环及土壤上层腐殖质的形成，并借助腐殖质对汞的螯合及吸附作用，可使土壤中的汞在土壤上层累积。

4）汞的甲基化作用

土壤中的无机汞化合物在嫌气细菌的作用下，可转化为甲基汞（CH_3Hg^+）和二甲基汞 $[(CH_3)_2Hg]$。其反应式如下：

$$Hg^{2+} + RCH_3 \longrightarrow CH_3Hg^+ \xrightarrow{\ RCH\ } (CH_3)_2Hg$$

$$Hg^{2+} + 2RCH_3 \longrightarrow (CH_3)_2Hg \longrightarrow CH_3Hg^+$$

汞的甲基化作用还可在非生物因素作用下进行，只要有甲基给予体，汞就可以被甲基化。土壤中的无机汞转化为甲基汞后，其随水迁移的可能性增大。同时，由于二甲基汞 $[(CH_3)_2Hg]$ 的挥发性较强，而被土壤胶体吸附的能力相对较弱，因此二甲基汞较易发生气迁移和水迁移。

4.3.2.2　镉

镉的污染主要来源于铅、锌、铜的矿山和冶炼厂的废水、尘埃和废渣，电镀、电池、颜料、塑料稳定剂和涂料工业的废水等。农业上，施用磷肥也可能带来镉的污染。

1）镉在土壤环境中的存在形态

土壤中镉的存在形态可大致分为水溶性镉和非水溶性镉。水溶性镉常以简单离子或简单配离子的形式存在，如 Cd^{2+}、$[CdCl]^+$、$CdSO_4$，石灰性土壤中还有 $[Cd(HCO_3)]^+$。非水溶性镉主要为 CdS、$CdCO_3$ 及胶体吸附态镉等。其中，镉在旱地土壤中以 $CdCO_3$、$Cd_3(PO4)_2$ 和 $Cd(OH)_2$ 的形态存在，并以 $CdCO_3$ 为主，尤其是在 pH 大于 7 的石灰性土壤中更以 $CdCO_3$ 居多；而镉在淹水土壤中则多以 CdS 的形态存在。土壤中呈吸附交换态的镉所占比例较大，这是因为土壤对镉的吸附能力很强。但土壤胶体吸附的镉一般随 pH 的下降其溶出率增加，当 pH=4 时，溶出率超过 50%，而当 pH=7.5 时，交换吸附态的镉则很难被溶出。

2）镉的迁移转化

进入土壤中的镉，由于土壤的强吸附作用，很少发生向下的再迁移，因而主要累积于土壤表层。对累积于土壤表层的镉，由于降水作用，其可溶态部分随水流动则可能发生水平迁移，因而进入界面土壤和附近的河流或湖泊，造成次生污染。土壤中水溶性镉和非水溶性镉在一定条件下可相互转化，其主要影响因素为土壤的酸碱度、氧化-还原条件和碳酸盐的含量，主要反应如下：

$$CdCO_3 + 2H^+ \rightleftharpoons Cd^{2+} + CO_2 + H_2O$$

$$CdS + 2H^+ \rightleftharpoons Cd^{2+} + H_2S$$

$$Cd^{2+} + CaCO_3 \rightleftharpoons CdCO_3 + Ca^{2+}$$

$$CdS(s) \rightleftharpoons CdS(aq) \rightleftharpoons Cd^{2+} + S^{2-}$$

$$S^{2-} - 2e^- \rightleftharpoons S$$

$$H_2S \underset{还原}{\overset{氧化酶}{\rightleftharpoons}} S \underset{还原}{\overset{氧化酶}{\rightleftharpoons}} SO_3^{2-} \underset{还原}{\overset{氧化酶}{\rightleftharpoons}} SO_4^{2-}$$

土壤酸度的增大不仅可增加 $CdCO_3$ 的溶解度，也可增加 CdS 的溶解度，使水溶态镉的含量增大。碳酸盐的含量对土壤中 Cd 的形态转化有显著的作用。研究表明，在不含或少含 $CaCO_3$ 的土壤中，随着 $CaCO_3$ 含量的增加，水溶态镉的含量将降低。当 $CaCO_3$ 含量较高时（大于 4.3%），再增加其含量则对土壤中镉的形态影响就不大了。因此，在不含或少含 $CaCO_3$（小于 4.3%）的土壤中，$CaCO_3$ 可作为土壤中镉的抑制剂及土壤镉污染的改良剂。

3）镉的生物迁移

土壤中的镉对植物正常生长无促进作用，但是它非常容易被植物所吸收。只要土壤中镉的含量稍有增加，就会使植物体内镉的含量相应增高。与铅、铜、锌、砷及铬等相比，土壤镉的环境容量要小得多，这是土壤镉污染的一个重要特点。

进入植物中的镉，主要累积于根部和叶部，很少进入果实和种子中。例如，在被镉污染的水田中种植的水稻，其各器官对镉的浓缩系数按根＞杆＞枝＞叶鞘＞叶身＞稻壳＞糙米的顺序递减。镉在植物体内可取代锌，破坏参与呼吸和其他生理过程的含锌酶的功能，从而抑制植物生长并导致其死亡。

土壤中镉污染对动物的影响，主要是通过食用镉污染后的食物或饮用水引起的。镉进入动物体后，一部分与血红蛋白结合，一部分与低分子金属硫蛋白结合，然后随血液分布到各内脏器官，最终主要蓄积于肾和肝中，还有一部分镉将进入骨质并取代骨质中的部分钙，致使脱钙，引起骨骼软化和变形，严重者可引起自然骨折，甚至死亡。

4.3.2.3　铅

铅是人体的非必需元素。土壤中铅的污染主要来自大气污染中的铅沉降，如铅冶炼厂含铅烟尘的沉降和含铅汽油燃烧所排放的含铅废气的沉降等。另外，其他铅应用工业的"三废"排放也是污染源之一。土壤中铅主要以二价态的无机化合物形式存在，极少数为四价态。进入土壤中的铅多以 $Pb(OH)_2$、$PbCO_3$ 或 $Pb_3(PO_4)_2$ 等难溶态形式存在，这使得铅的移动性和被作物吸收的作用都大大降低。可溶性铅在酸性土壤中一般含量较高，这是因为酸性土壤中的 H^+ 可以部分地将已被化学固定的铅重新溶解释放出来。

植物从土壤中吸收铅主要是吸收存在于土壤溶液中的可溶性铅。植物吸收的铅绝大多数积累于根部，而转移到茎叶、种子中的则很少。另外，植物除通过根系吸收土壤中的铅以外，还可以通过叶片上的气孔吸收污染空气中的铅。

4.3.2.4　铬

铬是人类和动物的必需元素，但其浓度较高时对生物有害。土壤中铬的污染主要来源于某些工业，如铁、铬、电镀、金属酸洗、皮革鞣制、耐火材料、铬酸盐和三氧化铬工业的"三废"排放及燃煤、污水灌溉或污泥施用等。铬是一种变价元素，在土壤中铬通常以四种化合形态存在，两种三价铬离子 Cr^{3+} 和 CrO_2^-，两种六价铬阴离子 $Cr_2O_7^{2-}$ 和 CrO_4^{2-}。其中 $Cr(OH)_3$ 的溶解性较小，是铬最稳定的存在形式，而水溶性六价铬的含量一般较低，但六价铬的毒性远大于三价铬。土壤中的有机质如腐殖质具有很强的还原能力，能很快地把六价铬还原为三价铬，一般当土壤有机质含量大于2%时，六价铬就几乎全部被还原为三价铬。土壤中三价铬和六价铬之间的相互转化可用下式表示：

$$Cr_2O_7^{2-} + H_2O \xrightleftharpoons[OH^-]{H^+} Cr_2O_4^{2-} + 2H^+$$

$$Cr^{3+} + 3OH^- \rightleftharpoons Cr(OH)_3 \xrightleftharpoons[H^+]{OH^-} CrO_2^- + 2H_2O$$

由于土壤中的铬多为难溶性化合物，其迁移能力一般较弱，而含铬废水中的铬进入土壤后，也多转变为难溶性铬，故通过污染进入土壤中的铬主要残留积累于土壤表层。铬在土壤中多以难溶性且不能被植物所吸收利用的形式存在，因而铬的生物迁移作用较小，故铬对植物的危害不像 Cd、Hg 等重金属那么严重。有研究表明，植物从土壤溶液中吸收的铬，绝大多数保留在根部，而转移到种子或果实中的铬则很少。

4.3.2.5   砷

砷是类金属元素，不是重金属。但从它的环境污染效应来看，常把它作为重金属来研究。土壤中砷的污染主要来自化工、冶金、炼焦、火力发电、造纸、玻璃、皮革及电子等工业排放的"三废"。由于使用的矿石原料中普遍含有较高量的砷，所以冶金与化学工业排砷量最高，如硫酸厂、磷肥厂等。另外，含砷农药的使用也是土壤砷污染的来源之一。

土壤中砷主要以正三价和正五价存在于土壤环境中。其存在形式可分为水溶性砷、吸附态砷和难溶性砷。三者之间在一定的条件下可以相互转化。当土壤中含硫量较高时，在还原性条件下，可以形成稳定的难溶性 As_2S_3。在土壤嫌气条件下，砷与汞相似，可经微生物的甲基化过程转化为二甲基砷 [$(CH_3)_2AsH$] 之类的化合物。由于土壤中砷主要以非水溶性形式存在，因而土壤中的砷，特别是排污进入土壤的砷，主要累积于土壤表层，难于向下移动。

一般认为，砷不是植物、动物和人体的必需元素。但植物对砷有强烈的吸收积累作用，其吸收作用与土壤中砷的含量、植物品种等有关。砷在植物中主要分布在根部。浸水土壤中，土壤中可溶性砷含量比旱地土壤高，故在浸水土壤中生长的作物，其砷含量也较高。所以，为了有效地防止砷的污染及危害，可采取提高土壤氧化-还原电位的措施，以减少三价亚砷酸盐的形成，降低土壤中砷的活性。

4.3.3   土壤中主要重金属污染的防治

4.3.3.1   预防土壤重金属污染的基本原则

1）切断污染源

切断污染源就是采取有效措施，以削减、控制和消除污染源，尽可能避免工矿企业重金属污染物的任意排放，尽量避免重金属输入土壤环境。切断污染源是土壤重金属污染防治工作中带有战略意义和指导性的基本原则。

2）提高土壤环境容量

土壤具有一定的自然净化功能，在调控与防治土壤污染时应充分利用这一特点，采取有效措施。例如，增加土壤有机质含量、砂掺黏改良砂性土壤，调节土壤 pH 和 E 值等，以增加和改善土壤胶体的种类和数量，增加土壤对有害物质的吸附能力和吸附量，从而降低污染物在土壤中的活性，增强土壤环境的自净能力，提高土壤环境容量。当输入土壤环境中的重金属污染物的数量和速度不大或土壤遭受轻度污染时，采取相应措施提高土壤环境容量，对于防止土壤污染的发生或减轻重金属对作物的污染危害是有效的。

3）控制或切断重金属进入食物链

采取有效措施控制植物对重金属的吸收，减少重金属在植物体内，特别是在可食部分的累积量，或利用非食用植物如树木、绿化用草等来吸收除去土壤中的重金属，从而达到控制或切断重金属进入食物链的目的。

4）避免二次污染

避免二次污染是环境污染防治措施中必须共同遵守的基本原则。

4.3.3.2 土壤中主要重金属污染的治理

治理土壤重金属污染的途径主要有两种：一是改变重金属在土壤中的存在形态，使其固定，降低其在环境中的迁移性和生物可利用性；二是从土壤中去除重金属。围绕这两种治理途径，已提出各自的物理、化学和生物的治理方法。

1）汞污染的防治

汞污染的防治可采取如下主要措施：

（1）对土壤进行灌溉和施肥时，要严格控制使用含汞量高的污水和污泥。

（2）对已受汞污染的土壤，可施用石灰-硫黄合剂，其中硫是降低汞由土壤向作物迁移的一种有效方法。在施入硫以后，汞即被更牢固地固定在土壤中。

（3）施用石灰以中和土壤的酸性，可降低作物根系对汞的吸收。当土壤 pH 提高到 6.5 以上时，可能形成碳酸汞、氢氧化汞或水合碳酸汞等汞的难溶化合物。另外，钙离子能与任何微量的汞离子争夺植物根系表面的交换位，从而降低汞向作物内的迁移。

（4）施入硝酸盐，可使土壤内汞化合物的甲基化过程减弱，因高浓度的硝酸盐能抑制甲基化微生物的生长，从而减少汞向作物体内的迁移及毒害。

（5）施用磷肥，由于汞的正磷酸盐比其氢氧化物或碳酸盐的溶解度小，所以施用磷肥也是降低土壤中汞化合物毒害作用的一种有效方法。

2）镉污染的防治

土壤镉污染的防治对策重点在于防，而不在于治。因为进入土壤中的镉，由于土壤的强吸附作用，常常累积于土壤表层，而很少发生输出迁移，也不可能像有机污染那样可能发生降解作用。目前，可能应用的主要对策如下。

（1）采用客土法或换土法，使高背景或污染区土壤中镉的浓度下降，但这种措施的经济支出太高，故只适用于小面积严重污染土壤的治理。

（2）在土壤中加入石灰性物质，提高土壤环境的 pH，使镉生成不易被植物吸收的 $Cd(OH)_3$ 或 $CdCO_3$ 沉淀，此法较适合在旱田条件下使用。

（3）在土壤中使用促进还原的有机物，使土壤中的镉与土壤中的硫生成 CdS 沉淀。

（4）在土壤中施加磷酸盐类物质，使之生成磷酸镉沉淀，这在水田条件下更为重要。

（5）种植富集镉的植物如苋科植物，以吸收污染土壤中的镉，但此法应注意植物残体的处理。

3）铅污染的防治

铅在土壤环境中的迁移性较差，进入土壤中的铅主要累积于土壤表层。土壤中铅的污染主要是通过空气、水等介质形成的二次污染。对于已污染的土壤，应根据污染程度及土地利用类型，采取相应的治理措施。主要措施如下。

（1）采取客土法或换土法，有效地改善或消除铅污染。

（2）种植某些非食用但可富集铅的植物，如苔藓、木本植物等，以逐渐降低土壤中铅的污染程度。

（3）提高土壤的pH，当pH>6时，重金属离子很易被黏土矿物吸附而阻止植物对铅的吸收。

（4）在铅污染的土壤中施用钙、镁及磷肥等改良剂，以降低土壤中铅的活性，减少作物对铅的吸收。

4）铬污染的防治

根据铬在土壤中迁移转化的规律，土壤中铬的防治可采取下列措施：

（1）在Cr^{3+}污染的土壤中，施用石灰石、硅酸钙或磷肥等调节土壤呈微碱性，使铬形成$Cr(OH)_3$状态而加以固定，可减少铬对作物的危害。

（2）施用有机肥，使土壤处于还原环境，有效减轻或消除六价铬对植物的危害。另外，有机肥能够通过吸附作用，降低六价铬对植物的毒害。

（3）选择种植非食用植物，利用植物累积铬的作用净化污染的土壤。

（4）实行水旱轮作是轻度铬污染的有效改良措施。水旱轮作使土壤pH增高，E值下降，有利于铬的吸附固定，从而降低土壤中铬的含量。

5）砷污染的防治

防治、减轻土壤中砷的污染一般可采取如下措施。

（1）施加砷的吸附剂，提高土壤对砷的吸附能力，降低砷的活性，从而避免砷害。如旱田使用堆肥，桃树果园中施加硫酸铁，都可以提高土壤吸附砷的能力，减少砷的危害。

（2）在土壤中施加硫粉，降低土壤pH，加强土壤排水，可提高土壤固砷的能力，降低砷的活性，减少砷害。

（3）在土壤中施加各种铁、铝、钙、镁的化合物，可使砷生成不溶性物质而加以固定，例如，施加$MgCl_2$可使土壤污染性砷形成$Mg(NH_4)AsO_4$沉淀，从而降低砷的活性。

（4）采用客土、深耕，利用增加低砷土壤的手段，稀释含砷土壤中的砷含量，降低砷的污染。

4.4　土壤的化学农药污染及其防治

4.4.1　农药及其发展

农药是指用于防治危害农作物及农林产品的害虫、病菌、杂草、螨类、线虫、鼠类等和调节植物生长的一类化学药剂。

全世界每年的农药总产量已在500万吨以上，我国的年产量也已超过50万吨。全世界农药原药品种达1300余种，在农业上常用的有250种。农药从早先的氨基甲酸酯类农药发展到有机氯农药、有机磷农药、拟除虫菊酯类农药等。由高毒、高残留农药发展到研制和生产高效低毒、低残留农药，并致力于开发和研究"无公害农药"。

无公害农药：有选择地抑制昆虫、微生物、植物等特有的酶系，而对人或高级动物无害，易被阳光或微生物分解，大量使用也不致使环境污染的农药。

4.4.2 农药的种类及其现状

4.4.2.1 农药的分类

农药的分类方法较多，主要有：

1）按原料来源和主要成分分类

（1）矿物性无机农药：如波尔多液、石硫合剂、磷化锌等。

（2）人工合成有机农药：如敌百虫、乐果、稻瘟净等。

（3）微生物农药：如杀螟杆菌、白僵菌、井冈霉素等。

（4）植物性农药：如除虫菊、鱼藤（鱼藤酮）、烟草（烟碱）等。

2）按主要用途分类

（1）杀虫剂：如敌百虫、敌敌畏、叶蝉散、杀虫双等。

（2）杀菌剂：如多菌灵、托布津等。

（3）除草剂：如二甲四氯、五氯酚钠。

（4）杀螨剂：三氯杀螨砜、二氯杀螨醇。

（5）杀线剂：二溴氯丙烷、二氯异丙醚。

（6）杀鼠剂：磷化锌、安妥。

3）按化学成分分类

（1）无机农药：包括无机杀虫剂、无机杀菌剂、无机除草剂，如石硫合剂、硫黄粉、波尔多液等。无机农药一般相对分子质量较小，稳定性较差，多数不宜与其他农药混用。

（2）生物农药：包括真菌、细菌、病毒、线虫等及其代谢产物，如苏云金杆菌、白僵菌、昆虫核型多角体病毒、阿维菌素等。生物农药在使用时，活菌农药不宜和杀菌剂以及含重金属的农药混用，尽量避免在阳光强烈时喷用。

（3）有机农药：包括天然有机农药和人工合成农药两大类。主要可分为 5 类。① 有机杀虫剂：包括有机膦类、有机氯类、氨基甲酸酯类、拟除虫菊酯类、特异性杀虫剂等。② 有机杀螨剂：包括专一性的含锡有机杀螨剂和无锡有机杀螨剂。③ 有机杀菌剂：包括二硫代氨基甲酸酯类、酞酰亚胺类、苯并咪唑类、二甲酰亚胺类、有机膦类、苯基酰胺类、甾醇生物合成抑制剂等。④ 有机除草剂：包括苯氧羧酸类、均三氮苯类、氨基甲酸酯类、酰胺类、苯甲酸类、二苯醚类、二硝基苯胺类、有机膦类、磺酰脲类等。⑤ 植物生长调节剂：主要有生长素类、赤霉素类、细胞分裂素类等。

4.4.2.2　农药的主要危害

农药在杀死病虫害的同时，对人、畜以及抑制害虫的天敌也具有不同程度的毒害。同时，长期大量使用一种农药，会促使害虫的抗药性不断增强，药效相对降低，导致必须增加药量和施用次数，因而造成土壤、水质、大气的污染和有毒物在农作物和食品中残留。

对于一些农药的药效和毒性研究发现：

（1）有机磷农药是污染较小的一种理想农药，但有的品种急性毒性过大，可能会对动物有致癌作用。

（2）有机氯农药对农业、林业和畜牧业的增产有显著的作用，但化学性质过于稳定且易溶于脂肪，通过食物链易在人体中蓄积，造成慢性中毒，是前几十年中引起环境污染的最主要农药类型，特别是 DDT 和六六六，我国已于 1983 年宣布停止生产 DDT 和六六六。

（3）氨基甲酸酯类农药虽是低残留农药，在动物体内积累中毒的可能性不大，但有些品种急性毒性较大，使用时有造成人畜急性中毒的危险。

（4）拟除虫菊酯类农药性质较稳定，是一类高效、低毒、低残留、无污染的新农药，已在农业上广泛使用。但由于许多害虫能迅速对其产生抗药性，该类农药的研究开发受到限制。

无论使用哪种农药都会使土壤产生不同程度的污染，而防止污染和提高药效两者常常是相互制约的。如何做到使农药的毒性、药效既保持到足以控制目标生物的时间，又衰退得足够快，这还有待于今后对农药的进一步研究和探讨。

4.4.3　农药在土壤中的迁移和转化

农药在使用过程中直接黏附在农作物上的一般只占 30% 左右，大部分农药散落在土壤里或飞扬后再落到土壤里。农药进入土壤后大致有三种归宿：被土壤吸附而残留在土壤里；在土壤中进行迁移，最后或被作物吸收，或迁移进入大气，或随水迁移、扩散进入水体；在土壤中发生降解。

1）农药在土壤中的吸附作用

土壤对农药的吸附作用是农药在土壤中残留的主要原因，其中物理吸附和化学吸附（离子交换、质子化作用、氢键结合和配位键结合）是吸附的主要因素。

（1）土壤有机质和各种黏土矿物对农药的吸附能力一般为：有机胶体＞蒙脱石类＞伊利石类＞高岭石类。

（2）农药的分子结构中，凡是带有—NR_3、—$CONH_2$、—OH、—NHCOR、—NH_2、—OCOR、—NHR 等官能团的农药都可被土壤强烈吸附，其中以—NH_2 类化合物被吸附力最强。此外，在同类型的农药中，农药的相对分子质量越大，被吸附的能力越强。农药的挥发性和溶解度越小，越易被吸附。

农药被土壤吸附后，迁移能力和生理毒性随之发生变化。因此土壤对农药的吸附在一定程度上起着净化和解毒作用。土壤对农药的吸附力越强，农药在土壤中的有效性越低，净化能力越高。

2）农药在土壤中的迁移

农药在土壤中的迁移可分为以下几类：随水或气体的物理迁移；随土壤吸附发生的化学物理迁移；随着生物生活发生的生物迁移。在迁移的过程中同时伴有农药的转化。

（1）进入土壤中的农药可以通过挥发、扩散迁移到大气，引起大气污染。气迁移速度与土壤的孔隙度、质地、结构、土壤水分含量等性质有关。主要取决于：蒸气压越高，挥发性越强，气迁移的速度越快；环境温度升高，农药的气迁移速度也增大。

（2）农药在水中的溶解度大时，主要是水扩散。水溶性大的农药溶于水，随径流流入水体。难溶性农药附着于土壤颗粒，随雨水流入水体。由于水扩散速率比蒸气扩散速率要小一万倍，所以，农药在土壤溶液中的迁移、扩散速率一般较慢，故残留在土壤中的农药多存在于 30 cm 的表土层内。因此农药对地下水的污染没有对地表水的污染严重。

除了气扩散和水扩散外，进入土壤中的农药还可通过农作物的吸收产生转移污染，富集于生物体内。反之，生物体生活中也可将富集于生物体内的残留农药带到土壤之中。

3）农药在土壤环境中的降解和转化

降解：进入土壤中的农药，在环境的各种物理、化学、生物等因素作用下逐渐分解的过程称为农药在土壤环境中的降解。包括：

（1）光化学降解：受太阳辐射和紫外线等而引起的农药的分解。

（2）化学降解：可分为催化反应和非催化反应。非催化反应包括水解、氧化、异构化、离子化等作用，其中以水解和氧化最为重要。某些无机金属离子或金属离子的螯合物对有机磷农药的水解也有催化作用。

（3）微生物降解：土壤中农药常常在土壤微生物的作用下，彻底分解成 CO_2 等简单化合物，从而使农药发生降解。微生物降解是农药在土壤中的主要降解过程。土壤微生物对有机农药的生物化学作用主要有：脱卤作用，氧化、还原作用，脱烷基作用，水解作用，环裂解作用，芳环羟基化作用和异构化作用等。

4.4.4 农药污染的危害及其防治

1）化学农药污染的危害

（1）农药对土壤中的硝化细菌、根瘤菌和根际微生物的影响较大，即阻碍或抑制土壤微生物的区系组成与生命活动，影响土壤营养物质的转化和能量活动，从而不利于作物的正常发育。

（2）农药影响土壤动物的数量和种类，如每公顷施用 4.5～9.0 kg 西玛津时，土壤中的无脊椎动物数目减少 33%～50%。

（3）土壤被污染后，农药可被作物吸收，分布在植物中，而这些农药虽然受到外界环境和作物体内酶的作用逐渐降解，但速率缓慢，直到作物收获时仍带有一定数量的残留农药，结果导致农作物被污染。并通过食物链在人体或牲畜体内积累，直接危害人体健康和畜、禽业的发展。

农药进入人体后，在各种酶的作用下发生一系列变化，大多数毒性消失或降低，但有的毒性增强，其变化过程大致分为两个阶段：第一阶段为水解、氧化、还原、羟基化、芳环破裂等；第二阶段为代谢产物与葡萄糖酸或甘氨酸相结合，有的排出体外，有的在体内积累。一般来说，有机氯农药在体内代谢速率慢，残留时间长，有慢性中毒的危险；有机磷农药代谢速率较快，残留时间短，无积累中毒危险。

2）化学农药对土壤污染的防治

（1）加强管理，增强环保意识，建立农药管理法规并严格执行，是防止农药污染的根本保证。

（2）合理使用农药。首先必须根据农药本身的性质、防治对象和对环境的影响，合理使用农药。做到：① 对症下药。根据不同的病菌、害虫对不同药剂的敏感性选择杀菌、杀虫剂。② 适时、适量用药。选择害虫发育史中抵抗力量最弱的时期（即幼虫或成虫期）用药。因为幼虫或成虫取食活动强，生理机能代谢旺盛，易于吸收代谢药剂而中毒。施药时要综合考虑药剂对作物和环境的影响，适量用药。③ 合理混用农药。有时混用农药可以提高防治效果。

（3）大力开发高效、低毒、低残留安全农药，这是防止农药污染的新技术之一。

（4）改进农药制剂的剂型和喷洒技术。为了防止农药施用中由于挥发、漂移等造成的环境污染，延长残效，提高防治效果，减少用药量，当前世界各国都非常重视农药剂型的研究和改进。如将粉剂改为粒剂或微粒剂可防止施用农药时农药飞扬，将乳剂改为微胶囊剂可以降低农药毒性和对环境的污染。目前已出现一些较好的剂型，如漂移粉剂（DL 粉剂）、流动粉剂（FD 粉剂或微粉剂）和流动剂等。前二者可使药粉不易漂移而集中在目标物上，节省用药量；后者可使药效充分发挥，便于低容量喷雾。此外，改进喷洒技术主要是发展低容量喷雾技术。

（5）其他治理方法：农药污染的防治应主要以"防"为主。可以从增强土壤环境的自净能力或加速农药的降解方面考虑，采取提高土壤中有机、无机胶体含量，调节土壤水分、pH，施加相应的催化剂，选育活性较高的能够分解某种农药的土壤微生物、土壤动物等方法，以增加土壤的环境容量和增加农药的降解速率。

4.5 酚、氟在土壤中的迁移和转化

4.5.1 土壤中的酚

酚类化合物是芳烃的含羟基衍生物，或者说是芳烃中苯环上的氢原子被羟基取代后的产物。自然界里这类化合物的种类繁多，通常根据连在苯环上的羟基数目，将其分为一元酚、二元酚和三元酚等。一元酚即单元酚；含两个以上羟基的酚，又统称为多元酚。酚类化合物还可根据其能否与水蒸气一起挥发而分为挥发性酚和不挥发性酚。一般沸点在 230 ℃ 以下的单元酚为挥发性酚，沸点在 230 ℃ 以上的酚为不挥发性酚。酚类化合物对植物的生命活动起着重要作用，如在生长发育、免疫、抗菌等生理过程中以及光合、呼吸、代谢等生化过程中都起着不可忽视的作用。因此，在植物体内含有丰富的酚类化合物。

1）酚的污染

酚类化合物的性质主要取决于苯环上羟基的位置和数目，同时苯环和羟基在分子中相互影响也很重要。它们有许多共同的性质，如呈弱酸性；都可以和三氯化铁反应而呈现不同的颜色；并且在环境中都易被氧化等。就酚类化合物的毒性程度来说，以苯酚的最大，通常含酚废水中又以苯酚和甲酚含量最高，因此目前环境监测中往往以苯酚、甲酚等挥发性酚为污染指标。

酚的主要来源是工业废水的排放，来自焦化厂、煤气厂（一般含挥发酚 40 ~ 3 000 mg/L、非挥发酚 10 ~ 2 000 mg/L）、绝缘材料厂、石油化工工业（如合成苯酚、石油裂解和合成聚酰胺纤维等）、合成染料和制药厂等的废水。这些废水中酚的浓度变化范围可在 1 ~ 8 000 mg/L 之间。生活污水中也含有酚，这主要来自粪便和含氮有机物的分解。

一般来说，含酚废水的排放必然导致水体和土壤的污染，挥发到空气中，可使大气受到污染。例如，用含高浓度酚的废水灌溉农田，对作物有直接的毒害作用，主要表现为抑制植物的光合作用和酶的活性，妨碍细胞膜的功能，破坏植物生长素的形式，影响植物对水分的吸收。

2）酚在土壤中的迁移转化

自然土壤中，酚主要存在于腐殖质中或施入的有机肥料中，外源酚主要存在于土壤溶液中以极性吸附方式被土壤胶体吸附，也有极少部分与其他化学物质相结合，形成结合酚。因此，进入土壤的酚受土壤微粒的阻滞、吸附而大量留在土层上层，其中大部分经挥发而逸散进入空气中，这是土壤外源酚净化的重要途径，其挥发程度与气温成正比。酚的迁移转化还与下列因素有关。

（1）土壤微生物对酚具有分解净化作用。例如，酚细菌、多酚氧化酶和一些分解酶的多种细菌，能迅速分解酚，其净化机制为生物化学分解，分解速度取决于酚化合物的结构、起始浓度、微生物条件、温度等因素。

（2）植物对酚的吸收与同化作用。进入土壤的外源酚，可以通过植物根系到各器官，尤其是生长旺盛的器官。进入植物体内的酚，很少以游离状态存在，大多与其他物质形成复杂的化合物。另外，植株也可以将吸收的苯酚中的一部分转化成二氧化碳排出。

（3）土壤空气中的氧对酚类化合物具有氧化作用，其氧化速率非常缓慢，其最后分解产物为二氧化碳、水和脂肪。

土壤及植物对酚具有一定的净化作用，但当外源酚含量超过其净化能力时，将造成酚在土壤中的积累，并对作物产生毒害。

4.5.2　土壤中的氟

1）氟污染

氟是一种具有毒性的元素。地方性氟中毒就是由于长期摄入过量的氟化物所造成的，其主要症状表现为氟斑牙和氟骨症。氟也是重要的生命必需微量元素，适量的氟可防止血管钙化，氟不足时常出现佝偻病、骨质松脆和龋齿。

氟在自然界的分布主要以萤石（CaF_2）、冰晶石（Na_3AlF_6）和磷灰石 $[Ca_5F(PO_4)_3]$ 等三种矿物形式存在。因此土壤环境中氟的污染主要来源：一是上述富氟矿物的开采和扩散；二是在生产过程中使用含氟矿物或氟化物为原料的工业，如炼铝厂、炼钢厂、磷肥厂、玻璃厂、砖瓦厂、陶瓷厂和氟化物生产厂（如塑料、农药、制冷剂和灭火剂等）的"三废"排放；三是燃烧高氟原煤所排放到环境中的氟。所以，在这些矿山、工厂和发电厂附近，以及施用含氟磷肥的土壤中容易引起氟污染。此外，引用含氟超标的水源（地表水或地下水）灌溉农田，或因地下水中含氟量较高，当干旱时氟随水分的上升、蒸发而向表层土壤迁移、累积，也可导致土壤环境的氟污染。例如，在我国的西北、东北和华北存在大片干旱的富氟盐渍低洼地区，其表层土壤含氟量可达 2 000 mg/kg（是一般土壤背景值的 10 倍），它就是由于地下水含氟量较高所致。

2）土壤中氟的迁移与累积

土壤中的氟，可以各种不同的化合物形态存在且大部分为不溶性的或难溶性的。以难溶形态存在的氟不易被植物吸收，对植物是安全的。但是土壤中的氟化物可随水分状况以及土壤的 pH 等条件改变而发生迁移转化。例如，当土壤的 pH 小于 5 时，土壤中活性 Al^{3+} 的量增加，F$^-$可与 Al^{3+} 形成可溶性配离子$[AlF_2]^+$、$[AlF]^{2+}$，而这两种配离子可随水进行迁移且易被植物吸收，并在植物体内累积。但当在酸性土壤中加入石灰时，大量的活性氟将被 Ca^{2+} 牢固地固定下来，从而可大大降低水溶性的氟含量。

在碱性土壤中，因为 Na^+ 含量较高，氟常以 NaF 等可溶性盐的形式存在而增大了土壤溶液中 F$^-$的含量并引起地下水源的氟污染。当施入石膏后，可相对降低土壤溶液中 F$^-$的含量。F$^-$相对交换能力较强，易与土壤中带正电荷的胶体，如含水氧化铝等相结合，甚至可以通过配位基交换生成稳定的配位化合物，或生成难溶性的氟铝硅酸盐、氟磷酸盐，以及氟化钙、氟化镁等，从而在土壤中累积起来。因此，受氟污染的地区，土壤中氟含量可以逐年累积而达到很高值。例如，浙江杭嘉湖平原土壤含氟量平均约 400 mg/kg，高出全国平均含量的 1 倍。

植物对土壤中氟的迁移与累积有着特殊的作用。土壤中的氟化物通过植物根部的吸收，经茎部积累在叶组织内，最后集积在叶的尖端和边缘部分。植物的叶片也可直接吸收大气中气态的氟化物。植物对氟的吸收，使氟从简单到复杂，从无机向有机转化，从分散到集中，最终以各种形态富集在土壤表层。

4.6 土壤退化与防治

土壤退化是指在各种自然，特别是人为因素影响下所发生的导致土壤的农业生产能力或土地利用和环境调控潜力即土壤质量及其可持续性下降（包括暂时性的和永久性的），甚至完全丧失其物理的、化学的和生物学特征的过程，包括过去的、现在的和将来的退化过程，是土地退化的核心部分。土壤质量是指土壤的生产力状态或健康状况，特别是维持生态系统的生产力和持续土地利用及环境管理、促进动植物健康的能力。土壤质量的核心是土壤生产力，其基础是土壤肥力。土壤质量的下降或土壤退化往往是一个自然和人为因素综合作用的动态过程。

在我国，土壤质量退化主要表现为以下几种情况：土壤盐渍化、土壤沙漠化、土壤酸化、土壤侵蚀。

鉴于土壤及土地退化对全球食物安全、环境质量及人畜健康的负面影响日益严重的现实，从土壤圈与地圈-生物圈系统及其他圈层间的相互作用的角度研究土壤退化，特别是人为因素诱导的土壤退化的发生机制与演变动态、时空分布规律及未来变化预测与恢复重建对策，已成为研究全球变化的最重要的组成部分，并将继续成为21世纪国际土壤学、农学及环境科学界共同关注的热点问题。但是，迄今为止，有关土壤退化的许多理论问题及过程机理尚不清楚，还没有公认的或统一的土壤退化指标和定量化评价方法。

4.6.1　土壤盐渍化

土壤盐渍化是指土壤底层或地下水的盐分随毛管水上涨到地表，水分蒸发后，盐分积累在表层土壤中的过程，也叫盐碱化。

土壤盐渍化是一种渐变性的地质灾害，由自然原因引起的为原生土壤盐渍化；由人类的不合理灌溉造成的为次生土壤盐渍化。次生土壤盐渍化是影响农业生产和土壤资源可持续利用的严重问题，灌溉地区的次生盐渍化所引起的土壤退化问题更为突出。

4.6.1.1　土壤盐渍化的影响

1）恶化生态环境

公元前4000年起，舒美尔人就实行了引水灌溉，但从公元前2500年开始，盐分的蓄积日趋严重，农作物被耐盐品种所代替，人们不得不迁到别的地方谋生，这个被称为文明摇篮的地方只剩下了人数极少的游牧民。

1964—1970年修建的埃及阿斯旺大坝，虽然增加了尼罗河流域的灌溉面积，但却破坏了水分和盐分的自然平衡，使灌区土壤发生了历史上从未出现过的土壤盐渍化问题，致使通过建设水坝、扩大灌溉面积来提高农业产量的意图完全落空。为了去除盐分，人们不得不对4 000 hm^{2}的农田铺设排水设备。即使如此，在尼罗河三角洲地带仍有2/3的土地出现了盐渍化现象，危害极大。

在我国，表现最为显著的是海水入侵造成的土壤盐渍化。海水入侵是人为活动强烈干扰自然生态系统而诱发的缓慢发生而又长期危害的人为自然灾害，具有多变、隐蔽、难治理的特点，直接造成农业水土生态环境的恶化。

2）影响农业生产

表现为妨碍作物的正常生长发育，使作物歉收甚至颗粒无收，成为农业生产中的低产土壤，影响农业的发展。比如土壤溶液中某种离子浓度过高，渗透压就会破坏作物对其他离子的正常摄取，造成作物营养紊乱，影响植物对水分的吸收。像碳酸钠等强碱性盐，具有强大的分散能力，因而导致土壤湿黏干硬，透水透气性不良，耕性恶化，严重妨碍作物出苗生长；同时也不利于土壤微生物活动。土壤盐渍化使土地的利用率降低，加深了人多地少的矛盾。

3）其他影响

毁坏道路路基，腐蚀建筑材料，破坏工程设施。硫酸盐类盐渍土的体积随着温度变化而产生变化，引起土体变形松胀，导致路面坍塌、路基下陷，影响交通安全。

4.6.1.2　土壤盐渍化的防治

1）根据水盐运动规律采取措施

（1）控制盐源，充分的盐分来源是形成盐渍化的物质基础，使土壤中的盐分减少是防止盐渍化的有效途径。

（2）转化盐类，通过施用一定的化学物质将毒害作用较大的盐分转化为毒害作用较小的盐分。

（3）调控盐量，采用适宜的灌溉技术使土壤保持适宜水分，控制盐分浓度或者采用生物排水、水旱轮作等改变水盐运动的规律，以达到减少盐分累积的作用。

（4）消除过多的盐量，对已经发生盐渍化的土地或者垦殖盐荒地时，通过冲洗、排水、客土等措施消除土壤中过多的盐分来改良盐渍土。

2）根据土壤盐渍化成因采取措施

（1）人为因素改善措施：改变粗放的农业用水方式和落后的灌溉技术；尽量减少人类不合理的生产和生活活动；控制人口数量，减少人口对土地资源的压力。

（2）水利工程措施：合理利用水资源，利用排碱渠和排水站等水利工程措施。

（3）农业技术措施：平整土地，减少化肥使用量，合理使用有机肥，土壤深翻，补充菌肥等。

（4）种植措施：种稻洗盐、植树造林、草田轮作等。

（5）化学改良措施：使用化学改良剂。

（6）学习其他国家的先进方法：日本向土壤中注入聚丙烯酸酯溶液，土壤形成 0.5 cm 的不透水层，从而减少土壤水分的蒸发，减少盐分随毛管水蒸发向表层土累积，使作物产量明显增加。

4.6.2　土壤沙漠化

在 1994 年通过的《联合国关于在发生严重干旱和/或沙漠化的国家特别是在非洲防治沙漠化的公约》中，沙漠化被定义为包括气候变异和人类活动在内的种种因素造成的干旱、半干旱和亚湿润干旱地区的土地退化。也就是说，由于大风吹蚀、流水侵蚀、土壤盐渍化等造成的土壤生产力下降或丧失都可称为沙漠化。

4.6.2.1　土壤沙漠化的类型

根据形成因素不同，我国土壤沙漠化主要分为风蚀沙漠化、水蚀沙漠化、冻融沙漠化、盐渍沙漠化等 4 种类型。

1）风蚀沙漠化

指在极端干旱、干旱、半干旱地区和部分半湿润半干旱地区，由于不合理的人类活动破坏了脆弱的生态平衡，原非沙漠地区出现了以风沙活动为主要特征的类似沙漠景观及土地生产力水平降低的环境退化过程。风蚀沙漠化是在所有沙漠化类型中占据土地面积最大、分布范围最广的一种沙漠化。我国风蚀沙漠化土地面积约为 160.7 万 km^2，主要分布在西北干旱地区，另外在藏北高原、东北地区的西部和华北地区的北部也有较大面积分布。

2）水蚀沙漠化

指在地貌、植物、水文、气候等自然因素以及人为因素影响下，主要由水蚀作用造成的沙漠化。我国水蚀沙漠化总面积约为 20.5 万 km^2，占沙漠化土地总面积的 7.8%，其分布区主要集中在一些河流的中、上游及一些山脉的山麓。属于水蚀沙漠化的红色沙漠化（红漠化）是指我国南方的红壤丘陵区。

3）冻融沙漠化

指在昼夜或季节温差较大的地区，在气候变异或人为活动的影响下，岩体或土壤由于剧烈的热胀冷缩而出现结构被破坏或质量下降，造成植被减少、土壤退化的土地退化过程。冻融沙漠化是我国温度较低的高原所特有的沙漠化类型，我国冻融沙漠化土地的面积约 36.6 万 km^2，占沙漠化土地总面积的 13.8%，主要分布在青藏高原的高海拔地区。

4）盐渍沙漠化

指在干旱、半干旱和半湿润地区，由于高温干燥、蒸发强烈，土壤中上升水流占绝对优势，淋溶和脱盐作用微弱，土壤普遍积盐，形成大面积碱化土地的过程。我国盐渍化土地总面积为 23.3 万 km^2，占沙漠化总面积的 8.99%。盐渍沙漠化比较集中地连片分布在塔里木盆地周边绿洲、天山北麓山前冲积平原地带、河套平原、宁夏平原、华北平原及黄河三角洲，在青藏高原的高海拔地区也有大面积分布。

4.6.2.2 土壤沙漠化的成因

理论上讲，沙漠化的成因是自然因素与人为因素两个方面综合作用的结果，二者相互影响，交替演变。一般而言，降水量和温度条件较好的地区出现沙漠化，人为因素是主要因素；但是，在极度干旱、生物基础脆弱的地区，多数情况下干旱等自然条件异常是沙漠化的起因，作用相对较大，历史各时期都是如此。但是近代由于人类对自然界的干扰能力达到空前水平，人类活动对自然环境的冲击使本已向沙漠环境演变的变化过程加剧，使沙漠化面积不断扩大，并已成为严重的全球环境问题。

4.6.2.3 土壤沙漠化对人类的影响

1）缩小了人类的生存空间

我国沙化土地面积相当于 10 个广东省的辖区面积，5 年新增面积相当于一个北京市的总面积。我国每年新增 1 400 万人口，而耕地却在逐年减少。新中国成立以来，全国已有 1 000 万亩耕地、3 525 万亩草地和 9 585 亩林地成为流动沙地。

2）导致土地生产力的下降

土地沙漠化过程中，土壤理化性质发生了明显改变。随着沙漠化程度的加深，土壤粒度明显变粗，有机质含量和氮含量明显降低；并且随着沙漠化程度的加深，植被覆盖率和生物多样性明显降低，生物量损失严重。轻度和中度沙漠化土地土壤层还没有被完全破坏，土地生产力水平下降 41.1% ~ 50.6%；严重沙漠化土地几乎丧失生产力，土壤层被破坏，生产力是非沙漠化时的 3.3% ~ 10.4%。

3）严重的经济损失

沙漠化导致土地生产力衰退，对当地的经济发展带来了危害，严重制约着贫困地区的经济发展。由于这些省区的贫困人口多分布在沙漠化地区，贫困人口与沙漠化分布具有高度一致性，沙漠化产生了大批生态移民，加剧了贫困程度，更制约着贫困人口的脱贫致富。

4）加剧了生态环境的恶化

沙漠及沙漠化的危害性是众所周知的。在我国有 400 万 hm² 农田、493 万 hm² 草场，2 000多 km 铁路线以及 5 000 多万人口正受到沙漠化的威胁。沙漠化的另一种危害方式是沙尘暴，它的危害性大，破坏性强。1977 年甘肃河西、1978 年呼伦贝尔以及 1983 年发生在鄂尔多斯高原的强大沙尘暴，都对沙漠化的发展起到了推波助澜的作用。

5）土壤沙化对生态物种的影响

土壤环境的恶化首先威胁到土壤微生物和土壤动物的生存与繁衍，使土壤微生物和动物数量明显减少，酶活性下降，植物多样性减少。

4.6.2.4　防治沙化基本措施

（1）在沙漠边缘地带做好防风固沙工作，栽植沙生植物，将耐旱强的乔木、灌木等一起种植，营造防风固沙林带，防止沙丘移动。

（2）在草地沙漠化过程中，由于演替初期构成草地植被的优势植物种尚未发生质的变化，某种程度内能维持正常的繁衍与更新，因此输入土壤种子库中的种量较多，此时若及时采取封育措施，可在短期内实现沙化地的自我修复。中后期的演替（流动、半流动沙地阶段），随着草地沙化程度的加剧，原植被中的多年生植物逐渐消退，而季节性一年生植物因迁移与萌发机制灵活，比例逐渐增大，居优势地位，此时沙地采用自我修复法复壮需要一个漫长的过程。草地沙化程度越大，土壤种子库与演替初期相比变得越单调、贫乏，其自我恢复与繁殖更新能力就越弱，经历的时间就越长。

（3）沙地自然资源的优化配置与合理植被覆盖度：在沙地植被恢复过程中，自然资源的合理配置是实现沙地生态系统良性循环的前提。要选择适宜当地生长、建植成活率高、抗风蚀耐沙埋的乡土草（树）种；进行灌草植物的科学配置，优化群落结构。

（4）资源利用与可持续发展：沙地资源的开发与利用必须遵循先保护后利用的原则。要想实现沙地植物资源的可持续利用，必须杜绝滥垦乱伐、长期超载过牧等不合理现象，宜林则林，宜牧则牧，合理调整地区产业结构，加大退耕还林，退牧还草政策的执行力度，实现沙地保护基础上的可持续经营利用。

4.6.3　土壤酸化

土壤酸化通常是指土壤中氢离子增加的过程，或者说是土壤酸化过程，它是一个持续不断的自然过程，如果土壤 pH 低于 7，便可称为酸性土壤。土壤中既存在一些天然酸的形成过程，如土壤中动植物呼吸作用产生的碳酸、动植物残体经微生物分解产生的有机酸等；也存在由于人为影响因素而产生的土壤酸化。

从世界范围来看，酸性土壤主要分布在两大地区，一是热带、亚热带地区，二是温带地区。温带地区的酸性土壤主要分布在北美、北欧，其酸化问题主要发生在灰化土上，而我国的酸性土壤主要分布在长江以南的广大热带、亚热带地区和云贵川等地域。近几十年来，随着我国工业的发展，酸性气体大量排放，酸性沉降物对环境的危害不断增强，造成我国南方地区酸沉降的频率和强度增加。目前，我国南方黄、红壤地区已成为世界上除北美和欧洲之外的第三大酸雨区域。

目前我国土壤酸化总面积约为 2.04×10^8 hm²，主要集中在湖南、江西、福建、浙江、广东、广西、海南等区域。大部分酸化土壤的 pH 低于 5.5，其中很大一部分小于 5.0，最低达 4.5，而且酸化面积还在不断扩大，土壤酸度还在不断升高。

土壤酸化产生的原因主要有酸沉降，不合理施肥、灌溉，雨水淋洗作用和微生物、有机酸作用等。目前酸沉降和不合理施肥已成为土壤酸化的主要原因。

4.6.3.1　防治酸雨的对策

（1）完善环境法规，加强监督管理：制定大气环境质量标准，用经济手段促进大气污染的治理；推行清洁生产，走可持续发展道路。

（2）调整能源结构，改进燃烧技术：改造污染严重企业、淘汰落后工艺和设备，使用低硫煤，加大烟道脱硫、脱氮技术，增加无污染或少污染的能源比例。

（3）改善交通环境，控制汽车尾气：制定汽车废气排放标准，推广无铅汽油，改进汽车发动机技术，安装尾气净化装置，使用绿色汽车等。

（4）加强植树栽花，扩大绿化面积：植物具有调节气候、保持水土、吸收有毒气体等作用。因此，选择种植一些较强吸收 SO_2 和粉尘的花草树木，如石榴、菊花、桑树、银杉等，可以净化空气，美化城市环境，这也是防止酸雨的有效途径。

4.6.3.2　氮肥污染土壤的防治

在农业上，过去几十年的施肥使耕地酸化日益严重，在农民使用的化肥中，氮肥对土壤酸化的影响最大。从 20 世纪 70 年代开始，工业发达国家已经发现了氮素化肥施用量及其累积年限和土壤 pH 变化有密切关系。现在已经肯定，氮肥使用将引起土壤酸化。当前防治氮肥对土壤污染的措施主要有以下几种。

（1）强化环保意识，加强土壤、肥料、农产品的监测管理；提高群众的环保意识，调动广大公民参与到防治土壤化肥污染的行动中。

严格监测检查化肥中的污染物质，防止化肥带入土壤过量的有害物质。制定有关有害物质的允许量标准，用法律法规来防治化肥污染。

（2）增施有机肥、生物肥料。有机肥是我国传统的农家肥，包括秸秆、动物粪便、绿肥等。施用有机肥能够增加土壤有机质、土壤微生物，改善土壤结构，提高土壤的吸收容量，增加土壤胶体对重金属等有毒物质的吸附能力。应大力推广施用生物肥料，如 EM 菌肥；逐步施用各种专用缓释肥，提高肥料利用率。推行秸秆还田也是增加土壤有机质的有效措施。从长远发展来看，绿肥，油菜、大豆等作物秸秆还田前景较好，应加以推广。

（3）推广配方施肥技术。配方施肥技术是综合运用现代化农业科技成果，根据作物需肥规律、土壤供肥性能与肥料效应，在以有机肥为主的条件下，产前提出施用各种肥料的适宜用量和比例及相应的施肥方法。

4.6.4　土壤侵蚀

土壤侵蚀是国际通用的土壤学学术用语，国际上有代表性的学术专著和机构对此定义大致相同，即在水、风、重力等作用下土壤的流失。土壤侵蚀属于自然灾害，严重制约了土地生产力的发挥，成为生态失调的重要成因，其后果已经严重威胁到人类的生存和发展。土壤侵蚀是特定的水土流失形式，土壤侵蚀包含在水土流失范围内。

4.6.4.1　对土壤侵蚀的研究

对于全世界土壤侵蚀研究发展历史，目前国际上尚无统一的观点，研究比较深入的国家主要有欧洲各国、美国、前苏联和日本。

1）欧洲

1884 年，奥地利最早认识到林地覆盖对保持土壤的重要性，制定并颁布了世界上第一部有关防治土壤侵蚀的《荒溪治理法》，研究出一套综合防治土壤侵蚀的森林工程措施体系；1950年，联合国粮农组织欧洲林业委员会（COFO）成立了山区流域管理工作组；1978 年，欧洲举行了对土壤侵蚀研究发展极其重要的第 11 次土壤防治会议；同年 5 月在罗马召开的第 11次山区流域治理学术讨论会上，联合国粮农组织林业委员会同意将欧洲山区流域治理工作组"国际化"，把山区流域治理工作成员扩大到发展中国家。

2）美国

美国防治土壤侵蚀的工作是从 20 世纪 20 年代后期逐渐兴起，主要引导农民使用工程措施防治耕地的土壤侵蚀。1915 年，美国林务局在犹他州布设了第一个定量土壤侵蚀观测小区，米勒第一次公布了野外小区土壤侵蚀量观测成果。此后的 10 年间，美国有 44 个试验站都开展了同类研究，面积从小区到小流域，内容涉及雨滴特性、土壤养分流失、种植制度及植被覆盖等方面对土壤侵蚀的影响。

近年来美国在基础理论研究方面主要有水流中泥沙沉积机理、雨滴溅蚀和水流剥蚀及输移原理、土壤侵蚀预报的新方法及评估水保措施效益的新方法、新的侵蚀控制概念评价和野外试验、土壤侵蚀对土地生产力的影响等。在应用基础方面的研究内容主要为研制评估、预测、监测土地生产能力和土地资源变化的新技术，提供为改良、保护和恢复农业用地，提高农业生产能力的技术，合理利用水资源的先进管理制度及合理用水技术，优化土地资源管理所需要的土、水、气资源综合利用技术。

3）苏联

18 世纪中叶，土壤侵蚀学科在俄罗斯逐步发展起来。19 世纪就在其国内开展了广泛的土壤侵蚀调查，得到了第一手资料。19 世纪末已提出了许多防治土壤侵蚀和干旱的综合措施并被多国借鉴和应用。至 1967 年，苏联从事土壤侵蚀和治理的科研单位就有 200 多个，使土壤侵蚀研究逐步趋向规范化，研究的深度和广度也有了很大的发展。出版了《土壤侵蚀及其防治》《土壤保持》《农地土壤侵蚀及其防治》《农地土壤侵蚀及其研究的新方法》《苏联土壤侵蚀区划》等著作。

4）日本

17 世纪后期，日本就对土壤侵蚀进行了初步研究，由于第二次世界大战的爆发，本来处在起步阶段的土壤侵蚀研究随之夭折，真正的有关土壤侵蚀的研究工作实际上开始于第二次世界大战结束以后。1953 年设立水土保持对策协议会，制订基本防治对策，公布了治山治水基本对策纲要；1959 年，又公布了治山治水紧急措施法并制定实施了 10 年治山治水规划。一大批研究者和有关部门都参与了研究，带动了有关土壤侵蚀和水土保持的研究热潮。

虽然日本国内工程施工方法较为先进，但由于日本科研部门对土壤侵蚀理论方面相对缺乏研究，其理论研究相对来说还是较为滞后。

5）中国

在公元前 10 世纪的西周时期，我国就有"平治水土"之说，《诗经》中记述了朴素的土壤侵蚀防治原理及认识到合理利用土地的重要性。在《汉书·沟洫志》中有"一石水而六斗泥"的记载，张戎明确提出河流重浊的泥沙淤积是黄河决溢的主要原因。宋、元、明时期，土壤侵蚀在坡耕地上已十分严重，当代人已学会通过修筑梯田以防止水土流失，明朝周用提出"使天下人人治田，则人人治河"的思想。

20 世纪 20 年代末，我国开始了系统的土壤侵蚀研究，先后在四川内江、甘肃天水、陕西长安、福建河田等地建立了土壤侵蚀研究试验区，对土壤侵蚀规律、土壤侵蚀防治措施进行了研究。

1952 年，国务院发出《关于发动群众继续开展防旱、抗旱运动并大力推行水土保持工作的指示》，1956 年成立了国务院水土保持委员会，1957 年国务院发布了《中华人民共和国水土保持暂行纲要》，1964 年国务院制定了《关于黄河中游地区水土保持工作的决定》，1982 年6 月 30 日国务院批准发布了《水土保持工作条例》，1985 年中国水土保持学会成立，1991 年6 月 29 日，第七届全国人大常务委员会第 20 次会议一致通过了《中华人民共和国水土保持法》，至此我国的水土保持工作逐步走向了法制化、规范化和科学化的道路。

4.6.4.2　土壤侵蚀类型

土壤侵蚀的发生很大一部分是由人类活动引起的，根据有关学者研究结果，在不同土地利用方式下，耕地侵蚀面积最大，其次是林地。开矿、改扩建电厂、港口码头建设、新建高速公路、铁路以及城市基础建设等各类开发建设项目的大量增加也带来了短时间内强度侵蚀面积的增加。

土壤侵蚀类型以外力性质为依据划分为水力侵蚀、重力侵蚀、冻融侵蚀、风力侵蚀等。

（1）水力侵蚀是指在降雨雨滴击溅、地表径流冲刷和下渗水分的作用下，土壤、土壤母质和其他地面组成物质被破坏、剥蚀、搬运和沉积的全部过程。常见的水力侵蚀主要有面蚀和沟蚀。面蚀是指地表积水在重力作用下形成地表径流，而处于分散状态的地表径流冲走地表土粒的现象。面蚀的危害主要在于它可以带走土壤中大量的营养成分，使土壤肥力下降。按面蚀发生的地质条件、发生程度及土地利用现状差异，面蚀又可分为层状面蚀、沙砾化面蚀、鳞片面蚀和细沟状面蚀 4 种类型。沟蚀是指细沟状面蚀，切入地面带走土壤、土壤母质及破碎基岩，形成沟壑的过程。根据沟蚀发生的严重程度及侵蚀沟外貌特征，可将侵蚀沟分为黄土地区的侵蚀沟（浅沟、切沟、冲沟和河沟）和土石山区的侵蚀沟（荒沟、崩岗沟和沟洼地）等。

（2）重力侵蚀是一种以重力作用为主引起的土壤侵蚀形式，它是坡面表层土石物质及中浅层基岩由于本身所受的重力作用（很多情况还受下渗水分、地下潜水或地下径流的影响），失去平衡发生位移和堆积的现象。根据土石物质破坏的特征和移动方式，一般可将重力侵蚀分为陷穴、泻留、滑坡、崩塌、地爬、崩岗、岩层融动、山剥皮等。

（3）冻融侵蚀是指冻土和冰川的侵蚀。冻土是指温度在 0 °C 零摄氏度以下，含有冰的土（岩）层。冻土的主要外力作用是冻融作用，其一般可分为两层，上层为夏融冬冻的活动层，下层才是常年（多年）不化的永冻层。世界上冻土总面积约为 3 500 万 km^2，占地球大陆面积的 25%。俄罗斯和加拿大是冻土分布最广的国家，俄罗斯领土的一半有冻土分布。我国冻土主要分布在东北北部山区、西北高山区及青藏高原地区，冻土面积约 215 万 km^2，占国土总面积的 22.3% 左右。

此外，冰川也具有很强的侵蚀力，冰川的侵蚀方式可分为拔蚀作用和磨蚀作用两种。冰川的拔蚀作用主要由于冰川自身重量和冰体的运动导致冰床底部或冰斗后背的基岩节理反复冻融而松动、破碎，冰雪融水渗入节理裂隙的过程，大陆冰川作用区的大量漂砾多半是冰川拔蚀作用的产物。冰川的磨蚀作用是由冰川对冰床产生巨大压力所引起的，冰川运动时，冻结在冰川底部的碎石突出冰外，如锉刀一样不断对冰川底床进行消磨和刻蚀。

（4）风力侵蚀是指风和风沙对地表物质的吹蚀与磨蚀作用。风力侵蚀在干旱、半干旱地区最强烈，这些地区气温日差较大、物理风化盛行，降水少且变率大，植被覆盖率低，疏松的沙质地表裸露，在强劲、频繁的大风作用下，风力侵蚀极其剧烈，由此在这些地区形成了广泛分布的风蚀和风积地貌形态。如果地面或迎风岩壁上出现裂隙或凹坑，风沙流还可以钻入其中进行旋磨，大大加快了地面土壤结构的破坏速度。大家比较熟悉的风蚀现象就是沙尘暴，沙尘暴是全球干旱、半干旱地区特殊垫面条件下产生的一种灾害性天气。我国的沙尘暴主要发生在西北干旱、半干旱地区，是世界上唯一的中纬度地区发生沙尘暴最多的区域。沙尘暴导致一系列重要的环境问题，如污染空气，危害农业、牧业、交通运输、通信、动植物生存等，并对气候变化、沙漠化的形成和发展等有着重大影响。

4.6.4.3 中国土壤侵蚀现状

　　土壤侵蚀是一个世界性的环境问题。近百年来随着农业生产的发展和科学技术的进步，人类对于土壤侵蚀危害的认识日益深刻和系统化。全球土壤侵蚀面积的不断扩大意味着人们在不久的将来可能失去最基本的生存基础：有生产能力的土地，或者说它使粮食生产的基础发生动摇。土壤侵蚀已是全球最严重的生态问题之一，是人类共同的灾难。

　　我国是一个多山的国家，山地、丘陵和比较崎岖的高原区约占全国陆地总面积的 61%，盆地约占 19%，而平原约为 12%，耕地面积严重不足，森林覆盖率低，人均占有率远低于世界人均水平。据全国土壤侵蚀遥感普查数据（2000—2001 年）可知，我国土壤侵蚀总面积 356.92 万 km^2，占国土总面积的 37.6%，其中，水力侵蚀面积 161.22 万 km^2，占土壤侵蚀总面积的 45.2%；风力侵蚀面积 195.70 万 km^2，占土壤侵蚀总面积的 54.8%。从我国各省（自治区、直辖市）的水土流失分布分析，水力侵蚀主要集中在黄河中游地区的山西、陕西、甘肃、宁夏、内蒙古及长江上游的重庆、四川、贵州和云南等省（自治区、直辖市）；风力侵蚀主要集中在西部地区的内蒙古、新疆、青海、甘肃和西藏等省（自治区）。从各流域的水土流失分布看，黄河、长江、淮河、海滦河、松辽河、珠江、太湖等七大流域水土流失总面积 136.42 万 km^2，占全国水土流失总面积的 38.2%。其中，水力侵蚀面积 120.58 万 km^2，占全国水力侵蚀总面积的 74.8%；风力侵蚀面积 15.84 万 km^2，占全国风蚀总面积的 8.1%。长江流域的水土流失面积最大，黄河流域水土流失面积次之，但流失面积占流域面积的比例最大，强度以上侵蚀面积及其比例居七大流域之首，是我国水土流失最严重的流域。

　　总之，我国已成为世界上土壤侵蚀面积最大、分布最广、受害最严重的国家之一。土壤侵蚀给我国的生态环境和经济发展造成严重危害，而目前还缺乏详细的全国土壤侵蚀资料，我国在防治土壤流失方面任重而道远。

4.6.4.4 土壤侵蚀的形成

　　土壤侵蚀的发生除受自然因素影响外，另一主要原因就是人类不合理的开发，尤其是随着经济建设的快速发展，毁林开荒、陡坡耕种、过量采伐林木、过度放牧及工矿建设中不合理活动等导致土壤侵蚀面积和侵蚀程度不断扩大加剧的趋势愈演愈烈。

1）侵蚀作用的自然历史因素

　　影响侵蚀作用发展的最重要的自然历史因素是地形、地质条件、气候、植被覆盖以及土壤的物理化学特性等。

　　地形是影响水土流失的重要因素，而坡度的大小、坡长、坡形等都对水土流失有影响，其中坡度的影响最大。

　　由于不同区域气候条件不同，侵蚀作用在它的表现形式上或破坏程度上都不相同，有的地区积雪层很厚，春季融雪和夏季强度很大的暴雨（在地形破碎的条件下）会造成严重的土壤流失和冲刷现象。一般说来，暴雨强度越大，水土流失量越多；反之，在一些降水量不大，积雪层很薄的地区不具备形成侵蚀的先决条件，但是此地在作物生长期的气温很高，风特别强烈，空气的相对湿度非常低，因此风蚀作用就特别明显。

气候也能影响地表的外貌。在气候湿润的地区，植物覆盖层能保护土壤免受风蚀和水蚀的破坏。但在气候干燥地区，水的流速极快（地表没有植物覆盖），风将会刮削地表并吹走风化的产物，使得地形变得起伏不平。

植被覆盖与水土保持措施是自然环境中对防治土壤侵蚀起积极作用的因素，几乎在任何条件下都有阻缓侵蚀的作用。多年来，由于人口的增长和经济的发展，我国曾不合理地大量砍伐森林、垦荒种植，其结果是导致森林面积减少和水土流失大面积增加。

国内外大量的研究表明，不同土地利用条件下土壤抗蚀能力大小的排序是林地>草地>农地。农地的土壤抗蚀能力处于极弱水平，林地、草地的减蚀效益在防止土壤侵蚀的整体效益中相当可观，林地可比农地减少侵蚀量 90%以上，草地可比农地减少侵蚀量 60%~90%。我国不仅林木植被少、森林覆盖率低，而且森林的分布也不均匀，质量不高，这是造成一系列生态环境恶化的深层次问题。

土壤是侵蚀作用的主要对象，因而除各地区的地势、地貌和气象特征以外，土壤本身的透水性、抗蚀性和抗冲性等特性在径流和流失作用中也会产生极其重要的影响。土壤的透水性与质地、结构、孔隙有关。一般地，质地、结构疏松的土壤易产生侵蚀。土壤抗蚀性是指土壤抵抗径流对它们的分散和悬浮的能力，若土壤颗粒间的胶结力很强，结构体相互不易分散，则土壤抗蚀性也较强。土壤的抗冲性是指土壤对抗流水和风蚀等机械破坏作用的能力。据研究，土壤膨胀系数越大，崩解越快，抗冲性就越弱。如有根系缠绕将土壤团结，可使其抗冲性增强。

水分性质（渗水能力和排水能力）及土壤含水量，特别是耕作层土壤的含水量也能在很大程度上影响土壤的侵蚀性。干燥而松散的土壤接近流动状态且渗水性很弱，因而易遭受吹失的危害；在暴雨时由于雨水来不及被土壤吸收，沿地表流动，很容易导致土壤的流失和冲刷。

2）侵蚀作用的人为因素

史前时代，侵蚀作用的发生和发展取决于内部和外部地球力学，但自从人类的经营活动对地表产生影响的时候起，自然历史因素引起的侵蚀作用就显得微乎其微，而侵蚀作用的发生和发展的方向和强度就基本上取决于社会经济因素及由于这些因素而产生的垦殖方式和技术。比如，表土的流失就是从人类在坡地上种植农作物并毁坏坡地的天然覆盖层开始的。然而人类的活动对土壤的物理特性和保土的覆盖层的影响，既有有利的一面也有不利的一面。一方面人类的经营活动可能促进侵蚀作用的出现和发展；而另一方面又能制止侵蚀作用，并且能恢复被侵蚀所破坏的土地的生产率。人类经营活动影响侵蚀发展最重要的因素有土地使用、土地规划、坡地的开垦、放牧牲畜及保土森林的大规模砍伐等。

4.6.4.5　土壤侵蚀导致的环境效应

土壤侵蚀是人类面临的重大环境问题，侵蚀过程同时伴有严重的水土流失现象，其主要危害有破坏土壤资源和降低土壤肥力、生态环境恶化、破坏水利和交通工程设施等。

由于土壤侵蚀，大量土壤资源被蚕食和破坏，沟壑日益加剧，土层变薄，大面积土地被切割得支离破碎，耕地面积不断缩小；土壤中含有大量氮、磷、钾等营养物质，是万物营养之源，但随着土壤侵蚀区域的不断扩大，势必将人类赖以生存的肥沃土层侵蚀殆尽，土壤流失也就是肥料的流失，当土壤流失量超过 1 000 t/km^2 时，则会造成土壤肥力严重退化。土壤侵蚀会引起一系列的生态环境问题，包括洪涝、干旱、冰雹、泥石流、滑坡、山崩、水体污染等，严重威胁人类的生命财产安全。水土流失带走的大量泥沙，被送进水库、河道、天然湖泊，造成河床淤塞、抬高，引起河流泛滥，这是平原地区发生特大洪水的主要原因；同时大量泥沙的淤积还会造成大面积土壤的次生盐渍化。

我国中部高原带（包括西北、西南高原区）生态环境脆弱，制约粮食生产增长的因素众多，但最为普遍的问题仍是土壤侵蚀。1996 年，该地区全部土壤侵蚀面积 112.78 万 km^2，占全国土壤侵蚀总面积的 61.74%，占中部高原土地面积的 29.08%，比 1990 年增加土壤侵蚀面积 35.63 万 km^2，与西北区相近（40×10^6 hm^2），而 1990 年仅为西北区的 16.23%。由于土壤侵蚀面积迅速扩大，加上其他因素影响，本区粮食产量滞长且在全国粮食丰收的 1996 年，全区粮食总产量只比 1990 年增加 36.46%，低于全国粮食增产率 57.39%，更低于西北区水平（97.57%），粮食单产也呈相同趋势。

4.6.4.6 土壤侵蚀的控制措施

防治土壤侵蚀几乎成为世界各国共同面临的艰巨任务，通过大量的生产实践和科学研究，总结出了将水利工程、生物工程、农业技术及土地规划相结合的水土保持综合治理经验。

1）水利工程措施

主要以坡面治理、沟道治理和小型水利工程为主。坡面治理工程按其作用可分为梯田、截流防冲工程和坡面蓄水工程。梯田是治坡工程的有效措施，可拦蓄 90% 以上的水土流失量。沟道治理工程主要包括沟头防护工程、谷坊、沟道蓄水工程和淤地坝等。沟头防护工程是为防止径流冲刷而引起的沟头前进、沟底下切和沟岸扩张，保护坡面不受侵蚀的水保工程。为了拦蓄暴雨时的地表径流和泥沙，可修建与水土保持紧密结合的小型水利工程，如蓄水池、转山渠、引洪漫地等。

2）生物工程措施

生物工程措施是为了防治土壤侵蚀、保持和合理利用水土资源而采取的农林牧综合经营的水土保持措施，通过造林种草、绿化荒山，增加地面覆盖率，提高土地生产力，发展生产。

生物防护措施可分为两种：一种是以防护为目的的生物防护经营型，如黄土地区的塬地护田林、丘陵护坡林、沟头防蚀林、沟坡护坡林、沟底防冲林、河滩护岸林、山地水源林、固沙林等。另一种是以林木生产为目的的林业多种经营型，有草田轮作、林粮间作、果树林、油料林、用材林、放牧林、薪炭林等。

3）农业技术措施

是指水土保持耕作法，按其所起的作用可分为以下三大类：以改变地面微小地形、增加地面粗糙率为主的水土保持农业技术措施；以增加地面覆盖为主的水土保持农业技术措施；以改善土壤的理化性状为主的农业技术措施。

4）土地规划

合理规划土地，不仅能保持和提高土地的劳动生产率，还可以防治土壤侵蚀。苏联的 B. P.

威廉士院士所提出的土地规划方案被各侵蚀地区广泛采用，它的基本原则可归纳如下：

（1）土地规划应该根据农作物的需要和自然条件最合理地配置农业用地。

（2）大多数农业企业应该按照一定比例具备以下三种用地：耕地、草地和森林。在进行侵蚀地区的土地规划时，首先要考虑合理地配置农作物轮作小区的问题。

防治土壤侵蚀，必须根据土壤侵蚀的运动规律及其条件，采取必要的具体措施。但采取任何单一防治措施，都很难获得理想的效果，必须根据不同措施的用途和特点，遵循如下综合治理原则：治山与治水相结合，治沟与治坡相结合，工程措施与生物措施相结合，田间工程与蓄水保土耕作措施相结合，治理与利用相结合，当前利益与长远利益相结合。实行以小流域为单元，坡沟兼治，治坡为主，工程措施、生物措施、农业措施相结合的集中综合治理方案，才可收到持久稳定的效果。

5　生物环境化学

5.1　生物圈和生态系统

地球上的所有生物体构成了生物圈，生物及环境中与其直接相关的部分称为生物部分，其余为非生物部分。生物学是一门研究生物的科学，以生物合成的化学物种为基础，这些物种以大分子形式存在。作为生物体，人类对环境最关心的是生物之间的关系。因此，生物学是环境科学和环境化学的重要组成部分。

5.1.1　生物圈

生物圈是指地球上有生命活动的范围及其生存环境的整体。其范围的上限可达 15 ~ 20 km 高空，其下限可达海平面以下 10 ~ 11 km 深处。生物圈的形成是生物界和水圈、大气圈及岩石圈（土壤圈）长期相互作用的结果。地球上有生命存在的地方均属生物圈。构成生物圈的生物即包括人类在内的所有动物、植物和微生物不断地与环境进行物质与能量交换。

生物圈存在应具备的条件：① 可以获得来自太阳的充足的光能。一切生命活动都需要能量，而这些能量的根本来源正是太阳光能。② 有被生物利用的大量液态水，几乎所有的生物体都含有大量的水分，没有水就没有生命。③ 有适宜生命活动的温度条件，在此温度变化范围内的物质存在着气态、固态、液态三种物态变化，这也是生命活动的必要前提。④ 提供了生命活动所需的氧气、二氧化碳以及氮、磷、钾、钙、镁、硫、铁等矿物质营养元素。

细胞是生命的最小单位。最简单的生物是单细胞生物，如某些单细胞细菌、真菌及藻类和原生动物。但是大多数的生物都是由多个细胞构成的，在这些复杂的生物体中，不同的细胞有不同的功能。如藻类体内有叶绿素或其他辅助色素，能进行光合作用。在废水处理中常见的藻类有蓝藻、绿藻、硅藻三大类。原生动物是动物中最原始的、最低等的单细胞动物，个体很小，但却是一个完整的生命体，它具有动物所必须有的营养、呼吸、排泄及生殖等机能。原生动物是活性污泥和生物滤池中生物膜的重要组成部分。在废水生化处理中，原生动物虽不如细菌那样重要，但具有吞食有机颗粒和游离细菌的能力，如最常见的纤毛类原生动物钟虫就可以在废水中以细菌及有机颗粒为食。

按照生物体同化作用方式的不同，生物分为自养型生物（能量来源的不同）、异养型生物（异化作用方式的不同）。异养型生物又分为需氧型生物、厌氧型生物、兼氧型生物。

（1）自养型生物：生物体在同化作用过程中，能够直接把从外界环境摄取的无机物转变为自身的组成物质，并储存能量，这种新陈代谢类型的生物叫做自养型生物。此类型生物能在外来能量的帮助下，以无机物二氧化碳为碳源，由 CO_2、H_2O、NH_3、H_2S 等合成有机物，而不能直接利用有机化合物中的碳素营养。

（2）异养型生物：生物体在同化作用的过程中，不能直接利用无机物制成有机物，只能把从外界摄取的现成的有机物转变成自身的组成物质，并储存能量，这种新陈代谢类型的生物，叫做异养型生物。例如，各种动物和绝大多数的细菌和一切真菌都属于这一类。人类的新陈代谢也是属于异养型的。

① 需氧型生物：需氧型生物体在异化作用的过程中，必须不断地从外界环境中摄取氧来氧化分解自身的组成物质，以释放能量并排出 CO_2。需氧型生物包括了绝大多数的生物，如各种动、植物多属于这一类。好氧性细菌如硝化细菌、亚硝化细菌等也属于这一类。

② 厌氧型生物：厌氧型生物体在异化作用的过程中，在缺氧的条件下，使有机物分解，以获得进行生命活动所需要的能量。厌氧型生物包括动物体内的寄生虫，以及乳酸菌、酵母菌、甲烷细菌、反硝化细菌等。厌氧型生物的一个主要特征是在有氧存在时，其新陈代谢过程就会受到抑制。

③ 兼氧型生物：兼氧型生物体在异化作用的过程中，在有氧或缺氧的条件下，均可以进行正常分解代谢。兼氧型细菌属于这一类。

5.1.2　生态系统

5.1.2.1　生态系统的概念

生态系统是自然界一定空间的生物与环境之间相互作用、相互制约，不断演变，达到动态平衡、相对稳定的统一整体，是具有一定结构与功能的单位。

5.1.2.2　生态系统的组成、结构与类型

1）组成

生态系统是由生物成分（生物群落）和非生物成分（环境）所组成的。

（1）生物成分：生态系统中的生物成分，根据其在系统中物质与能量迁移转化中的作用不同，又可分为三个机能群：

① 生产者：含有叶绿素，能利用太阳辐射能和光能合成有机体的植物，包括某些藻类。

② 消费者：以生物有机体为食的各类异养型生物，包括各类动物。人类也是消费者。消费者又分为一级消费者、二级消费者和三级消费者。

③ 分解者：指依靠分解有机物维持生命的微生物。分解者将生物残体和排泄的有机物分解为无机物，在净化环境污染物、维持自然生态平衡方面起着重要的作用。

（2）非生物成分：指各种环境要素，如阳光、空气、水、土壤、温度、矿物养分等。

2）结构

（1）生态系统的形态结构：生态系统的生物种类、种群数量、种的空间配置（水平分布、

垂直分布）、种的时间变化等构成了生态系统的形态结构。其中生物的种类、数量及其空间位置是主要标志。

（2）生态系统的营养结构：生态系统各组成部分之间建立起来的营养关系，构成了生态系统的营养结构。营养结构是生态系统中能量流动和物质循环的基础。不同生态系统的组成不同，其营养结构的具体表现形式也因之各异。

3）类型（表5-1）

表 5-1　生态系统的类型

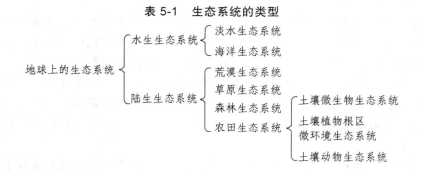

5.1.2.3　生态系统的功能

生态系统的功能主要表现在能量的单方向流动、物质的反复循环和一定的信息联系。

1）食物链（网）和营养级

（1）食物链：生态系统中，由食物关系把多种生物联结起来，一种生物以另一种生物为食；另一种生物再以第三种生物为食……，彼此形成了一个以食物关系连接起来的链锁关系，称为食物链。

按照生物间的相互关系，一般又可把食物链分成四类，见表5-2。

表 5-2　食物链的分类

食物链
- 捕食性食物链(放牧式食物链)：植物—草食动物—肉食动物
- 碎食性食物链(由高等植物叶子的碎片经细菌和真菌的作用，再加入微小的藻类构成)：碎食物—碎食物消费者—小肉食性动物—大肉食性动物
- 寄生性食物链(小生物寄生到大生物身上构成)：鸟类—跳蚤—原生动物—细菌—过滤性病毒
- 腐生性食物链(腐烂的动植物尸体被土壤或水中的微生物分解利用)

（2）食物网：在一个生态系统中，食物关系往往很复杂，各种食物链相互交错形成食物网。能量流和物质流就是通过食物链或食物网进行的。

（3）营养级：在食物链的各个环节，地位相同、起同样作用的一群生物称为一个营养级。生产者有机体为第一营养级，一级消费者为第二营养级，二级消费者为第三营养级，依次为第四、第五……营养级。一个生态系统的营养级通常为4～5级，一般不超过7级。人类处于最高营养级。

低位营养级生物是高位营养级生物的营养及能量的供应者，而地球上的一切能量来源是

太阳能。但是，低位营养级的能量仅有 10% ~ 20% 能被高一级营养级生物利用。因此，在数量上第一营养级就必须大大超过第二营养级，逐级递减，形成生物数目金字塔。

生物金字塔的意义：

（1）农业是基础，种植业又是农业的基础，是发展养殖业和畜牧业的基础。过度放牧必将引起草原生态系统的破坏，如草场退化、土地沙漠化。因此，农业结构应符合生态学原理。

（2）人类处于食物链的最高营养级，处于生物金字塔的顶点。因此，世界人口的总数量受食物供应的限制。人口过剩，食物短缺，人类生态系统的平衡被破坏。

（3）利用食物链的限度关系，充分利用能量。青草内的碳水化合物对土壤的作用不是十分重要，应先用其做饲料，再用畜、禽类的粪尿制作沼气，沼渣、水作肥料，则可以有效地利用能量。如果把青草直接用作肥料是生物质能的一大浪费。

（4）改变人类食物结构。人类的食物结构以植物为主食比以动物为主食经济有利；以草食动物为食比以肉食动物为食经济有利。即人类的食物链越短，则能量的利用率越高。

2）生态系统中的能量流动和物质流动

进入大气层的太阳能，只有 10%左右辐射到绿色植物上，还有大部分被反射回去，真正被绿色植物吸收利用的只占辐射到地面上的太阳能的 1% 左右。绿色植物利用这一部分太阳能进行光合作用，制造有机物，每年可达 1 500 ~ 2 000 亿吨，以供给消费者需要。能量通过食物链传递。动、植物死后的尸体或排泄物被分解者分解，把复杂的有机物转变为简单的无机物，在分解过程中把有机物中储存的能量发散到环境中去。同时，生产者、消费昔、分解者的呼吸作用又都要消耗一部分能量，被消耗的能量以热的形式发散到环境中去（能量耗散结构）。这就是生态系统中的能量流和物质流。

3）生态系统中的物质循环

（1）水循环：水是生态系统中能量流与物质循环的介质，而其中的 O、H 又是生命有机体的重要组成物质的给源。水的循环对调节气候和净化环境也起着重要作用。水循环和其他物质的循环密切地交织在一起，对水循环的任何干扰，都会影响其他循环，甚至造成其他循环的瓦解，至少在局部范围内如此。所以，保护水循环的整体性是环境保护的一个中心问题。

（2）碳循环：碳是有机分子的基本材料，是一切生物的物质组成基础。从目前的观点来看，空气中的 CO_2 浓度在逐步增加，这是碳循环不够平衡的结果，其后果是严峻的。

空气中 CO_2 减少的主要途径：① 光合作用；② 海水以及其他地面水的吸收溶解；③ 碳酸盐沉积。

空气中 CO_2 增加的主要途径：① 化石燃料以及动、植物残体的燃烧；② 动、植物的呼吸作用；③ 微生物对有机物残体的分解作用；④ 水中溶解 CO_2 的解吸作用；⑤ 碳酸盐的热分解；⑥ 岩石的风化作用等。

（3）氮循环：植物从土壤中吸收硝酸盐或铵盐，并在体内制成各种氨基酸，最后合成各种蛋白质。土壤中的硝酸盐可进入地下水层，污染地下水源，也可流入江、河、湖泊、海洋。而硝酸盐又可在反硝化细菌的作用下转变为 N_2 或 N_2O，重返大气，完成氮的循环。

从氮循环的现状来看，每年被固定的氮合计约 $98.1×10^6$ t，而经反硝化重返大气的氮，以及沉积在海底的氮为 $85×10^6$ t。多余下来的固定氮分布在土壤、地下水、地表水之中。这可能是造成水体富营养化和地下水、地面水氮污染的主要原因。

5.1.2.4　生态平衡

在外来因素干扰下，能通过自我调节恢复到最初的稳定状态，则这种状态可称为生态平衡。生态平衡包括组成结构上的平衡、功能上的平衡、输入和输出物质和能量上的平衡。

生态系统之所以能保持相对的平衡状态，是因为生态系统本身具有自动调节的能力。但是这个调节能力是有限的，外界的干扰或冲击，或者内部变化超过这个限度，生态系统的平衡就可能遭到破坏，这个限度称为生态阈值。生态系统的结构越复杂，自动调节能力越强，生态平衡越稳定，抵抗外源物的干扰（如污染物的输入）能力越强，生态阈值越大。

人为因素引起的生态平衡破坏因素：① 人为因素使环境因素发生改变，主要表现为人类的生产、生活向环境中输入大量的污染物所引起；其次表现为对自然和自然资源的不合理开发利用所引起。② 人为因素使生物种类发生改变。如乱砍滥伐森林、过度放牧等都有可能使生态平衡遭受破坏。③ 人为因素使信息系统的破坏，也会使生态平衡遭受破坏。

5.1.3　生物污染的主要途径及分布

5.1.3.1　生物污染

生物污染是指大气、水环境以及土壤环境中各种各样的污染物质，包括施入土壤中的农药等，通过生物的表面附着、根部吸收、叶片气孔的吸收以及表皮的渗透等方式进入生物机体内，并通过食物链最终影响到人体健康。把污染环境的某些物质在生物体内累积至数量超过其正常含量，足以影响人体健康或动植物正常生长发育的现象称为生物污染。对于生物体来讲，有些物质是有害或有毒的，有些物质则是无害甚至是有益的；但是大多数物质在超常量摄入时对生物体都是有害的。

1）生物放大

生物放大是指在同一食物链上的高营养级生物，通过吞食低营养级生物蓄积某种元素或难降解物质，使其在机体内的浓度随营养级提高而增大的现象。生物放大的程度也用生物浓缩系数表示。生物放大的结果是食物链上高营养级生物体内某种物质的浓度显著地超过环境中的浓度，因此生物放大是针对食物链的关系而言的。如果不存在食物链的关系，就不能称之为生物放大，而只能称之为生物富集或生物积累。如 1966 年有人报道，美国图尔湖和克拉斯南部自然保护区受到 DDT 对生物群落的污染。DDT 是一种有机氯杀虫剂，易溶解于脂肪而积累于动物脂肪内。在位于食物链顶级，以鱼类为食的水鸟体中的 DDT 浓度竟然比湖水高出近 76 万多倍。北极的陆地生态系统中，在地衣→北美驯鹿→狼的食物链中，也存在着对 ^{137}Cs 生物放大现象。

不同生物对物质的生物放大作用也有明显的差别，例如，海洋模式生态系统中研究藤壶、蛤、牡蛎、蓝蟹和沙蚕等五种生物对于铁、钡、锌、锰、镉、铜、硒、砷、铬、汞 10 种元素的生物放大作用，发现藤壶和沙蚕的生物放大能力较大，牡蛎和蛤次之，蓝蟹最小。但是生物放大并不是在所有的条件下都能发生。据文献报道，有些物质只能沿着生物链传递，不能沿食物链放大；有些物质既不能沿食物链传递，也不能沿食物链放大。这是因为影响生物放大的因素是多方面的。如食物链往往都十分复杂，相互交织成网状，同一种生物在发育的不同阶段或相同阶段，有可能隶属于不同营养级，具有多种食物来源，这就扰乱了生物放大。不同生物或同一生物在不同的条件下，对物质的吸收和消除等均有可能不同，也会影响生物放大的情况。例如，1971 年，Hame-link 等人通过实验发现，疏水性化合物被鱼体组织吸收，主要是通过水和血液中脂肪层两相之间的平衡交换进行的。后来，许多学者的研究也证实了这一结论的正确性，他们明确指出，有机化合物的生物积累主要是通过分配作用进入水生有机体的脂肪中。随后的许多实验结果也都支持了这一点，即有机化合物在生物体的积累不是通过食物链迁移产生的生物放大，而是生物脂肪对有机化合物的溶解作用。

2）生物富集

生物富集是指生物机体或处于同一营养级上的许多生物种群，通过非吞食方式（如植物根部的吸收、气孔的呼吸作用而吸收），从周围环境中蓄积某种元素或难降解的物质，使生物体内该物质的浓度超过环境中浓度的现象，又称为生物学富集或生物浓缩。生物富集用生物浓缩系数表示，即生物机体内某种物质的浓度和环境中该物质浓度的比值。生物富集对于阐明物质或元素在生态系统中的迁移转化规律，评价和预测污染物进入环境后可能造成的危害，以及利用生物对环境进行监测和净化等均有重要的意义。

生物浓缩系数可以从几到几万，甚至更高。影响生物浓缩系数的主要因素是物质本身的性质以及生物和环境等因素。物质性质方面的主要影响因素是降解性、脂溶性和水溶性。一般降解性小、脂溶性高、水溶性低的物质，生物浓缩系数高；反之，则低。如虹鳟对 $2,2',4,4'$-氯联苯的浓缩系数为 12 400，而对四氯化碳的浓缩系数是 17.7。在生物特征方面的影响因素有生物种类、大小、性别、器官、生物发育阶段等，如金枪鱼和海绵对铜的浓缩系数，分别是 100 和 1 400。在环境条件方面的影响因素包括温度、盐度、水硬度、pH、氧含量和光照状况等。如翻车鱼对多氯联苯浓缩系数在水温 5 ℃ 时为 $6.0×10^3$，而在 15 ℃ 时为 $5.0×10^4$，水温升高，相差显著。一般重金属元素和许多氯化烃、稠环、杂环等有机化合物具有很高的生物浓缩系数。

$$生物浓缩系数 = \frac{C_B（某物质或元素在生物体内的浓度）}{C_E（某物质或元素在周围环境中的浓度）}$$

3）生物积累

生物积累是生物从周围环境（水、土壤、大气）中和食物链蓄积某种元素或难降解物质，使其在机体中的浓度超过周围环境中浓度的现象。生物放大和生物富集都是生物积累的一种方式。生物积累也用生物浓缩系数来表示。浓缩系数与生物体特性、营养等级、食物类型、发育阶段、接触时间、化合物的性质及浓度有关。通常，化学性质稳定的脂溶性有机污染物如 DDT、PCBs 等很容易在生物体内积累。例如，有人研究牡蛎在 50 μg/L 氯化汞溶液中对汞的积累。观察 7 d、14 d、19 d 和 42 d 时，牡蛎体内汞含量的变化，结果发现其浓缩系数分别是 500、700、800 和 1 200，表明在代谢活跃期内的生物积累过程中，浓缩系数是不断增加的。因此，任何机体在任何时刻，机体内某种元素或难降解物质的浓度水平取决于摄取和消除这两个相反过程的速率，当摄取量大于消除量时，就发生生物积累。

科学研究还发现，环境中物质的浓度对生物积累的影响不大，但在生物积累过程中，不同种生物或同一种生物不同器官和组织，对同一种元素或物质的平衡浓缩系数的数值以及达到平衡的时间可以有很大区别。

综上所述，生物积累、生物放大和生物富集可在不同侧面为探讨环境中污染物质的迁移、排放标准和可能造成的危害，以及利用生物对环境进行监测和净化，提供重要的科学依据。

5.1.3.2 生物转化

生物转化是指污染物进入生物体后，在有关体内酶或分泌到体外的酶的催化作用下的代谢变化过程。其中包括生物降解和生物活化两种转化过程。

1）生物降解

有机物质通过生物氧化及其他的生物转化，变成更小更简单的分子。如果有机物质降解成二氧化碳、水等简单无机化合物，为彻底降解；否则，为不彻底降解。多数污染物经生物转化后，水溶性提高，毒性也相对减弱或消失，有的分解中间产物与生物体内的物质相结合，生成易排泄物而迅速排出体外。

2）生物活化

有的污染物在生物体内的代谢转化过程中转变为比母体毒性更大的生物活性物质，这种现象称为生物活化。例如，汞的甲基化就是典型的实例。

5.1.3.3 污染物对植物污染的主要途径及在植物体内的分布

植物对污染物的吸收是一个复杂的综合过程。其根部对污染物的吸收主要受到土壤 pH、污染物浓度以及环境理化性质的影响；而暴露于空气中的植物的地上部分对污染物的摄取，主要取决于污染物的蒸气压。植物受污染的主要途径有表面附着及植物吸收等，而污染物在植物体内的分布规律则与植物吸收污染物的主要途径、植物的种类及污染物的性质等因素有关。

1）表面附着

表面附着是指污染物以物理方式黏附在植物表面的现象。例如，散逸到大气中的各种气态污染物、施用的农药、大气中降落的粉尘及含大气污染物的降水等，会有一部分黏附在植物表面，造成对植物的污染和危害。表面附着量的大小与植物的表面积大小、表面形状、表面性质及污染物的性质、状态等有关。表面积较大、表面粗糙且有绒毛的植物其附着量较大，黏度较大、呈粉状的污染物在植物上的附着量也较大。

2）植物吸收

植物对大气、水体和土壤中污染物的吸收方式可分为主动吸收和被动吸收两种。主动吸收即代谢吸收，它是指植物细胞利用其特有的代谢作用所产生的能量而进行的吸收作用。细胞通过这种吸收能把浓度差逆向的外界物质引入细胞内。例如，植物叶面的气孔可不断吸收空气中极微量的氟等，吸收的氟随蒸腾转移到叶尖和叶缘，并在那里积累至一定浓度后造成植物组织的坏死。植物通过根系从土壤或水体中吸收营养物质和水分的同时也吸收污染物，其吸收量的大小与污染物的性质及含量、土壤性质和植物品种等因素有关。例如，用含镉的污水灌溉水稻，镉将被水稻根部吸收，并在水稻的各个部位积累，造成水稻的镉污染。主动吸收可使污染物在植物体内得以百倍、千倍甚至数万倍地浓缩。被动吸收即物理吸收，这种吸收依靠外液与原生质的浓度差，通过溶质扩散作用实现吸收过程，其吸收量的大小与污染物的性质及含量大小、植物与污染物接触时间的长短等因素有关。

许多污染物质都是通过植物的土壤-植物系统进入生态系统的。由于污染物质在生物链中的积累直接或间接地对陆生生物造成影响，因而植物对污染物质的吸收被认为是污染物在食物链中的积累并危害陆生动物的第一步。植物吸收污染物后，其在植物体内的分布与植物种类、吸收污染物的途径等因素有关。植物从大气中吸收污染物后，污染物在植物体内的残留量常以叶部分布最多。例如，在含氟的大气环境中种植的番茄、茄子、黄瓜、菠菜、青萝卜、胡萝卜等蔬菜体内氟的含量分布符合此规律。

植物从土壤和水体中吸收污染物，其残留量的一般分布规律是：根＞茎＞叶＞穗＞壳＞种子。例如，在被镉污染的土壤中种植的水稻，其根部的镉含量远大于其他部位。试验表明，植物的种类不同，对污染物的吸收残留量的分布也有不符合上述规律的。例如，在被镉污染的土壤中种植的萝卜和胡萝卜，其根部的含镉量低于叶部。

5.1.3.4 污染物对动物污染的主要途径及在动物体内的分布

环境中的污染物主要通过呼吸道、消化道和皮肤吸收等途径进入动物体内，并通过食物链得到浓缩富集，最终进入人体。

1）动物吸收

动物在呼吸空气的同时将毫无选择地吸收来自空气中的气态污染物及悬浮颗粒物，在饮水和摄入食物时，也将摄入其中的污染物。脂溶性污染物还能通过皮肤的吸收作用进入动物机体。例如，某些气态毒物如氰化氢、砷化氢以及重金属汞等都可经皮肤吸收。当皮肤有病损时，原不能经完整皮肤吸收的物质也可通过有病损的皮肤而进入动物体。

呼吸道吸收的污染物，通过肺泡直接进入动物体内大循环；消化道吸收的污染物通过小肠吸收（吸收的程度与污染物的性质有关），经肝脏再进入大循环；经皮肤吸收的污染物可直接进入血液循环。另外，由呼吸道吸入并沉积在呼吸道表面的有害物质，也可以咽到消化道，再被吸收进入机体。

污染物质进入人体的主要途径是通过饮食、呼吸和皮肤的吸收作用。

"病从口入"是指在进食被农药、重金属或病菌污染的粮食、蔬菜、肉类、禽蛋、水果或饮水的过程中，人体不知不觉中摄入了大量有毒物质和病菌，引发多种疾病。食物和饮水主要是通过消化道进入人体的。呼吸道是吸收大气污染物质的主要途径。固态气溶胶和粉尘污染物质吸进呼吸道后，可在气管、支气管及肺泡表面沉积。呼吸道吸收的污染物质可以直接进入血液系统并转移至淋巴系统或其他器官而不经过肝脏的解毒作用，从而产生更大的毒性。

相比而言，人体皮肤对污染物质的吸收能力较弱，但也是不少污染物质进入人体的重要途径。皮肤接触的污染物质，常以被动扩散的方式相继通过皮肤的表皮及真皮，再滤过真皮中的毛细血管壁膜进入血液中。一般相对分子质量低于300、处于液态或溶解态、呈非极性的脂溶性污染物质，最容易被皮肤吸收，如酚、醇和某些有机磷农药等容易通过皮肤，并在人体内发生转化与排泄作用。

有机污染物进入动物体后，除很少一部分水溶性强、相对分子质量小的毒物可以原形排出外，绝大部分都要经过某种酶的代谢或转化作用改变其毒性，增强其水溶性而易于排泄。肝脏、肾脏、胃、肠等器官对各种毒物都有生物转化功能，其中尤以肝脏最为重要。

无机污染物（包括金属和非金属污染物）进入动物体后，大部分参与体内生物代谢过程，转化为化学形态和结构不同的物质，如金属的甲基化、脱甲基化、配位反应等；也有一部分直接蓄积于体内各器官。

动物体对污染物的排泄作用主要通过肾脏、消化道和呼吸道，也有少量随汗液、乳汁、唾液等分泌液排出，还有的在皮肤的新陈代谢过程中到达毛发而离开肌体。有毒物质在排泄过程中，可在排出器官处造成继发性损害，成为中毒表现的一部分。另外，当有毒物质在体内某器官处的蓄积超过某一限度时，会对该器官造成损害，出现中毒表现。

2）食物链作用

生物（包括微生物）能通过食物链传递和富集污染物。

水体中的污染物通过生物、微生物的代谢作用进入生物、微生物体内得到浓缩，其浓缩作用可使污染物在生物体内的浓度比在水体中的浓度大得多。例如，进入水体中的污染物，除了由水中生物的吸收作用直接进入生物体外，还有一个重要途径：食物链。浮游生物是食物链的基础。在水体环境中，常存在如下食物链：虾米吃"细泥"（实质上是浮游生物），小鱼吃虾米，大鱼吃小鱼。污染物在食物链的每次传递中浓度得到一次浓缩，甚至可以达到产生中毒作用的程度。人处于这一食物链的末端，人若长期食用污染水体中的鱼类，则可能由于污染物在体内长期富集浓缩，引起慢性中毒。震惊世界的环境公害之一日本熊本县"水俣病"，就是因为水俣湾当地的居民较长时间内食用了被周围石油化工厂排放的含汞废水污染和富集了甲基汞的鱼、虾、贝类等水生生物，造成大量居民中枢神经中毒、甚至死亡。它是由含汞废水进入"海水-鱼-人"食物链而造成的对人体的严重毒害。

环境污染物不仅可以通过水生生物食物链富集，也可以通过陆生生物食物链富集。例如，农药、大气污染物可通过植物的叶片、根系进入植物体内得到富集，而含有污染物的农作物、牧草、饲料等经过牛、羊、猪、鸡等动物进一步富集，最后通过粮食、蔬菜、水果、肉、蛋、奶等食物进入人体中浓缩，危害人体健康。例如，日本的"痛痛病"事件（又称"镉米事件"）就是因为当地居民用被锌、铅冶炼厂等排放的含镉工业废水所污染的河水灌溉农田，使稻米中含有大量的镉（"镉米"），居民食用含镉稻米和饮用含镉的水而引发的镉中毒事件。

3）污染物在动物体内的分布

污染物质被动物体吸收后，借助动物体的血液循环和淋巴系统作用在动物体内进行分布，并发生危害。污染物质在动物体内的分布与污染物的性质及进入动物组织的类型有关，其分布大体有以下五种规律。

（1）能溶解于体液的物质，如钠、钾、锂、氟、氯、溴等离子，在体内分布比较均匀。

（2）镧、锑、钍等三价和四价阳离子，水解后生成胶体，主要蓄积于肝和其他网状内皮系统。

（3）与骨骼亲和性较强的物质，如铅、钙、钡、锶、镭、铍等二价阳离子在骨骼中含量极高。

（4）对某种器官具有特殊亲和性的物质，则在该种器官中积累较多。如碘对甲状腺、汞对肾脏有特殊亲和性，故碘在甲状腺中蓄积较多，汞在肾脏中蓄积较多。

（5）脂溶性物质，如有机氯化合物（DDT、六六六等），主要积累于动物体内的脂肪中。

以上五种分布类型之间又彼此交叉，比较复杂。往往一种污染物对某一种器官有特殊亲和作用，但同时也分布于其他器官。例如，铅离子除分布在骨骼中外，也分布于肝、肾中；砷除分布于肾、肝、骨骼外，也分布于皮肤、毛发、指甲中。另外，同一种元素可能因其价态或存在形态不同而在体内蓄积的部位也有所不同。例如，水溶性汞离子很少进入脑组织，但烷基汞呈脂溶性，能通过脑屏障进入脑组织。再如，进入体内的四乙基铅，最初在脑、肝中分布较多，但经分解转变成为无机铅后，则主要分布在骨骼、肝、肾中。

总之，污染物质在动物体内的分布是一个复杂的过程，直接影响污染物质对动物的毒害作用。

污染物进入人体的途径以及在体内的分布、代谢、储存和排泄过程如图 5-1 所示。

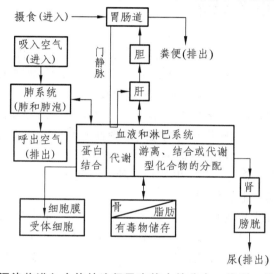

图 5-1   污染物进入人体的途径及在体内的分布、代谢、储存和排泄

5.2   微生物对污染物的降解转化作用

有机污染物的生物降解是一个依赖于微生物代谢作用进行转化的重要环境过程。通过生物降解，污染物的毒性也随之改变。有的可能促进转化成毒性强的物质，而有的则促进转化成毒性弱的物质，即有恶性转化（生物活化）和良性转化（生物解毒）两种作用。例如，无机汞化合物在微生物作用下，既能转化为毒性更大的有机汞，也能在另一类微生物作用下还原成毒性较小的单质汞。

微生物在环境中普遍存在，它可以通过酶活性催化反应提供能量，使一些原先反应速率很慢的反应，在有生物酶存在时迅速加快。微生物可以催化氧化或降解有机污染物质，这是环境中有机污染物转化的重要过程；同时微生物可转化重金属元素存在的形态，在重金属的迁移转化过程中也具有很重要的作用。如果没有微生物降解死亡的生物体和排出的废物，人们就会淹没在废弃物之中。因此，人们称微生物是生物催化剂，能使许多化学反应过程在环境中发生，同时生物有机体的降解又为其他生物生长提供必要的营养，以补偿和维持生物活性的营养库。

环境中微生物可以分为三类：细菌、真菌和藻类。细菌和真菌可以认为是还原剂类，能使化合物分解为更简单的形式，从而获得维持它们自身的生长和代谢过程所需要的能量。相对于高等生物来讲，细菌和真菌对能量的利用率是很高的。藻类是一大类低等植物的统称。藻类体内有叶绿素或其他辅助色素，能进行光合作用。藻类被划分为生产者，因为藻类能把光能转化为化学能储存起来。在有光照时，藻类可以利用光合作用从二氧化碳合成有机物，满足自身生长和代谢的需要。在无光照时，藻类按非光合生物的方式进行有机物质的代谢，利用降解储备的淀粉、脂肪或消耗藻类自身的原生质以满足自身代谢的需要。

5.2.1 生物酶的相关概念

酶是生物催化剂，能使化学反应在生物体温度下迅速进行。因此可以把酶定义为：由细胞制造和分泌的、以蛋白质为主要成分的、具有催化活性的生物催化剂。绝大多数的生物转化是在机体的酶参与和控制下完成的。依靠酶催化反应的物质叫底物。在生物酶作用下，底物发生的转化反应称为酶促反应。各种酶都有一个活性部位，活性部位的结构决定了该种酶可以和什么样的底物相结合，即对底物具有高度的选择性或专一性，形成酶-底物的复合物。复合物能分解生成一个或多个与起始底物不同的产物，而酶不断地被再生出来，继续参加催化反应。

酶的催化作用的特点：① 专一性，也就是一种酶只能对一种底物或一类底物起催化作用，而促进一定的反应，生成一定的代谢产物。如脲酶仅能催化尿素水解，但对包括结构与尿素非常相似的甲基尿素在内的其他底物均无催化作用。又如，蛋白酶只能催化蛋白质水解，但不能催化淀粉水解。② 高效性。例如，蔗糖酶催化蔗糖水解的速率比强酸催化速率快 2×10^{12} 倍；③ 酶具有多样性，酶的多样性是由酶的专一性决定的，因为在生物体内存在各种各样的化学反应，而每一种酶只能催化一种或一类化学反应，这就决定了酶的多样性。④ 生物酶的催化需要温和的外界条件。酶是蛋白质，因此环境条件（如强酸、强碱、高温等激烈条件）可以改变蛋白质的结构和化学性质，从而影响酶的活性。酶催化作用一般要求温和的外界条件，如常温、常压、接近中性的酸碱度。

酶的种类很多，根据酶的催化反应的类型，可将其分成氧化还原酶、转移酶、水解酶、裂解酶、异构酶和合成酶等。

有的酶需要辅酶（助催化剂），不同的辅酶由不同的成分构成，包括维生素和金属离子。辅酶的种类很多，约有 30 多种，主要有：

（1）FMN 和 FAD：黄素单核苷酸和黄素腺嘌呤二核苷酸。

（2）NAD$^+$ 和 NADP$^+$：辅酶 I 和辅酶 II。

（3）辅酶 Q（泛醌）：简写为 CoQ。

（4）细胞色素酶系的辅酶。

（5）辅酶 A：简写为 CoASH。

辅酶起着传递电子、原子或某些化学基团的功能。辅酶与蛋白质成分构成酶的整体。蛋白质成分起着专一性和催化高效率的功能。只有蛋白质成分有机地结合在一起，才会具有酶的催化作用。因此，如果环境因素损坏了辅酶，也会影响酶的正常功能。

5.2.2 微生物的降解转化作用

5.2.2.1 耗氧污染物的微生物降解

耗氧污染物包括糖类、蛋白质、脂肪及其他有机物质（或其降解产物）。在细菌的作用下，耗氧有机物可以在细胞外分解成较简单的化合物。耗氧有机物质通过生物氧化以及其他的生物转化，变成更小、更简单的分子的过程称为耗氧有机物质的生物降解。如果有机物质最终被降解成为二氧化碳、水等无机物质，就称有机物质被完全降解，否则称为不彻底降解。

1）糖类的微生物降解

糖类包括单糖如己糖（$C_6H_{12}O_6$）——葡萄糖、果糖等和戊糖（$C_5H_{15}O_5$）——木糖、阿拉伯糖等，二糖如蔗糖（$C_{12}H_{22}O_{11}$）、乳糖、麦芽糖和多糖如淀粉、纤维素等[$(C_6H_{10}O_5)_n$]。糖类是由 C、H、O 三种元素构成的。糖是生物活动的能量供应物质，细菌可以利用它作为能量的来源。糖类降解过程如下。

（1）多糖水解成单糖。多糖在生物酶的催化下，水解成二糖或单糖，而后才能被微生物摄取进入细胞内。其中二糖在细胞内继续在生物酶的作用下降解成为单糖。降解产物中最重要的单糖是葡萄糖。

$$2(C_6H_{10}O_5)_n + H_2O \longrightarrow n(C_{12}H_{22}O_{11})$$

$$淀粉 \xrightarrow[\text{水 解}]{\text{淀粉糖化酶}} 乳糖$$

$$纤维素 \xrightarrow[\text{水 解}]{\text{纤维素水解酶}} 纤维二糖$$

$$C_{12}H_{22}O_{11} + H_2O \longrightarrow 2C_6H_{12}O_6$$

$$乳糖 \xrightarrow[\text{水 解}]{\text{纤维素水解酶}} 葡萄糖$$

$$纤维素 \xrightarrow[\text{水 解}]{\text{纤维素水解酶}} 葡萄糖$$

（2）单糖酵解生成丙酮酸。细胞内的单糖无论是有氧氧化还是无氧氧化，都可经过一系列酶促反应生成丙酮酸，这是糖类化合物降解的中心环节，又称糖降过程，其反应如下：

$$C_6H_{12}O_6 \xrightarrow{\text{乳酸菌}} 2CH_3CH(OH)COOH$$

$$CH_3CH(OH)COOH \xrightarrow[\text{[O]}]{\text{酶和辅酶}} CH_3COCOOH + H_2O$$

（3）丙酮酸的转化。在有氧氧化的条件下，丙酮酸在乙酰辅酶 A 作用下转变为乳酸和乙酸等，最终氧化成二氧化碳和水。

$$2CH_3COCOOH + 5O_2 \xrightarrow[\text{[O]}]{\text{乙酰辅酶}} 6CO_2 + 4H_2O$$

在无氧氧化条件下，丙酮酸往往不能彻底氧化，只氧化成各种酸、醇、酮等，这一过程称为发酵。糖类发酵生成大量有机酸，使 pH 下降，从而抑制细菌的生命活动，属于酸性发酵。

发酵的具体产物取决于产酸菌种类和外界条件。

$$CH_3COCOOH \longrightarrow CO_2 + CH_3CHO$$

在无氧氧化条件下，丙酮酸通过酶促反应以其本身作为受氢体而被还原为乳酸。

$$CH_3COCOOH + 2[H] \xrightarrow[\text{厌氧}]{\text{乳酸菌}} CH_3CH(OH)COOH$$

或以其转化的中间产物作受氢体，发生不完全氧化生成低级的有机酸、醇及二氧化碳等。

$$CH_3CHO + 2[H] \longrightarrow CH_3CH_2OH$$

从能量角度来看，糖在有氧条件下分解所释放的能量大大超过无氧条件下发酵分解所产生的能量，由此可见，氧对生物体有效地利用能源是十分重要的。

2）脂肪和油类的微生物降解

脂肪和油类是由脂肪酸和甘油合成的酯，由 C、H、O 三种元素组成。脂肪多来自动物，常温下呈固态；而油多来自植物，常温下呈液态。脂肪和油类比糖类更难降解，其降解途径如下。

（1）脂肪和油类水解。脂肪和油类首先在细胞外经水解酶催化水解成脂肪酸和甘油。

（2）甘油和脂肪酸转化。甘油的降解与单糖降解类似，在有氧或无氧氧化条件下，均能被一系列的酶促反应转变成丙酮酸。丙酮酸经乙酰辅酶 A 的酶促反应，在有氧条件下最终转化成二氧化碳和水，而在无氧条件下则转变为简单的有机酸、醇和二氧化碳等。

脂肪酸在有氧氧化条件下，经 β-氧化途径（羧酸被氧化，使末端第二个碳碳键断裂）及乙酰辅酶 A 的酶促作用最后完全氧化成二氧化碳和水。在无氧条件下，脂肪酸通过酶促反应，其中间产物不被完全氧化，形成低级的有机酸、醇和二氧化碳。

3）蛋白质的微生物降解

蛋白质的主要组成元素是 C、H、O 和 N，有些还含有 S、P 等元素。微生物降解蛋白质的途径如下：

（1）蛋白质水解成氨基酸。蛋白质的相对分子质量很大，不能直接进入细胞内。所以，蛋白质由胞外水解酶催化水解成氨基酸，随后再进入细胞内部。

（2）氨基酸转化成脂肪酸。各种氨基酸在细胞内经酶的作用，通过不同的途径转化成相应的脂肪酸，随后脂肪酸经前面所讲述的过程转化成二氧化碳和水。

总而言之，蛋白质通过微生物的作用，在有氧的条件下可彻底降解成为二氧化碳、水和氨；而在无氧氧化下通常是酸性发酵，生成简单有机酸、醇和二氧化碳等，降解不彻底。

在无氧氧化条件下，糖类、脂肪和蛋白质都可借助产酸菌的作用降解成简单的有机酸、醇等化合物。若条件允许，这些有机化合物在产氢菌和产乙酸菌的作用下，可被转化成乙酸、甲酸、氢气和二氧化碳，进而经产甲烷菌的作用产生甲烷。复杂的有机物质的这一降解过程，称为甲烷发酵或沼气发酵。在甲烷发酵中一般以糖类的降解率和降解速率最高，其次是脂肪，最低的是蛋白质。

5.2.2.2 有毒有机物的生物转化与微生物降解

1）石油的微生物降解

石油的微生物降解在消除碳氢化合物环境污染方面，尤其是从水体和土壤中消除石油污染物具有重要的作用。石油的微生物降解较难，且速度较慢，但比化学氧化作用快 10 倍左右。其基本规律是，直链烃易于降解，支链烃稍难一些，芳烃更难，环烷烃的生物降解最困难。微生物降解石油污染物的化学过程以甲烷为例，反应如下。

$$CH_4 \xrightarrow{\text{细胞色素酶}} CH_3OH \xrightarrow{\text{脱氢酶}} HCHO \xrightarrow{\text{脱氢酶}} CO_2 + H_2O$$

碳原子数大于 1 的正烷烃，其最常见降解途径是：通过烷烃的末端氧化，或次末端氧化，或双端氧化，逐步生成醇、醛及脂肪酸，再经相应的酶促反应，最终降解成二氧化碳和水。

烯烃的微生物降解途径主要是烯的饱和末端氧化，再经与正烷烃相同的途径成为不饱和脂肪酸。或者是不饱和末端双键氧化成为环氧化合物，然后形成饱和脂肪酸，经相应的酶促反应，最终降解成二氧化碳和水。

2）农药的生物降解

进入环境中的农药，首先对环境中的微生物有抑制作用；与此同时，环境中的微生物也会利用这些有机农药为能源进行降解作用，使各种有机农药彻底分解为二氧化碳而最后消失。农药的生物降解对环境质量的改善十分重要。用于控制植物的除草剂和用于控制昆虫的杀虫剂，通常对微生物没有任何有害影响。然而有效的杀菌剂则必然具有对微生物的毒害作用。环境中微生物的种类繁多，各种农药在不同的条件下，分解形式多种多样，主要有氧化、还原、水解、脱卤、脱烃、环的断裂。

环境中农药的降解是由以上各种途径的一种或多种完成的。现就一些典型的农药降解途径作一具体说明。

（1）2,4-D 乙酯的生物降解。苯氧乙酸及其衍生物常作为除草剂使用，其中的 2,4-D 乙酯的生物降解途径如下所示。其他此类农药的降解途径与其类同。

（2）DDT 农药的生物降解。微生物降解 DDT 的简要图示如下所示。DDT 是一种人工合成的高效广谱有机氯杀虫剂，广泛用于农业、畜牧业、林业及卫生保健事业。1874 年由德国化学家宰特勒首次合成，直到 1939 年才由瑞士人米勒发现其具有杀虫性能。第二次世界大战后，其作为强力杀虫剂在世界范围内广泛使用，在农业丰产和预防传染疾病等方面作出了重大贡献。

（三氯杀螨醇）　　　　　（DDT）　　　　　（DDE）

（FW-152）　　　　　（DDD）　　　　　（DDMU）

（DDMS）　　　　　（DDNU）

I (a)：还原脱氯酶脱氯
I (b)：还原脱氯酶脱氯化氢
II：氧化酶

（DDOH）　　　　　（DDNS）

（DDA）

　　人们一直以为 DDT 之类的有机氯农药是低毒安全的，后来发现它的理化性质稳定，在食品和自然界中可以长期残留，在环境中能通过食物链大大富集；进入生物体后，因脂溶性强，可长期在脂肪组织中蓄积。因此，对使用有机氯农药所造成的环境污染和对人体健康的潜在危险才日益引起人们的重视和不安。此外，由于长期使用，一些虫类对其产生了耐药性，导致使用剂量越来越大，造成了全球性的环境污染问题。鉴于此，DDT 已经被包括我国在内的许多国家禁止使用。但由于其不易降解，在环境中仍然有大量的残留。

5.2.3 微生物对重金属元素的降解转化作用

环境中金属离子长期存在的结果，使自然界中形成了一些特殊微生物，它们对有毒金属离子具有抗性，可使金属元素发生转化作用。汞、铅、锡、硒、砷等金属或类金属离子都能够在微生物的作用下发生转化。下面以汞为例说明微生物对重金属的转化作用。

汞在环境中的存在形态有金属汞、无机汞和有机汞化合物三种。各形态的汞一般具有毒性，但毒性大小不同，其顺序可以按无机汞、金属汞和有机汞的顺序递增。烷基汞是已知的毒性最大的汞化合物，其中甲基汞的毒性最大。甲基汞脂溶性大，化学性质稳定，容易被生物吸收，难以代谢消除，能在食物链中逐级传递放大，最后由鱼类等进入人体。汞的微生物转化主要方式是生物甲基化和还原作用。

5.2.3.1 汞的甲基化

汞的甲基化产物有一甲基汞和二甲基汞。甲基钴氨素（CH_3CoB_{12}）是金属甲基化过程中甲基基团的重要生物来源。当含汞污水排入水体后，无机汞被颗粒物吸着沉入水底，通过微生物体内的甲基钴氨酸转移酶进行汞的甲基化转变。在微生物的作用下，甲基钴氨酸中的甲基能以 CH_3^- 的形式与 Hg^{2+} 作用生成甲基汞，反应式为

$$CH_3CoB_{12} \nearrow \begin{array}{l} CH_3^- + Hg^{2+} \longrightarrow CH_3Hg^+ \\ CH_3^- + Hg^{2+} \longrightarrow CH_3HgCH_3 \end{array}$$

以上反应无论在好氧条件下还是在厌氧条件下，只要有甲基钴氨素存在，在微生物作用下就能实现。

汞的甲基化既可在厌氧条件下发生，也可在好氧条件下发生。在厌氧条件下，主要转化为二甲基汞。二甲基汞难溶于水，有挥发性，易散逸到大气中，但二甲基汞容易被光解为甲烷、乙烷和汞，故大气中二甲基汞存在量很少。在好氧条件下，主要转化为一甲基汞，在 pH=4～5 的弱酸性水中，二甲基汞也可以转化为一甲基汞。一甲基汞为水溶性物质，易被生物吸收而进入食物链。

汞的甲基化是在微生物存在下完成的。这一过程既可在水体的淤泥中进行，也可在鱼体内进行。Hg^{2+} 还能在乙醛、乙醇和甲醇作用下经紫外线辐射进行甲基化。这一过程比微生物的甲基化要快得多。但 Cl^- 对光化学过程有抑制作用，故可推知在海水中上述过程进行缓慢。据研究，一甲基汞的形成速率要比二甲基汞大 6000 倍。但是在有 H_2S 存在的条件下，则容易转化为二甲基汞，其反应为

$$2CH_3HgCl + H_2S \longrightarrow (CH_3Hg)_2S + 2HCl$$

$$(CH_3Hg)_2S \longrightarrow (CH_3)_2Hg + HgS$$

这一过程可使不饱和的甲基完全甲基化。一甲基汞可因氯化物浓度和 pH 不同而形成氯化

甲基汞或氢氧化甲基汞：

$$CH_3Hg^+ + Cl^- \longrightarrow CH_3HgCl$$

$$CH_3HgCl + H_2O \longrightarrow CH_3HgOH + HCl$$

在中性和酸性条件下，氯化甲基汞是主要形态。

影响无机汞甲基化的因素有很多，主要有以下几方面。

（1）无机汞的形态。研究表明，只有 Hg^{2+} 对甲基化是有效的，Hg^{2+} 浓度越高，对甲基化越有利。排入水体的其他各种形态的汞都要转化为 Hg^{2+} 才能甲基化。

（2）微生物的数量和种类。参与甲基化过程的微生物越多，甲基汞合成的速度就越快。所以水环境中汞的甲基化往往发生在有机沉积物的最上层和悬浮的有机质部分。但是，有些微生物能把甲基汞分解成甲烷和元素汞等（反甲基化作用），反甲基化微生物的数量则影响和控制着甲基汞的分解速度。

（3）温度、营养物及 pH。由于甲基化速度与反甲基化速度都与微生物的活动有关，所以在一定的 pH 条件下（一般 pH 为 4.5 ~ 6.5），适当升高温度，增加营养物质，必然促进微生物的活动，因而有利于甲基化或反甲基化作用的进行。

（4）水体其他物质。如当水体中存在大量 Cl^- 或 H_2S 时，由于 Cl^- 对汞离子有强烈的配合作用，H_2S 与汞离子形成溶解度极小的硫化汞，降低了汞离子浓度而使甲基化速度减慢。

甲基汞与二甲基汞可以相互转化，主要决定于环境的 pH。据研究，不论是在实验室还是在自然界的沉积物中，合成甲基汞的最佳 pH 都是 4.5。在较高的 pH 下易生成二甲基汞，在较低的 pH 下二甲基汞可转变为甲基汞。

5.2.3.2　还原作用

在水体的底质中还可能存在一类抗汞微生物，能使甲基汞或无机汞变成金属汞。这是微生物以还原作用转化汞的途径，如

$$CH_3Hg^+ + 2H^+ \longrightarrow Hg + CH_4 + H^+$$

$$HgCl_2 + 2H^+ \longrightarrow Hg + 2HCl$$

汞的还原作用反应方向恰好与汞的生物甲基化方向相反，故又称为生物去甲基化。常见的抗汞微生物是假单胞菌属。

5.3　环境污染物对人类的影响

5.3.1　污染物质的毒性

5.3.1.1　毒物

毒物是指进入生物机体后能使其体液和组织发生生物化学反应的变化，干扰或破坏生物

机体的正常生理功能并引起暂时性或持久性的病理损害，甚至危及生命的物质。这一定义受到很多限制性因素的影响，如进入机体的物质数量、生物种类、生物暴露于毒物的方式等。例如，钙是人及生物所必需的一种营养元素，但是它在人体血清中的最适宜营养浓度范围是 $90\sim95$ mg/L，如果超出这一范围，便会引起生理病理反应。当血清中钙的含量过高时会发生钙过多症，主要症状是肾功能失常；而钙在血清中的含量过低时，又会发生钙缺乏症，引起肌肉痉挛、局部麻痹等。

其他一些物质或元素也存在同钙一样的情况。不同的毒物或同一种毒物在不同条件下的毒性是有差别的。影响毒物毒性的因素比较复杂，主要有毒物的化学结构及理化性质、毒物所处的机体因素、机体暴露于毒物的状况、生物因素、生物所处的环境等。

5.3.1.2　毒物的联合作用

在实际环境中往往同时存在多种污染物质，这些污染物对有机体同时产生的毒性，可能不同于其中任何一种毒物单独存在对生物体的毒害作用。两种或两种以上的毒物同时作用于机体所产生的综合毒性称为毒物的联合作用。毒物的联合作用主要包括协同作用、相加作用和拮抗作用。下面以死亡率作为毒性指标分别进行讨论，假设两种毒物单独作用的死亡率分别为 M_1 和 M_2，联合作用的死亡率为 M。

1）协同作用

毒物联合作用的毒性，大于其中各个毒物成分单独作用毒性的总和。在协同作用中，其中某一种毒物成分的存在能使机体对其他毒物成分的吸收加强、降解受阻、排泄延迟、蓄积增加或产生高毒代谢物等，使混合物的毒性增加。如四氯化碳和乙醇、臭氧和硫酸气溶胶等二者混合后，其混合物的毒性增加。协同作用的死亡率为 $M>M_1+M_2$。

2）相加作用

毒物联合作用的毒性，等于其中各毒物成分单独作用毒性的总和。在相加作用中各毒物成分均可以按比例取代另一种毒物成分，而混合物毒性均无改变。当各毒物的化学结构相近、性质相似、对机体作用的部位及机理相同时，它们的联合作用结果往往呈现毒性相加作用。如丙烯腈和乙腈、稻瘟净和乐果等。相加作用的死亡率为 $M=M_1+M_2$。

3）拮抗作用

毒物联合作用的毒性低于其中各毒物成分单独作用毒性的总和。在拮抗作用中，其中某一种毒物成分的存在能使机体对其他毒物成分的降解加速、排泄加速、吸收减少或产生低毒代谢物等，使混合物毒性降低。如二氯乙烷和乙醇、亚硝酸和氰化物、硒和汞、硒和镉等。拮抗作用的死亡率为 $M<M_1+M_2$。

5.3.1.3　毒物的生物化学作用机制

毒物及其代谢产物与机体靶器官的受体之间的生物化学反应及其机制，是毒作用的启动过程，在毒理学和毒理化学中占据重要地位。毒作用的生化反应及机制内容很多，下面对三致性毒物加以简单介绍。三致性毒物是指那些进入人体后能致癌、致畸或致突变的毒物。三致性毒物在环境中普遍存在，其种类多得不可胜数。幸好在容量极大的环境介质中，它们的数量或浓度还是相当稀少的。但若在人体和其他生物体内长期累积，极有可能造成巨大的无法估量的后果。

1）致突变作用

致突变性是指生物体中细胞的遗传性质在受到外源性化学毒物低剂量（或是慢性中毒水平）的影响和损伤时，以不连续的跳跃形式发生了突然的变异。具有致突变作用的污染物质称为致突变物。致突变作用分为基因突变和染色体突变两种。突变的结果不是产生了与意图不符的酶，就是导致酶的基本功能完全丧失。突变可以使个体生物之间产生差异，有利于自然选择和最终形成最适宜的新物种。然而大多数的突变是有害的，因此可以引起突变的致突变物受到了人们特殊的关注。

许多致癌性化学毒物也都具有致突变的作用。如致突变作用发生在一般体细胞时，则不具有遗传性质，而是使细胞发生不正常的分裂和增生，其结果表现为癌的形成。致突变作用如影响生殖细胞而使之产生突变，就有可能产生遗传特性的改变而影响下一代，即将这种变化传递给子代细胞，使之具有新的遗传特性。为了与致癌性相区别，一般所说的致突变性指的是上述后一种情况。凡能直接或间接影响机体的遗传物质从而导致基因结构发生永久性变化的化学物质，都可称为遗传毒物。具有致突变性的遗传毒物与致癌剂一样，广泛地分布在人们的生活环境之中。

常见的具有致突变作用的有毒物质包括亚硝胺类、苯并[α]芘、甲醛、苯、砷、铅、烷基汞化物、甲基硫磷、敌敌畏、百草枯和黄曲霉素 B_1 等。

亚硝胺类化学物质是人体的最主要致癌物，且很容易通过人体内的生物化学反应合成产生。其前驱物是硝酸盐、亚硝酸盐和蛋白质、氨基酸等。有人提出，日本人患胃癌者众多，与日本人多吃腌菜和海鱼有关。因为咸菜中含较多硝酸盐和亚硝酸盐，而海鱼中含有较多胺类化合物，进入人体内的这两类化合物可通过亚硝基化作用后结合成亚硝胺而致癌。比如，二甲基亚硝胺在常态下是沸点为 152 ℃ 的黄色油状液体。它是一种典型的三致性毒物，即使是微量进入机体，也会使各种鼠类、家兔、鳟鱼、鸟类等动物体内诱发肝癌、肾癌、肺癌、血管癌等。胚胎对二甲基亚硝胺的致癌作用非常敏感，给怀孕动物饲以一定量的二甲基亚硝胺，可导致胚胎产生良性或恶性肿瘤且兼有致畸和致突变作用。由于它的主要体内代谢部位在肝脏，首先会表现出肝中毒，即引起肝小叶中心坏死以至引发肝癌。

苯并[α]芘是熔点为 252 ℃ 的黄色结晶物。它是一种最典型的三致性环境毒物，因为其存在极普遍，在环境中又极稳定，被认为是环境样品中多环芳烃类化合物存在与否的指示物。苯并[α]芘在煤焦油中多量存在，还存在于有关厂区的空气及汽车尾气、香烟烟雾、熏鱼和熏肉等食品之中。它对很多种动物和人体的致癌作用已无异议。一个人在 40 年内累计摄入 80 mg 苯并[α]芘即可致癌。其在 1 000 支香烟中含量为 1.22 ~ 2.0 μg，吸烟者比不吸烟者得肺癌的危险性要大得多。

最典型的致突变物质是几年前就进行过大量研究的一种诱变剂"三联体"，其名称是三磷酸酯。它是一种阻燃化学品，过去用于治疗小儿失眠。它除能致突变外，还能引起癌变和实验动物不育症。

2）致畸作用

遗传因素、物理因素、化学因素、生物因素、母体营养缺乏或内分泌障碍等引起的先天性畸形作用，称为致畸作用。具有致畸作用的有毒物质称为致畸物。致畸性是指外源性环境因素对母体内胎儿产生毒性，以致出现新生儿体形或器官方面畸变的现象。虽然新生儿中有些具有先天性缺陷，但其中只有 5%～10%是由致畸因素引起的，25%左右是由遗传造成的，其他 60%～65%原因不明，可能是遗传因素和环境因素相互作用的结果。目前已经确认，有 25 种化学物质是人类致畸胎剂。但动物致畸胎剂却有 800 多种，显然其中有许多可能是人类的致畸胎剂。

最典型的人类致畸胎剂的例子是"反应停"（塞利多米-苯太戊二酰亚胺）。反应停是 1960—1961 年在欧洲和日本广泛使用过的镇静安眠药。若在怀孕后 35～50 d 之间服用反应停，会使未完全发育的胎儿长出枝状物。这种药物自 1957 年起开始在德国的医院和家庭使用，看来并无任何毒副作用，以致不需医师处方就可在药房购得。直至 1961 年德国一名小儿科医师提出警告，指出这种新的镇痛催眠剂于妊娠初期服用，很有可能产生畸形儿。

1961 年日本的一名新生儿罹患了四肢短小外形的海狗症。其母亲在妊娠初期的 5～7 周间曾服用"反应停"。在此后两年内，包括德国和日本在内的 10 多个国家先后采取了停止市场供应和收回散出药品的措施，但为时已晚。日本患海狗症的婴儿达 1000 名之多，而世界上患者总数达 10 000 名。

可引起致畸性的其他药物或化学毒物还有很多。比如甲基汞对人的致畸作用也是大家所熟知的。除安眠药、镇痛药外，还有抗生素、激素（不足）、维生素（不足或过量）及农药、甲基汞、硫酸镉等化学毒物。据报道，2001 年 9 月 10 日，在四川省南部县永定村出生一名"双面男婴"。生产孕妇在怀孕期间较多服用了以中草药为主的抗真菌类药物。放射性作用也是致畸的一种重要的外源性因素。1945 年美国对日本投掷原子弹。在距爆炸中心 1 200 m 处的 7 名孕妇因受核辐照，日后都产下了畸形儿。在 1999 年的南斯拉夫战事中，北约军事集团以 3 000 枚炸弹和 1 000 枚导弹连续 78 d 轰炸南联盟国土，除造成全域化学污染外，弹头中所含 23 t 贫铀会产生强烈的放射性污染。有关专家指出，经过几年之后，流产孕妇、患癌症者的人数将明显增加，先天性残缺婴幼儿也会多量出现。并由此发出警告，告诫该地域的妇女在最近几年内避免怀孕和生育；劝告怀胎不足 9 周的孕妇堕胎，以避免产出畸形儿。

致畸作用的生化机制总的来说还不清楚，一般认为可能有以下几种：致畸物干扰生殖细胞遗传质的合成，从而改变了核酸在细胞复制中的功能；致畸物引起粒染色体数目缺少或过多；致畸物抑制了酶的活性；致畸物使胎儿失去必需的物质从而干扰了向胎儿的能量供给或改变了胎盘细胞壁膜的通透性。

3）致癌作用

体细胞失去控制的生长现象称为癌症。在动物和人体中能引起癌症的化学物质叫致癌物。致癌性是环境毒物诱发人体内滋生恶性肿瘤或良性肿瘤的一种远期性作用。虽然肿瘤的病因学十分复杂，其中有些问题还不十分清楚，但可以确定的是多数肿瘤的发病与不良生活环境因素有关，而其中化学性毒物因素又占有重要地位。通常认为致癌作用与致突变作用之间有密切的关系。实际上，所有的致癌物都是致突变剂，但尚未证实它们之间能够互变。因此，致癌物作用于 DNA，并可能组织控制细胞生长物的合成。据估计，人类癌症 80%～90%与化学致癌物有关，在化学致癌物中又以合成化学物质为主，因此化学品与人类癌症的关系密切，受到多门学科和公众的极大关注。

致癌物的分类方法很多，根据性质划分可以分为化学（性）致癌物、物理（性）致癌物（如X射线、放射性核素氡）和生物（性）致癌物（如某些致癌病毒）。按照对人和动物致癌作用的不同，可以分为确证致癌物、可疑致癌物和潜在致癌物。

（1）确证致癌物是经人群流行病调查和动物试验均已证实确有致癌作用的化学物质。

（2）可疑致癌物是以确定对实验动物有致癌作用，而对人致癌性证据尚不充分的化学物质。

（3）潜在致癌物是对实验动物致癌，但无任何资料表明对人有致癌作用的化学物质。目前确定为动物致癌的化学物达到 3 000 多种，确认对人类有致癌作用的化学物有 20 多种，如苯并[α]芘、二甲基亚硝胺等。

根据化学致癌物的作用机理可以分为遗传性致癌物和非遗传性致癌物。遗传性致癌物可细分为两种。一种是直接致癌物，即能直接与 DNA 反应引起 DNA 基因突变的致癌物，如双氯甲醚。另一种是间接致癌物，又称前致癌症物，它们不能与 DNA 反应而需要机体代谢活化转变，经过近致癌物至终致癌物才能与 DNA 反应导致遗传密码的修改，如苯并[α]芘、二甲基亚硝胺、砷及其化合物等。

非遗传致癌物不与 DNA 反应，而是通过其他机制影响或呈现致癌作用。包括促癌物，可以使已经癌变的细胞不断增殖而形成瘤块，如巴豆油中的巴豆醇二酯、雌性激素己烯雌酚等。助致癌物可以加速细胞癌变和已癌变细胞增殖成瘤块，如二氧化硫、乙醇、十二烷、石棉、塑料、玻璃等。此外还有其他种类的化合物，如铬、镍、砷等若干种金属（类金属）的单质及其无机化合物对动物是致癌的，有的对人也是致癌的。

化学致癌物的致癌机制非常复杂，仍在探究之中。关于遗传性致癌物的致癌机制，一般认为有两个阶段：第一是引发阶段，即致癌物与 DNA 反应，引起基因突变，导致遗传密码改变。第二是促长阶段，主要是突变细胞改变了遗传信息的表达，增殖成为肿瘤，其中恶性肿瘤还会向机体其他部位扩展。

5.3.2 有毒重金属的影响

5.3.2.1 有毒重金属

有毒重金属对人体健康的影响可以通过两种形态：化合态和元素态实现。下面主要讲述一些毒性较大的重金属。

1）镉（Cd）

镉对几种重要的酶有负面影响，也能导致骨骼软化和肾损害。吸入镉氧化物尘埃或烟雾将导致镉肺炎，特征是水肿和肺上皮组织坏死。

2）铅（Pb）

铅分布广泛，形态有金属铅、无机化合物和金属有机化合物。铅有多种毒性效应，包括抑制血红素的合成，对中央和外围神经系统以及肾有负面效应，其有效毒效应已被广泛研究。

3）铍（Be）

铍是一种毒性很强的元素，它最严重的毒性是引起肺纤维化和肺炎。这种疾病能潜伏 5 ~ 20 年。铍还是一种感光乳剂增感剂，暴露其中将导致皮肤肉芽肿病和皮肤溃烂。

4）汞（Hg）

汞能通过呼吸道进入人体内，通过血液循环进入脑组织渗透血-脑屏障。汞破坏脑代谢过程，导致颤动和精神病理特征，如胆怯、失眠、消沉和易怒等。二价汞离子（Hg^{2+}）损害肾脏。有机金属汞化合物如二甲基汞毒性更大。

5.3.2.2　有毒重金属的作用机理

一种重金属是否会使生物体中毒，与该重金属离子的性质、浓度、摄取方式、生物体的机体种类和健康状况等因素都有关系。重金属可以通过消化道、呼吸道和皮肤吸收三个途径进入生物体内。当饮用水和食品遭到重金属污染时，可经由消化道进入人体。例如，在有汞污染的水体中饲养鱼，鱼体内会富集甲基汞；土壤或灌溉水受到了镉污染，生长的稻米中镉含量会显著升高。对于挥发性较强的重金属化合物，如汞蒸气，容易被人吸收到体内，由于肺部阻挡金属入侵的机能不如消化道，因此造成的毒害往往更严重。使用含重金属化合物的物品和试剂，也可使重金属沾染到人的皮肤上，通过皮肤吸收到体内。

从分子水平上概括重金属中毒的机理，主要有三种情况：① 重金属妨碍了生物大分子的重要生物机能；② 重金属取代了生物大分子中的必要元素；③ 重金属改变了生物大分子具有活性部位的构象。重金属进入生物体内就会很快被吸收到血液中，然后运送到各个内脏器官。有些脏器具有封闭金属离子的屏蔽作用，如血-脑屏障、胎盘屏障，可对大脑和胎儿起到保护作用。细胞膜也具有一定的屏障作用。一般来说，重金属无机化合物不易通过这些屏障，而重金属有机化合物的有机基团部分增大了整个分子的脂溶性，使它们很容易穿过上述屏障，并在组织器官中蓄积，造成严重的毒害。

迄今为止，在所有遭受重金属毒害的离子中，发生在日本的震惊世界的水俣病和骨痛病事件是最典型和影响最大的。这两次事件分别是由汞和镉两种重金属元素引起的，这两种金属也因此被列在重金属"五毒"之首。

5.3.3　有毒有机物的影响

1）烷烃

气态的甲烷、乙烷、丙烷、正丁烷和异丁烷被看成是简单的窒息剂，同空气混合减少了人体吸入空气中的氧气。与烷烃有关的最常见职业病是皮炎，由皮肤脂肪部分分解引起，表现为发炎、干燥和鳞状皮肤。吸入 5 ~ 8 个碳的直链或支链烷烃蒸气会导致中枢神经系统消沉，表现为头昏眼花和失去协调性。暴露在正己烷和环己烷环境中将引起髓磷脂的丧失以及神经细胞轴突的衰退。这将导致神经系统多种失调，包括肌肉虚弱及手脚感觉功能的减弱。在体内正己烷代谢为 2,5-己二酮。这种第一类反应的氧化产物能在暴露个体的尿液中观察到，被用作暴露于正己烷中的生物指示。

2）烯烃和炔烃

乙烯（C_2H_4）是一种广泛使用的气体，无色、略有芳香味，表现为简单窒息剂以及对动物有麻醉作用和对植物有毒害作用。丙烯（C_3H_6）的毒理性质与乙烯相似。无色无味的 1,3-丁二烯对眼睛和呼吸道黏膜有刺激性；在高浓度下，能导致失去知觉甚至死亡。乙炔（C_2H_2）是无色有大蒜味的气体，它表现为窒息作用和致幻作用，导致头疼、头昏眼花以及胃部干扰。

3）苯

吸入人体内的苯很容易被血液吸收，脂肪组织从血液中很强地吸收苯。苯具有独特的毒性，可能主要是由反应中生成的活泼短寿期的环氧化物引起的。苯能刺激皮肤，逐渐较高浓度地暴露能导致皮肤红斑、水肿和水泡等疾病。在 1 h 内吸入含 7 g/m^3 苯的空气将导致严重中毒，对中枢神经系统有致幻作用，逐渐表现为激动、消沉、呼吸停止以及死亡。吸入含 60 g/m^3 苯的空气，几分钟就能致死。长期暴露在低浓度苯环境中会导致不规则的症状，包括疲劳、头疼和食欲不振。慢性苯中毒导致血液反常，包括白细胞降低、血液中淋巴细胞反常增加、贫血等，以及损害骨髓。苯还可以导致白血病和癌症的发生。

4）甲苯

甲苯是无色液体，毒性中等，通过吸入或摄取进入体内。皮肤暴露的毒性低。低剂量的甲苯可引起头疼、恶心、疲乏及协调性降低；大剂量的暴露引起致幻效应而导致昏迷。

5）萘

萘与苯的情况类似，萘的暴露能导致贫血，红细胞数、血色素和血细胞显著减少，尤其对于那些有先天遗传的易感人群，危害更大。萘对皮肤有刺激性，对易感人群会引起严重的皮炎。吸入或摄取萘会引起头疼、意识混淆和呕吐。在严重中毒的情况下，会因肾衰竭而死亡。

6）多环芳烃

多环芳烃大部分被认为是致癌物质，最典型的多环芳烃是苯并[α]芘。

7）醇类

由于工业品和日常消费品的广泛使用，人们暴露于甲醇、乙醇和乙二醇中很普遍。甲醇能导致多种中毒效应，发生事故或作为饮料乙醇代用品摄入，在代谢过程中氧化成甲醛和甲酸。除导致酸毒症外，这些产物影响中枢神经系统和视觉神经。致命剂量急性暴露起始表现为轻微醉意，然后昏迷、心跳减缓、死亡。亚致命剂量暴露能使视觉神经系统和视网膜中心细胞退化，从而导致失明。

乙醇通常通过胃和肠摄取，但也易以蒸气形式被肺泡吸收。乙醇在代谢中氧化比甲醇快，先氧化成乙醛，然后是二氧化碳。乙醇有多种急性效应，源于中枢神经系统消沉。人体摄入乙醇达到一定浓度时会出现昏睡和陶醉，超过一定浓度时将会导致死亡。乙醇也有很多慢性效应，最突出的是酒精上瘾和肝硬化。

乙二醇可以刺激中枢神经系统，使之消沉，还能导致酸血症。

8）苯酚

苯酚被广泛用作伤口和外科手术的消毒剂，是一种原形质的毒物，能杀死所有种类的细胞。自从被广泛使用以来已经导致了惊人数目的中毒事件。苯酚的急性中毒主要是对中枢神经系统的作用，暴露 1.5 h 就会致死。苯酚急性中毒能导致严重的肠胃干扰、肾功能障碍、循环系统失调、肺水肿以及痉挛。苯酚的致命剂量可以通过皮肤吸收达到。慢性苯酚暴露损害关键器官，包括脾脏、胰腺和肾脏。其他酚类的毒理效应与苯酚类似。

9）醛和酮

醛和酮是含有羰基（—C＝O）的化合物。醛类最重要的是甲醛。甲醛是一种有辛辣、令人窒息气味的无色气体，常见的是被称为福尔马林的商品，含少量的甲醇。吸入暴露是因为由呼吸道吸入甲醛蒸气，其他暴露通常是因为福尔马林。连续长时间的甲醛暴露能引起过敏，对呼吸道和消化道黏膜有严重的刺激。动物实验发现甲醛可导致肺癌。甲醛的毒性主要是因为其代谢产物甲酸。

酮类比醛类的毒性小。有愉快气味的丙酮是一种致幻剂，可以通过溶解于皮肤的脂肪导致皮炎。对甲基乙基酮的毒性效应，目前了解不多，被怀疑是导致鞋厂工人神经失调的原因。

10）羧酸

甲酸是一种相当强的酸，对组织有腐蚀性。尽管含有 4%～6%乙酸的醋是许多食物的调味品，接触乙酸（冰醋酸）对组织腐蚀性极强。摄入或皮肤接触丙烯酸能使组织严重受损。

11）醚

一般醚类化合物毒性相对较低，因为含有活性较低的醚键（C—O—C），其中 C—O 键不易断裂。挥发性的乙醚暴露通常是吸入的，进入人体内的乙醚约 80%不能代谢而通过肺排出体外。乙醚能使中枢神经消沉，是一种镇静剂，被广泛用作外科手术的麻醉剂。低剂量的乙醚能催眠、发醉和致昏迷，高剂量将会导致失去意识和死亡。

12）硝基化合物

最简单的硝基化合物是硝基甲烷，为油状液体，能导致厌食、腹泻、恶心和呕吐，损害肾脏和肝脏。硝基苯为浅黄色油状液体，能通过各种途径进入体内。其中毒作用与苯胺类似，把血红细胞转换成高血蛋白，使之失去载氧能力。

6 典型污染物在环境各圈层中的转归与效应

　　污染物在环境中的迁移、转化和归宿以及它们对生态系统的效应是环境化学的重要研究内容。污染物的迁移是指污染物在环境中所发生的空间位移及其引起的富集、分散和消失的过程。污染物在环境中的迁移主要有机械迁移、物理-化学迁移和生物迁移三种方式。其中物理-化学迁移和生物迁移是重要的迁移形式。物理-化学迁移可通过溶解-沉淀、氧化-还原、水解、吸附-解吸等理化作用实现。生物迁移是通过生物体对污染物的吸收、代谢及其自身的生长、死亡，甚至通过食物链的传递产生放大积累作用而实现的。污染物的转化是指环境中的污染物在物理、化学或生物的作用下，改变存在形态或转变为另一种物质的过程。例如，大气中的氮氧化物、碳氢化合物在阳光作用下，通过光化学氧化作用生成臭氧、过氧乙酰硝酸酯及其他光化学氧化剂，并在一定条件下形成光化学烟雾；汽车排出的 NO 在大气中被氧化转化为 NO_2、HNO_3 和 MNO_3（M 为金属元素）等新的污染物；水体中的二价汞在某些微生物的作用下，转化为甲基汞和二甲基汞等。

　　污染物的迁移和转化常常是相伴进行的。污染物可在原环境要素圈中迁移和转化，也可在不同的环境要素圈中实现多介质迁移、转化而形成循环。例如，水体中的有机物可通过蒸发进入大气，通过渗透进入土壤，通过生物的吸收进入生物体；而大气中的有机物可通过与水体的物质交换、大气降水或生物的吸收等作用而进入水体、土壤或生物体中。

　　污染物在各环境要素圈中的迁移过程与污染物本身的物理性质、化学性质、污染物所处的环境介质条件有关。

6.1　重金属类污染物

　　重金属是具有潜在威胁和危害的重要污染物。重金属易被生物体吸收并通过食物链累积。在环境污染方面所说的重金属，主要是指对生物有显著毒性和潜在危害的重金属及类金属元素，如汞、镉、铅、铬和砷等。具有一定毒性且在环境中广为分布的锌、铜、钴、镍、锡和钡等金属及其化合物也应包括在内。目前，最引起人们关注的是汞、铅、砷元素。

1）重金属污染的特点

（1）形态多变。

（2）金属有机态的毒性大于金属无机态。

（3）价态不同毒性不同。

（4）金属羰基化合物常常有剧毒。

（5）迁移、转化形式多。

（6）重金属的物理化学行为多具有可逆性。

（7）在水体中的迁移以悬浮物和沉积物为主要载体。

（8）产生毒性效应的浓度范围低。

（9）生物摄取重金属是累积性的。

（10）对人体的毒害是累积性的。

2）重金属中毒机理

生物机体中含巯基（—SH）的酶与外来重金属反应：

$$2R—S—H+M \longrightarrow R—S—M—S—R$$
$$（酶分子） \qquad （金属配合物）$$

破坏和中断了某些正常的代谢进程，引发中毒。这一过程与实验室里向含有重金属离子的水溶液中通 H_2S，产生金属硫化物沉淀相似。

6.1.1 汞

汞在自然界的浓度不高，但分布很广。19 世纪以来，随着工业的发展，汞的用途越来越广，生产量急剧增加，从而使大量汞由于人类活动而进入环境。

汞化合物的人为来源涉及含汞矿物的开采、冶炼及各种汞化合物的生产和应用领域，如冶金、化工、化学制药、仪表制造、电气、木材加工、造纸、油漆、颜料、纺织、鞣革和炸药等工业的含汞废水及废物都可能成为环境中汞污染的来源。据统计，目前全世界每年开采应用的汞量约在 1×10^4 t 以上，其中绝大部分最终都以"三废"的形式进入环境。空气中含的汞大部分吸附在颗粒物上，气相汞的最后归趋是进入土壤和海底沉积物。在天然水中，汞主要与水中存在的悬浮微粒相结合，并最终沉降进入水底沉积物。所以汞在环境各圈层中的储量及其在环境各圈层中的迁移能力都较小。

汞有 0、+1、+2 三种价态。与其他金属相比，汞的重要特点在于能以零价形态存在于大气、土壤和天然水中，这是因为汞具有很高的电离势，故转化为离子的倾向小于其他金属。汞及其化合物特别容易挥发。一般有机汞的挥发性大于无机汞，有机汞中又以甲基汞和苯基汞的挥发性最大。无机汞化合物在生物体内一般容易排泄。但当汞与生物体内的高分子结合，形成稳定的有机汞配合物，就很难排出体外。

含汞废水排入水体后，无机汞被颗粒物吸着沉入水底，通过微生物体内的甲基钴氨酸转移酶进行汞的甲基化转变。汞的甲基化产物有一甲基汞和二甲基汞。在烷基汞中，只有甲基汞、乙基汞和丙基汞三种烷基汞为水俣病的致病性物质。它们存在的形态主要是烷基汞氯化物，其次是溴化物和碘化物，一般以 CH_3HgX 表示。甲基汞能与许多有机配位基团结合，如—COOH、—NH$_2$、—SH、—C—S—C、—OH 等。由于烷基汞具有高脂溶性，且它在生物体内分解速度缓慢(其分解半衰期为 70 d),因此烷基汞比可溶性无机汞化合物的毒性大 10~100 倍。

湖底沉积物中甲基汞可被某些细菌降解而转化为甲烷和汞,也可将 Hg^{2+} 还原为金属汞。水生生物富集烷基汞比富集非烷基汞的能力大很多。

6.1.2　铅

铅在地球上属分散元素,在岩石、土壤、空气、水体和各环境要素中均有微量分布。金属铅和铅的化合物很早就被人类广泛应用于社会生活的许多方面。铅的污染来自采矿、冶炼、铅的加工和应用过程。由于石油工业的发展,作为汽油防爆剂使用的四乙基铅所耗用的铅已占铅生产总量的 1/10 以上。汽车排放废气中的铅含量高达 20~50 μg/L,其污染已造成严重公害。空气中的铅浓度较之 300 年前已上升了 100~200 倍。根据对大西洋中海水的分析,其表层海水含铅量达 0.2~0.4 μg/L,在 300~800 m 深处,铅的浓度急剧降低,至 3 000 m 深处,含铅量仅为 0.002 μg/L。这说明海水表层的铅主要来自空气污染。

Pb 有 0、+2、+4 等不同价态,在天然水和天然环境中,Pb 常以 +2 价的化合物形式出现。在简单化合物中,只有少数几种 +4 价铅化合物(如 PbO_2)是稳定的。水环境的氧化-还原条件一般不影响 Pb 的价态改变。某些 Pb^{2+} 的化合物在厌氧条件下能生物甲基化而生成 $(CH_3)_4Pb$。易溶于水的铅盐有硝酸铅、醋酸铅等,但大多数铅合物难溶于水,如硫化物、氢氧化物、磷酸盐及硫酸盐等皆为难溶铅盐,但铅的氢氧化物有两性,使含铅的盐类多能水解。天然水体中的 Pb^{2+} 浓度很低,除因铅的化合物溶解度很低外,还由于水中悬浮物对铅的强烈吸附作用,特别是铁和锰的氢氧化物,与铅的吸附存在显著的相关性。与同族元素碳、硅相比,铅的金属性较强,共价性则显著降低。在许多碳、硅化合物中,相同原子能联结成键,铅则不能,所以含铅有机化合物的数量不多且有机铅化合物的稳定性也较差。Pb 还能与 OH^-、Cl^- 等配位体配合生成配合物,能与含巯基、氧原子的有机配位体生成中等强度的螯合物。铅同有机物,特别是腐殖质有很强的配合能力。工业排放的铅大量聚集在排污口附近的底泥及悬浮物中,而铅在水体中的主要迁移形式是随悬浮物被流水搬运迁移。

6.1.3　砷

砷是一种广泛存在并具有准金属特性的元素。它多以无机砷形态分布于许多矿物中,主要含砷矿物有砷黄铁矿(FeAsS)、雄黄矿(As_4S_4)与雌黄矿(As_2S_3)。空气中砷的自然本底值为每立方米几纳克。其中甲基胂含量约占总砷量的 20%。地面水中砷的含量很低,三价砷与五价砷的含量比范围为 0.06~6.7。海水含砷浓度范围为 0.001~0.008 mg/L。其中主要为砷酸根离子,但亚砷酸根含量仍占总砷量的 1/3。某些地下水源的含砷量极高(224~280 mg/L),且 50% 为三价砷。

在天然水体中,砷的存在形态为 $H_2AsO_4^-$、$HAsO_4^{2-}$、H_3AsO_3 和 $H_2AsO_3^-$。在天然水表层中,由于溶解氧浓度高,pE 值高,pH 在 4~9 之间,砷主要以五价的 $H_2AsO_4^-$ 和 $HAsO_4^{2-}$ 形式存在;在 pH>12.5 的碱性水环境中,砷主要以 AsO_4^{3-} 形式存在。在 pE<0.2,pH>4 的水环境中,则

主要以三价的 H_3AsO_3 和 $H_2AsO_3^-$ 形式存在。以上这些形态的砷都是水溶性的，它们容易随水发生迁移。

土壤易受砷污染，受砷污染的土壤含砷量可高达 550 mg/kg，在砷污染的土壤中生长的植物砷量相当高，尤其是其根部。在土壤中，砷主要以与铁、铝水合氧化物胶体结合的形态存在，土壤的氧化还原电位（E）和 pH 对土壤中砷的溶解度有很大的影响。土壤的 E 降低，pH升高，砷的溶解度增大。

砷的生物甲基化反应和生物还原反应是它在环境中转化的一个重要过程。因为它们能产生一些可在空气和水中运动、并相当稳定的有机金属化合物。但生物甲基化所产生的砷化合物易被氧化和细菌脱甲基化，结果又使它们回到无机砷化合物的形式。

砷对环境的污染主要来自人类的工农业生产活动。工业上排放砷的部门主要有化工、冶金、炼焦、火力发电、造纸、皮革、玻璃及电子工业等，其中以冶金、化工及半导体工业的排砷量较高（如砷化镓、砷化铜），所以工厂和矿山含砷污水、废渣的排放及燃料燃烧等是造成砷污染的重要来源之一。

农业方面，曾经广泛利用含砷农药作为杀虫剂和土壤消毒剂。其中用量较多的是砷酸钙、砷酸铅、亚砷酸钙、亚砷酸钠及乙酰亚砷酸铜等。还有一些有机砷被用来防治植物病虫害，大量的甲胂酸和二甲亚胂酸用作具有选择性的除莠剂或在林业上用作杀虫剂。

6.1.4 镉

地壳中镉的丰度为 20 ng/g，通常与锌共生，环境中的镉主要来源于冶炼锌、铅、铜。水中镉污染物来源于工业废水和采矿废物。镉及其化合物可通过食物链进入人体，对肾、肝、骨骼、血液产生较大的毒害作用，破坏人体的新陈代谢。

镉在环境中易形成各种配合物或螯合物，Cd^{2+} 与各种无机配体形成的配合物的稳定性顺序大致为 $HS^->CN^->P_3O_{10}^{5-}>P_2O_7^{4-}>CO_3^{2-}>OH^->PO_4^{3-}>NH_3>SO_4^{2-}>I^->Br^->Cl^->F^-$；与有机配体形成螯合物的稳定性顺序大致为：巯基乙胺＞乙二胺＞氨基乙酸＞乙二酸；与含氧配体形成配合物的稳定性顺序为：氨三乙酸盐＞水杨酸盐＞柠檬酸盐＞酞酸盐＞草酸盐＞醋酸盐。镉在环境中的存在形态和转化规律在很大程度上受到上述稳定性顺序的制约。

6.1.5 铬

铬在环境中的分布是微量级的，大气中约 1 ng/m³，天然水中 1～40 μg/L，海水中正常含量是 0.05 μg/L，海洋生物体内铬的含量达 50～500 μg/kg，说明生物体对铬有富集作用。

进入天然水体中的 Cr^{3+}，在低 pH 条件下易被腐殖质吸附，形成稳定的配合物，pH＞4 时，Cr^{3+} 开始沉淀，至中性时沉淀完全。在强碱性介质中，遇到氧化性物质，Cr^{3+} 会转化成 Cr^{6+}；在酸性条件下 Cr^{6+} 可被水体中的 Fe^{2+}、硫化物和还原性物质还原为 Cr^{3+}。所以在天然水体中经常发生二者之间的相互转化。

三价铬是人体必需的微量元素，但不能过量摄取。六价铬对人体有严重的毒害作用——致癌。但铬的生物半衰期相对比较短，容易从体内排出，与其他重金属相比，其危害性相对较小。

铬污染主要来源于电镀、皮革、染料和金属酸洗等工业。已发现电镀厂周围的地下水、土壤和农作物都受到不同程度 Cr^{6+} 的污染，且离厂区越近污染越严重。铬污染导致周围居民体内的 Cr^{6+} 水平超过正常值。长时间与高浓度 Cr^{6+} 接触，会损伤皮肤甚至产生溃疡。

6.2　有机污染物

有机污染物有数万种，其中对生态环境和人类健康影响最大的是有毒有机污染物和持久性有机污染物。这类有机物一般难降解，在环境中残留时间长，有蓄积性，能促进慢性中毒，直接或间接地危及人体健康。其中对生态环境和人类健康影响最大的、难降解的、有致癌、致突变作用的持久性有机污染物的环境行为最受人们关注。

6.2.1　持久性有机污染物（POPs）

经过近 3 年谈判，2001 年 5 月 22 日，世界上 127 个国家的环境部长或高级官员在瑞典斯德哥尔摩的联合国环境会议上通过了《关于持久性有机污染物的斯德哥尔摩公约》，从而正式启动了人类向有机污染物宣战的进程。公约内容涉及 12 种持久性有机污染物（POPs）的生产、使用、进出口、废物处置、科研开发、宣传教育、技术援助、财务机制等方面。持久性有机污染物（POPs）指能通过环境介质迁移并长期存在于环境中，对人类健康和环境有严重危害的天然或人工合成的有机污染物。持久性有机污染物包括艾氏剂、氯丹、狄氏剂、异狄氏剂、滴滴涕、七氯、六氯苯（六六六）、灭蚁灵、毒杀芬、多氯联苯、多氯二苯并二噁英和多氯二苯并呋喃。前 9 种是农药，第 10 种是工业化学品，最后两种是无用的工业副产品或焚烧排污物。这 12 种物质都可归入环境毒物类，而且都是含氯的有机化合物。9 种杀虫剂中除滴滴涕和六氯环己烷外的其余 7 种将被禁止生产和使用。由于滴滴涕仍是一些国家目前所使用的、暂时难有替代物的杀虫剂，所以作为暂时性的应对措施，它将被严格限制使用，并尽快用其他杀虫剂取代之。对于六氯环己烷杀虫剂和多氯二苯并二噁英及多氯二苯并呋喃等 3 种污染物，各国应采取措施将其环境排放量尽可能限制在最低水平。

持久性有机污染物一般具有四个特性：持久地存在于环境中；长距离迁移；对与其接触的生物造成有害或有毒效应；通过蓄积性，对食物链中的高营养级生物造成影响。由于它的以上特性，自然环境和生物体都受到了 POPs 污染。

（1）大气中的 POPs：大气中的 POPs 以气体形式存在或吸附在颗粒物上，当它发生迁移和扩散时会导致全球污染。

（2）水体中的 POPs：由于城市污水、水库、江河湖海中都存在 POPs，POPs 具有亲脂性，可通过食物链发生生物积累并逐级放大。

（3）土壤中的 POPs：在世界各国的土壤中都发现了 POPs，土壤是植物和一些生物的营养来源，土壤中的 POPs 会在食物链中发生迁移和传递。

（4）生物体中 POPs：POPs 具有迁移性和在生物体内的累积性，地球上的生物已遭受到 POPs 的威胁和污染。

为控制 POPs 在全球范围内的传播，1998 年 6 月，于丹麦奥尔胡斯召开的泛欧环境部长会议上，美国、加拿大和欧洲 32 个国家正式签署了关于长距离越境空气污染物公约，提出了 16 种必须加以控制的 POPs。

6.2.2　有机卤化物

1）卤代烃

卤代烃是大气有机污染物，大量的卤代烃通过天然或人为途径释放到大气中，造成大气污染。由于天然卤代烃的年排放量基本固定不变，所以人为排放是当今大气中卤代烃含量不断增加的原因。大气中的卤代烃主要来源于其被大量合成用于工业制品等过程。

（1）氯甲烷（CH_3Cl）：海洋是它的主要天然源，人为源主要来自城市汽车排放的废气和聚氯乙烯塑料、农作物等废物的燃烧。

（2）氟利昂-11 和氟利昂-12：除火山爆发释放少量之外，主要来源于人为排放。由于它们被广泛用作制冷剂、飞机推动剂、塑料发泡剂等，且在对流层中不能被分解，故它们在大气对流层中大量积累。当它们进入平流层后将对平流层的臭氧层产生破坏作用。

（3）四氯化碳（CCl_4）：主要来源于人为排放。它被广泛用作工业溶剂、灭火剂、干洗剂，也是氟利昂的主要原料。

（4）甲基氯仿（CH_3CCl_3）：甲基氯仿没有天然来源。它最初用来作为工业去油剂和干洗剂，从 1950 年以来，排放到大气中的量逐年增加，现在每年的排放速率是 CFC-11 和 CFC-12 的 2 倍多，平均每年增长 16%。

（5）卤代烯烃：卤代烯烃中的氯乙烯由于应用广泛、致癌，已引起人们的关注。与氯乙烯接触会对中枢神经系统、呼吸系统、肝脏、血液和淋巴系统造成影响。三氯乙烯可以通过溶解皮肤脂类物质引发皮肤炎，与它接触会造成视觉干扰、头痛、恶心、心律失常等症状。四氯乙烯会对肝、肾造成伤害，可能是致癌物质。

含氢卤代烃与 HO 自由基的反应是卤代烃在对流层中消除的主要途径。进入平流层的卤代烃污染物都受到高能光子的攻击而被破坏。例如，四氯化碳分子吸收光子后脱去一个氯原子，这个氯原子是游离的，可以再次参与使臭氧破坏的链式反应。在氯原子扩散出平流层之前，它在链式反应中进出的活动将发生 10 次以上。一个氯原子进入链式反应能破坏数以千计的臭氧分子，直至氯化氢到达对流层，并在降雨时被清除。

2）卤代芳烃

个体通过吸入或皮肤吸收等途径接触具有刺激性的氯苯，会对呼吸系统、肝脏、皮肤和眼睛造成伤害。已证实 1,2-二氯苯是一种潜在的致癌物。

多氯联苯（PCBs）是一组由多个氯原子取代联苯分子中氢原子而形成的氯代芳烃类化合物。由于 PCBs 理化性质稳定、用途广泛，已成为全球性环境污染物，从而引起了人们的关注。它在环境中的主要转化途径是光化学分解和生物转化。

PCBs 被广泛用于工业和商业等方面已有 40 多年的历史。它可作为变压器和电容器内的绝缘流体；在热传导系统和水力系统中作为介质；在配制润滑油、切削油、农药、油漆、油墨、复写纸、胶黏剂、封闭剂等中作为添加剂；在塑料中作为增塑剂。

PCBs多氯联苯主要是在使用和处理过程中，通过挥发进入大气，然后经干、湿沉降转入湖泊和海洋。转入水体的PCBs极易被颗粒物所吸附，沉入沉积物，大量存在于沉积物中。虽然近年来PCBs的使用量大大减少，但沉积物中的PCBs仍然是今后若干年内食物链污染的主要来源。

水中PCBs浓度为10~100 μg/L时，便会抑制水生植物的生长；浓度为0.1~1.0 μg/L时，会引起光合作用减少。而较低浓度的PCBs就可改变物种的群落结构和自然海藻的总体组成。不同的PCBs对不同物种的毒性不同。如含氯42%的PCBs对水藻类显示出很强的毒性。鱼类、鸟类及哺乳动物等对PCBs都很敏感，微量即可使其发生生理病变或死亡。PCBs对哺乳动物的肝脏可诱导出一系列症状，如腺瘤及癌症的发展。PCBs进入人体后，可引起皮肤溃疡、痤疮、囊肿及肝损伤、白细胞增加等症，而且除可以致癌外，还可以通过母体转移给胎儿致畸。所以当母体受到亲脂性毒物PCBs污染时，其婴儿比母体遭受的危害更大。

由于PCBs在环境中很难降解，污染控制与治理也很困难。目前唯一的处理方法是焚烧，而焚烧多氯联苯可以产生多氯代二苯并二噁英，它是目前公认的强致癌物质，所以焚烧处理并非良策。

6.2.3　多环芳烃

多环芳烃是广泛存在于环境中的有机污染物，也是最早被发现和研究的化学致癌物。多环芳烃（PAH）是分子中含有两个或两个以上苯环的碳氢化合物。两个以上的苯环连在一起的方式可以有两种：一种是非稠环型，即苯环与苯环之间各由一个碳原子相连，如联苯、联三苯等；另一种是稠环型，即两个碳原子为两个苯环所共有，如萘、蒽等。具有稠环多苯结构、呈直线排列的多环芳烃化学性质活泼，成角状的多环芳烃反应活性较小。

多环芳烃有天然来源，即陆地和水生植物、微生物的生物合成，森林、草原的天然火灾以及火山活动，构成了PAH的天然本底值。多环芳烃的人为污染源主要是由各种矿物燃料（如煤、石油和天然气等）、木材、纸以及其他含碳氢化合物的不完全燃烧或在还原条件下热解形成的，工厂（主要是炼焦、炼油和煤气厂）排出物。特别值得提醒的是，从吸烟者喷出的烟气中迄今已检测到150种以上的多环芳烃。

燃料在燃烧过程中产生大量的多环芳烃。水体中多环芳烃的重要来源是大气中的煤烟随雨水降落及煤气发生站、焦化厂或炼油厂等排放的含多环芳烃的污水进入水体。随石油污染物进入水体或土壤中的PAH可参与光化学降解和微生物降解。应该特别指出的是，家用炉灶排放的烟气中多环芳烃成分更多，污染更为严重。此外据研究，食品经过炸、炒、烘烤、熏等加工之后也会生成多环芳烃。如北欧冰岛人胃癌发生率很高，与居民爱吃烟熏食物有一定的关系，当地烟熏食物中苯并芘的含量，有的每千克高达数十微克。

由于PAH主要来源于各种矿物燃料及其他有机物的不完全燃烧和热解过程，这些高温过程（包括天然的燃烧、火山爆发）形成的PAH大都随着烟尘、废气被排放到大气中。释放到大气中的PAH存在于固体颗粒物和气溶胶中。大气中PAH的分布、滞留时间、迁移、转化、进行干湿沉降等都受其粒径大小、大气物理和气象条件的支配。

多环芳烃在紫外光（300 nm）照射下很容易光解和氧化，也可以被微生物降解。多环芳烃在沉积物中的消除途径主要靠微生物降解。微生物的生长速度与多环芳烃的溶解度密切相关。

6.2.4　表面活性剂

表面活性剂是分子中同时具有亲水性基团和疏水性基团的物质。它能显著改变液体的表面张力或两相间界面的张力，具有良好的乳化或破乳，润湿、渗透或反润湿，分散或凝聚，起泡、稳泡和增加溶解力等作用。

1）表面活性剂的分类

表面活性剂的疏水基团主要是含碳氢键的直链烷基、烷基苯基以及烷基萘基等，其性能差别较小；其亲水基团部分差别较大。

表面活性剂按亲水基团结构和类型可分为四种：阴离子表面活性剂、阳离子表面活性剂、两性表面活性剂、非离子表面活性剂。

（1）阴离子表面活性剂：溶于水时，与憎水基相连的亲水基是阴离子，有羧酸盐、磺酸盐、硫酸盐、磷酸盐。比如肥皂，当有油、脂肪及不溶于水的有机物时，阴离子溶于水中而憎水基溶于有机物中。

（2）阳离子表面活性剂：溶于水时，与憎水基相连的亲水基是阳离子，主要是有机胺的衍生物，常用的是季铵盐。阳离子表面活性剂与众不同的特点是其水溶液具有很强的杀菌能力，常用做消毒灭菌剂。

（3）两性表面活性剂：指由阴、阳两种离子组成的表面活性剂，其分子结构和氨基酸相似。

（4）非离子表面活性剂：其亲水基是醚基和羟基，主要是脂肪醇聚氧乙烯醚、脂肪酸聚氧乙烯酯、聚氧乙烯烷基胺、多醇表面活性剂。

表面活性剂的性质依赖于化学结构，即表面活性剂分子中亲水基团的性质及在分子中的相对位置，分子中亲油基团（即疏水基团）的性质等对其化学性质也有明显影响。

2）表面活性剂的生物降解

表面活性剂进入水体后，主要靠微生物降解来消除。

（1）甲基氧化：主要是疏水基团末端的甲基氧化为羧基的过程。

（2）β-氧化：指分子中的羧酸在辅酶 A 的作用下被氧化，使末端第二个碳键断裂的过程。

（3）芳香族化合物的氧化：指苯酚、水杨酸等化合物的开环反应。

（4）脱磺化过程：指烷基链氧化过程中伴随着脱磺酸基的过程。

3）表面活性剂对环境的污染与效应

由于表面活性剂具有显著改变液体和固体表面各种性质的能力，因而被广泛用于纤维、造纸、塑料、日用化工、医药、金属加工、选矿、石油、煤炭等各行各业。它主要以各种废水进入水体，由于它在水环境中难以降解，发泡问题十分突出，故造成地表水的严重污染。美国家庭市场每年消耗的表面活性洗涤剂超过 1 亿磅（lb，1 lb=0.453 6 kg），略高于欧洲的消耗量。大部分洗涤剂及洗涤剂生产中有关的其他物质最终都随着污水被排放。表面活性剂是合成洗涤剂的主要原料，特别是早期使用最多的烷基苯磺酸钠（ABS）。它是烷基苯的磺化产物，分解速度很慢。在那些将污水通过生活供水系统重复利用的地区，人们注意到饮用水中有开始出现泡沫的势头。污水排放口处出现明显的泡沫层，活性污泥厂的整个曝气池也被泡沫覆盖。最终 ABS 被可生物降解的线性烷基磺酸钠代替，使水中表面活性剂含量明显降低。烷基酚聚氧乙烯醚作为洗涤剂、分散剂、乳化剂、增溶剂等非常有效，此类物质在美国年使用量约为几百万千克。它们富集于污泥中，污泥大多在农田中被处置，进而进入食物链，其潜在威胁已受到人们的关注，因而欧洲一些国家严格禁止此类化合物的使用。

随着洗涤剂用量的增长，它对环境的污染已引起了人们的重视。首先，使水的感观状况受到影响，有研究报道，当水体中洗涤剂浓度为 0.7 ~ 1 mg/L 时，就可能出现持久性泡沫。由于它含有很强的亲水基团，不仅本身亲水，也使其他不溶于水的物质分散于水体，并可长期分散于水中，而随水流迁移。表面活性剂进入水体后，主要靠微生物降解来消除。其次，由于洗涤剂中含有大量的聚磷酸盐作为增净剂、洗涤助剂，因此使废水中含有大量的磷，是造成水体富营养化的重要原因。现在人们已经通过淘汰聚磷酸盐来解决此类污染问题。第三，表面活性剂可以促进水体中石油和多氯联苯等不溶性有机物的乳化、分散，增加废水处理的困难。第四，由于阳离子表面活性剂具有一定的杀菌能力，在浓度高时，可能破坏水体微生物的群落。洗涤剂对油性物质有很强的溶解能力，能使鱼的味觉器官遭到破坏，使鱼类丧失避开毒物和觅食的能力。据报道，水中洗涤剂的浓度超过 10 mg/L 时，鱼类就难以生存了。

经常与合成洗涤剂接触的人类，皮肤会引起皮肤炎，不久后还会诱发湿疹并发生继发性霉菌感染等。使用合成洗涤剂后的手感与肥皂的情况略有不同，它产生一种涩感，这是由于 RSO_3Na 类合成洗涤剂与手的皮肤蛋白形成了复合物所致。一般认为，家用合成洗涤剂在日常生活中只要正确使用，是不会对人体有毒害作用的。

6.2.5 石油类污染物

油类是常见的海洋污染物。原油泄漏是由于油轮沉没或者油井破裂、爆炸，输油管道等油品运输设施或储油罐燃烧爆炸等，严重危害海洋生物生命的事件。原油泄漏有很多种，主要有陆地泄露和海上油轮泄露。近代，载满原油的油轮因各种原因而沉没，致使原油流入大海的事故已是屡见不鲜。

1967 年 3 月 18 日，利比里亚籍超级油轮"托利卡尼翁"号触礁失事标志着现代原油泄漏事故的开始，12 万 t 原油倾入大海，浮油漂至法国海岸；1978 年 3 月，"阿莫戈-卡迪兹"号满载 160.45 万桶（23 万 t）原油，撞上岩礁沉没，船上的原油全部泄漏到海里。泄漏的原油漂到 200 mi（英里，1 mi=1.61 km）以外的法国西部布列塔尼附近海域，野生动物因此遭受重创，共计有 2 万只海鸟、9 000 t 的牡蛎以及数百万像海星和海胆这样栖息于海底的动物死亡；1979 年 7 月 19 日，多巴哥岛附近的加勒比海水域遭受强热带风暴袭击，满载原油的超级油轮"大西洋女皇"号和"爱琴海船长"号被困在风暴中，结果"大西洋女皇"号和"爱琴海船长"号发生碰撞导致大爆炸，发生了迄今历史上最严重的油轮漏油事故；1989 年 3 月 23 日，美国埃克森公司"瓦尔德斯"号油轮在阿拉斯加州威廉王子湾搁浅，泄漏 5 万 t 原油，沿海 1 300 km

区域受到污染，这是美国历史上最严重的海洋污染事故；1992 年 12 月，希腊油轮"爱琴海"号在西班牙西北部拉科鲁尼亚港附近触礁搁浅，在狂风巨浪冲击下断为两截，至少 6 万多吨原油泄漏，污染加利西亚沿岸 200 km 区域；1999 年 12 月，马耳他籍油轮"埃里卡"号在法国西北部海域遭遇风暴，断裂沉没，泄漏 1 万多吨重油，沿海 400 km 区域受到污染；2002 年 11 月，利比里亚籍油轮"威望"号在西班牙西北部海域解体沉没，至少 6.3 万 t 重油泄漏，法国、西班牙及葡萄牙共计数千公里海岸受污染，数万只海鸟死亡；2007 年 11 月，装载 4 700 t 重油的俄罗斯油轮"伏尔加石油 139 号"在刻赤海峡遭遇狂风，解体沉没，3 000 多 t 重油泄漏，致出事海域遭严重污染；2010 年 7 月 17 日，辽宁大连新港附近中石油的一条输油管道发生爆炸起火，导致部分原油泄漏入海，至少造成附近海域 50 km² 的海面污染。

　　除此之外，其他污染源向海洋水体传输的油类每年达 500 万 ~ 1 000 万 t（包括油轮漏油和清洗，钻井、油管和储器泄漏，工业废水等）。原油是含有几百种组分的复杂混合物，其中所含主要组分有直链烃类、环烷烃、芳香烃、重金属及带—SH 基团的多种含硫化合物等。此外，原油中还含多种多环芳烃，具有强致癌性。烃类化合物的密度一般小于水，所以原油的大多数组分漂浮在海面之上。也有一些组分（如含重金属者）可能因重力沉降到海底，对栖息在海底的生物产生影响。

　　油类污染物对海洋水体（还有其他水体）所产生的直接不良影响有两个方面。其一，降低水体中的溶解氧值。浮在水表面的石油，形成光滑的油膜，并进一步因水流而扩展成薄膜，每升石油的扩展面积可达 1 000 ~ 10 000 m²。这种大面积的浮油在矿物质、阳光及微生物的催化作用下能发生氧化耗氧，而且由于油膜的阻隔作用，大气通过界面向水体补给耗氧也难以进行。其二，油类对水生生物有毒杀作用。油容易填塞鱼的鳃部，使之呼吸困难，引起窒息死亡。石油的油臭成分侵入鱼、贝体内，通过其血液或体液扩散到全身，将使鱼、贝失去食用价值。油膜和油滴能黏住大量鱼卵和幼鱼，造成鱼卵大批死亡，孵化出来的幼鱼也会带有畸形，成长不良。石油污染使水鸟的羽毛直接污染而产生缠结时，它们变得游不动也飞不起，结果衰竭而死。石油通过消化道进入鸟类机体以后，引起肠胃、肾、肝等器官病变，并使水鸟繁殖率下降。

　　处理散入海洋的油类污染物不是一件轻而易举的工作。就典型的原油而言，如将它加热至 100 ℃ 则体积可能减少 12%；若加热到 200 ℃ 则可能减少 25%。这间接地表明，漂浮在水面的油分在几天之内可能因挥发减量 1/4。残留的油分会以更慢速度挥发或被微生物慢慢降解或被水生动物所吞食。约经过 3 个月，最终残留物只有原有数量的 15% 左右，是原油中沥青组分的残留物，以油状小团块形态漂浮在世界范围的海水之中。

　　油在水体中存在形态主要有：漂浮在水表面的油、溶于水中的油、乳化细滴状态的油及吸附于悬浮粒子或底泥中的油。只有海面浮油或分散在海面上的油相对比较容易处理。常用处理方法有：① 吸附法，使用的吸附剂有稻草、米壳、软质泡沫聚氨酯塑料等，也可用颗粒状白垩为吸附剂，吸油后沉入水底。② 吸入法，利用浮动吸油装置，通过其浮于水面的吸口将水面浮油吸入分油器，然后在装置中分去空气和水，回收得油。③ 凝固法，在油面上喷洒固化剂或胶凝剂，使浮油凝成油块回收。④ 磁性分离法，在污染处洒布含铁的油溶性药剂，然后用电磁铁吸除含油磁性物。⑤ 生物法，利用假单胞细菌属（Pseudomonas）能有效降解油中烃类化合物。试验表明，用这种方法在两昼夜间可分解 50% ~ 75% 的水中含油，且产物无毒性。

　　一般说来，漂浮在水面上的油类容易发生微生物作用下的生物降解。一些海洋细菌、丝状真菌能在自身体内合成并向外界分泌一种乳化剂，使油分在水中能以微小胶体粒子状态分散，然后渗入细胞体内发生消解。油分的生物降解有以下几个特点：

　　（1）耗氧特别大。如 1 L 原油降解过程中可将 320 000 L 海水中的全部溶解氧消耗殆尽。

　　（2）降解速度缓慢。在低温、低溶解氧或重金属存在等条件下，不易发生降解；降解速度还常受水体中硝酸盐、磷酸盐含量的制约。

　　（3）对毒性强的组分不能降解。

　　目前治理原油泄漏比较有效的方法是微生物方法。通过一种嗜油菌"吃掉"环境中的烷烃、芳香烃等物质，将其转化为细菌的细胞、水、二氧化碳。这种细菌在含有油污的环境中会迅速繁殖并不断吃掉周围的油污，直到油污完全消失；同时这种细菌会产生一种表面活性剂，其实质是一种酶，会加速油的分解。美国工业微生物协会公布的报告显示，普泰科石油清理生物降解系统明显优于其他生物降解产品。数据显示，其对烷烃的清除率高达 99.3%，对芳香烃的清除率达 94.1%。

7　能源与资源

7.1　能源、资源与可持续性

　　能源是做功能力或使原子和分子运动的热量，就是能够提供某种形式能量的自然本生资源及其转化资源。地球上大多数过程都是以太阳的辐射能作为根本的推动力。太阳辐射能量以电磁辐射方式传输到地球上，最高值出现在可见光区 500 nm 处。电磁辐射包括可见光、紫外辐射、红外辐射、微波、无线电波、X 射线等，以光速 3.00×10^8 m/s 在真空中传播。在 19 世纪以前，人类活动圈中的大部分能量来自于植物光合作用产生的生物能。家庭用木头取暖，用土壤培育食物，外出用动物或步行。这些能源是可再生和可持续的。

　　当人类消耗自然资源的速度超过了自然界的恢复速度时，可持续意味着后代可享有的资源还存在。当前对环境问题也一直围绕着可持续问题讨论。例如，可持续伐木指的是在树木再生的基础上获得木材，是意味着不砍伐野生树木而只能从农场中砍伐树木还是选择性砍伐树木？可持续农业指的是在不耗竭土壤的营养容量或自然居住地的生物多样性的前提下给人类提供食物，是意味着为保证土壤具有最高效力和最高收获使用有机肥而不使用化肥？化石燃料作为能源最终是不可持续的，有人把希望寄托在可再生能源的使用，但是如何更好地使用已有能源并保护环境还不是很清楚。可持续性的概念是建立在对如何改造物质世界清楚了解基础之上的，可持续能源在使用过程中不产生相关的环境危害，自然环境中的大部分问题在很大程度上可以得到解决。

7.2　常规能源

　　能源按其利用方式不同可分为一次能源和二次能源。一次能源是指能从自然界直接获取，并不改变基本形态的能源。二次能源是一次能源经过加工、转换成新的形态的能源，如氢。

　　依据能否再生、循环使用，又可将一次能源分为再生能源和非再生能源。再生能源是能够循环使用，不断得到补充的一次能源，如水能、太阳能、风能等。经亿万年形成而短期之内无法恢复的一次能源称非再生能源，如煤炭、石油、天然气、核燃料等。

1）太阳能

太阳能是太阳内部连续不断的核聚变反应过程产生的能量。是一种理想的无限供应、可广泛使用且便宜的能源。它不增加地球的总热量、不产生化学物质、不造成水污染。在全球基础上，利用到达地球的一小部分太阳能就能满足所有的能源需求。已经开发出太阳能发电电池，被广泛应用于为航天器提供能源。目前的技术在大多数地方大规模地进行太阳能发电成本还相对较高。中国在这方面正推广家庭用太阳能发电优惠政策，鼓励居民利用太阳能发电满足自己使用，多余的电量由国家购买。

2）水能

流动的水和水车是人类最古老的能源之一。在古埃及和罗马时期就用水力碾磨谷物。随着电力的发展，在 19 世纪末水力驱动发电机得到了大力发展，到 1980 年水力发电占世界电能的 25%，世界总利用能源的 5%。挪威 90% 的电力是水力发电产生的，占其使用能源的一半。中国占有世界水力发电潜能的 10%，世界上最大的水力发电工程是中国的三峡水力发电工程。

水力发电的可持续性和环境可接受性目前喜忧参半。改变水的流动将改变水生态，大坝的修建意味着很多人要搬迁，破坏自然美。在美国的一些地区，已拆除了大坝将河谷恢复到它们的原始状态。

3）风能

风是地球上的一种自然现象，是由太阳辐射热引起的。太阳照射到地球表面，地球表面各处受热不同，产生温差，从而引起大气的对流运动形成风。风能是太阳能的一种转换形式。

风力发电已经成为世界能源供给的一个主要方面。欧盟国家比世界其他国家的风力发电能力强。至 2008 年初，欧盟国家已经安装的风力发电容量约为 36 000 MW。风能容量领先的国家分别是美国、德国、印度、西班牙、中国。截至 2010 年底，我国新增风电装机 1 600 万 kW，累计装机容量达到 4 182.7 万 kW，均居世界第一，其中 3 100 万 kW 装机实现并网发电。

风力发电是完全可再生和无污染的，但是可以用于个人家庭和商业建筑的小风力涡轮发电机发电的成本依然比较高。

4）地热能

地热能是来自地球深处的可再生热能，来源于地球的熔融岩浆和放射性物质的衰变。主要以蒸汽、热水、热岩为表现形式。地热资源比化石燃料污染小，比核能安全，是一种较清洁的能源。在 1904 年，意大利第一次用这种能源发电，然后日本、俄罗斯、新西兰、菲律宾等相继对地热能加以利用。我国地热资源分布面广，150 °C 以上的高温地热田主要分布在西藏、云南西部和台湾等地，100 °C 以下的中低温地热田遍及全国各地，以东南沿海为多。西藏羊八井地热田，井深 200 m 以下最高温度为 172 °C，井口压力 0.3 ~ 0.5 MPa；云南腾冲地区井深 12 m 处温度达 145 °C；台湾的大屯火山区，井深 1 000 m 处温度达 294 °C。西藏羊八井地热电站是我国最大的地热电站，目前装机容量达到 2.52 万 kW。

5）核能

核内中子、质子之间存在着极强烈的相互吸引力，保持了核的稳定性，这种吸引力释放出来就是核能，是可替代能源。它是不造成环境退化的能源，尤其是不产生二氧化碳。但需要考虑的主要问题是核反应堆的安全问题和核裂变反应产生大量放射性废物，必须储存在安全的地方或采取永久安全的处置方法。其中低放射废水和废弃物经专门处理并检测合格后排放，中度和强放射性废液国际上多采用玻璃化、沥青和水泥固化以控制不进入天然水系。目前是将固化物用不锈钢密封储存。

6）生物能

生物能是以生物为载体将太阳能以化学能形式储存的一种能量，直接或间接地来源于植物的光合作用。在世界上生物质每年可以代替目前生产化学品消耗的 100 万 t 石油和天然气。可以用于生产化学品的生物质资源是谷物、糖类作物、油料、动物副产品、木质纤维。比如，作为燃料使用的大部分乙醇是由谷物或糖发酵产生的。生物柴油的运输与乙醇燃料的运输比较起来相对容易，可以通过现有的管道运输。用于生产生物柴油的植物主要有油菜籽、向日葵、大豆、棕榈油、椰子和麻风树。科学家已发现藻类含油量超过 50%，可用藻类生产生物柴油，其潜在生产力很壮观。目前最让人感兴趣的是利用丰富且便宜的农作物副产品组成的生物质，如小麦秆、玉米秆、木材、秸秆、稻草等。加拿大的公司已获得了从小麦秸秆或其他植物材料中得到可发酵糖类的方法。

7）海洋能

海洋储藏了巨大的能量，主要指潮汐能、潮流能、海流能、波浪能、温差能和盐差能等，是一种可再生能源。这些能量蕴藏于海上、海中、海底，属于新能源的范畴。

潮汐能指在涨潮和落潮过程中产生的势能。潮汐能的强度和潮头数量和落差有关。通常潮头落差大于 3 m 的潮汐就具有产能利用价值。潮汐能主要用于发电。我国的潮汐资源约为 2×10^7 kW，主要集中在浙江、福建沿海。目前我国已有 8 座潮汐电站在运行，装机总容量 7 000 kW，年发电量 1 000 多万千瓦时。我国的潮汐发电量仅次于法国、加拿大，居世界第三位。

波浪能指蕴藏在海面波浪中的动能和势能。虽然大洋中的波浪能巨大，但是难以利用，因此可供利用的波浪能资源仅限于靠近海岸线的地方。波浪能是利用波浪的上下运动，推动浮筒内的活塞以带动涡轮发电机。我国已将此类发电机用于浮标航标灯，目前每台容量仅几十瓦。

海流能是指海水流动的动能，主要是指海底水道和海峡中较为稳定的流动以及由潮汐导致的有规律的海水流动所产生的能量，是另一种以动能形态出现的海洋能。海流能的利用方式主要是发电，其原理和风力发电相似。

海水温差能是指表层海水和深层海水之间水体温度差引起的热能，是海洋能的一种重要形式。

除了发电，海洋热能还可以用于海水脱盐、空调和深海矿藏开发。盐差能是指海水和淡水之间或两种含盐浓度不同的海水之间的化学电位差能，是以化学能形态出现的海洋能。主要存在于河海交接处。同时，淡水资源丰富地区的盐湖和地下盐矿也可以利用盐差能。盐差能是海洋能中能量密度最大的一种可再生能源。

近海风能是地球表面大量空气流动所产生的动能。在海洋上，风力比陆地上更加强劲，方向也更加单一。据专家估测，一台同样功率的海洋风电机在一年内的产电量，能比陆地风电机提高 70%。

8）未来能源——可燃冰

可燃冰也称甲烷水合物、甲烷冰，最早发现于 20 世纪 60 年代，存在于海底沉积物或永冻土中，蕴藏量丰富。可燃冰呈白色固体，外形像冰，燃点很低，极易燃烧，同等条件下燃烧产生的能量比煤、石油、天然气要多出数十倍，而且燃烧后不产生任何残渣和废气，属优质能源。

1960 年，苏联在西伯利亚发现了可燃冰，并于 1969 年投入开发；美国于 1969 年开始实施可燃冰调查，1998 年把可燃冰作为国家发展的战略能源列入国家级长远计划；日本是在 1992 年开始关注可燃冰，完成周边海域的可燃冰调查与评价。最先挖出可燃冰的是德国。从 2000 年开始，可燃冰的研究与勘探进入高峰期，世界上至少有 30 多个国家和地区参与其中。其中以美国的计划最为完善，印度和日本的开发工作也走在了前列。中国对海底可燃冰的研究与勘查已取得一定成果。目前的调查表明，中国南海北部陆坡、南沙海槽和东海陆坡均有可燃冰存在。

7.3　矿产资源

世界矿产资源在地理分布上的差异极大。美国的矿产资源大约是所有国家的平均数，拥有的重要资源有铜、铅、铁、金、钼，但几乎没有铬、锡、铂族金属等重要的战略金属资源。就规模和数量而言，南非拥有得天独厚的一些重要金属矿产资源。

矿产资源是指在地质作用过程中形成并储存于地壳内（地表或地下）的有用的矿物集合体，其质和量适合于工业要求，并在现有的社会经济和技术条件下能够被开采和利用的自然资源。矿产资源是非常重要的非再生性自然资源，是人类社会赖以生存和发展的物质基础，既是人们生活资料的重要来源，也是极其重要的社会生产资料。

矿产资源依其组成成分可分为金属矿产和非金属矿产。

7.3.1　金属资源

金属主要来自于矿石开采和回收。矿石是指金属含量集中、有提炼价值的岩石。金属矿产指含有金属元素的可供工业提取金属有用成分或直接利用的岩石和矿物。包括：黑色金属 9 种，有色金属 13 种，贵金属 8 种，放射性金属 3 种，稀有、稀土和稀散金属 33 种。

金属的可获得性和每年的使用情况根据金属种类的不同而有很大的差异。有些金属储量很丰富，可广泛地应用于建筑，如铁、铝。有些金属如铂很珍贵且只限于用作催化剂、电加热丝等。一些金属被认为是至关重要的，因为它们在应用方面没有可行的替代品且供应短缺或分布不均等，如铬。

金属来源于它们被开采的岩石圈和回收金属。纯金属容易回收，而当一种金属电镀到另一种金属上或者由两种或更多金属成分组成时将金属分离为纯净的状态较难。比如铜线或其他铜制品中的铜对铁的污染。

1）铝

金属铝具有低密度、高强度、易加工、耐腐蚀和高导电性，使用范围广泛。它的使用和处理没有严重的环境问题，且是所有金属中最容易回收的一种。与铝有关的环境问题是采矿和加工铝土矿造成的。从薄层露天开采铝土矿会对岩石圈造成重大干扰。精炼铝会留下富含铁、硅和钛氧化物的残留物，具有腐蚀性，会产生污染。

2）铬

铬用于喷气发动机、核电站、抗化学品阀门中的不锈钢和超合金及其他抗热和抗化学腐蚀材料的应用。目前铬不可能从镀铬的物体中回收，所以应尽可能减少或消除这方面的应用。

3）铜

铜低毒，耐腐蚀，具可加工性、导电性和导热能力，应用广泛。铜的提取和精炼环节对环境有影响。由于现在的铜矿含量低，生产1 t金属铜要丢弃150~175 t的惰性材料，并产生大量的副产品硫，释放到空气中会对环境造成污染。

4）钴

钴合金的耐热性很好，可应用在喷气发动机等方面，是一种"战略"金属。其主要来源是精炼铜的副产品，其次是镍、铅的副产品。这些来源中一半的钴残留在矿渣中，因此钴的回收有很大潜力。

5）铅

铅的应用性很广，但有毒。人类加工的铅一半来自岩石圈的铁矿石，其余的来自铅的回收。一小部分作为精炼和金属使用，相关的废物浪费掉。电池中大部分铅能被回收，但仍有大约1/3损失。

6）锂

锂电池具有储存大量电能的能力而在便携式电子设备中得到广泛应用。目前世界上发现的锂资源有限，但需求也有限。锂主要分布在南美洲。截至2009年，估计有540万t在玻利维亚，300万t在智利，110万t在中国，41万t在美国。

7）钾

钾是植物生长必需的一种元素，以钾矿物的形式开采并作为植物肥料应用于土壤中。钾矿物由钾盐组成，在地下以矿床的形式发现或从海水中得到。在加拿大发现了非常大的矿床。

8）锌

锌在自然界的储量相对丰富且没有什么特别的毒性，其开采和加工可能引起一些环境问题。锌以ZnS形式存在，在炼锌时，硫以SO_2形式放出，对空气质量会产生影响。

7.3.2　非金属资源

非金属矿产指工业上不作为提取金属元素利用的有用矿产资源，除少数非金属矿产是用来提取某种非金属元素，如磷、硫等外，大多数非金属矿产是利用其矿物或矿物集合体（包括岩石）的某些物理、化学性质和工艺特性，如云母的绝缘性，石棉的耐火、耐酸、绝缘、绝热和纤维特性。

非金属矿产的成因多种多样，以岩浆型、变质型、沉积型和风化型最为重要，另外海底喷流作用也很重要。

7.4 固体废物

7.4.1 固体废物的基本知识

固体废物又称废物，它是人类在生产、生活等活动过程中丢弃的固状和泥状物质，包括从废水、废气中分离出来的固体颗粒。固体废物由于不同需要，在不同场合、不同国家有着不同含意。在学术界，一般是指在社会生产、流通和消费等一系列活动中产生的相对于占有者来说不具有原有使用价值而被丢弃的以固态和泥状存在的物质。

从哲学角度，可以看出废与不废是相对于占有者而言的，对甲是废物的东西，对乙不一定是废物，甚至可能是资源。废与不废是相对的，世界上只有暂时没有被认识和利用的物资，而没有不可认识的物资。废与不废具有很强的空间性和时间性。随着人类认识的逐步提高和科学技术的不断发展，被认识的物质越来越多，昨天的废物有可能成为今天的资源，因此有人称"固体废物"是时空上错位的资源（放在错误地点的原料），也称为"二次资源"或"矿藏资源"。

固体废物呈现两重性。一方面是废物往往含有污染成分，排放量大，占地面积广，大量的长期堆放已对环境和人体环境构成威胁和危害；另一方面，固体废物又含有许多有用物质，是"三废"之中最有可能资源化的废物。

固体废物有多种分类方法，可以根据其性质、危害状况和来源进行分类，如按其化学性质可分为有机废物和无机废物；按其危害状况可分为有害废物和一般废物。日本把固体废物按来源分成产业固体废物和一般固体废物两类。前者是指来自生产过程的固体废物，其中相当一部分是对人和环境有害的；后者是指来自人类生活过程的固体废物。欧美等许多国家将固体废物按来源分为工业固体废物、矿业固体废物、城市固体废物、农业固体废物、放射性固体废物等 5 类。我国则把固体废物分为工业固体废物、矿业固体废物、城市垃圾、农业废弃物以及放射性固体废物等。

比如城市垃圾又称为城市固体废物，它是指在城市居民日常生活中或为城市日常生活提供服务的活动中产生的固体废物。主要成分为厨房废物及闲余物、废纸、废塑料、废织物、废金属、废玻璃、陶瓷碎片、砖瓦渣土、粪便以及废家用器具、废旧电器、庭院废物等。工业固体废物是指在工业、交通等生产过程中产生的固体废物。

考虑到固体废物对人类的危害，我们主要介绍有害废物和放射性废物。

7.4.1.1 有害废物

1）有害废物及其判定

目前，多数国家根据有害特性鉴别标准来判定有害废物，即按其是否具有可燃性、反应性、腐蚀性、浸出毒性、急性毒性、放射性等有害特性来进行判定。凡具有上述一种或一种以上特性者均认为属于有害废物。

闪点较低的废物，或者经摩擦、吸湿或自发反应而易于发热，进行剧烈、持续燃烧的废物，便认为具有可燃性。

显示下述性质之一的废物，被认为具有反应性：在无引发下由于本身不稳定而易发生剧烈变化；与水猛烈反应；与水形成爆炸性混合物；与水产生有毒的气体、蒸气、烟雾或臭气；在有引发源或受热下能爆震、爆炸；常温常压下容易发生爆炸；其他法规所定义的爆炸物质。

含水废物的浸出液或废物不含水但加入定量水后的浸出液，能使机体接触部位的细胞组织受到损害，或使接触物质发生质变，使容器泄漏，则认为该废物具有腐蚀性。

用规定方法对废物进行浸取，在浸取液中有一种或一种以上的有毒成分浓度超过限定标准，就认为该废物具有浸出毒性。一次投给试验动物的废物，半致死剂量（LD_{50}）小于规定值便认为其具有急性毒性。

2）有害废物的迁移途径

（1）进入土壤的途径：

有害废物长期露天堆放，其有害成分在地表径流和雨水的淋溶、渗透作用下，通过土壤孔隙向四周和纵深的土壤迁移。

（2）进入大气的途径：

有害废物一般通过以下途径进入大气，使之受到污染：废物中的细粒、粉末随风扬散；在废物运输及处理过程中缺少相应的防护和净化设施，释放有害气体和粉尘；堆放和填埋的废物以及渗入土壤的废物，经挥发和反应放出有害气体；废物的有机污染物从土壤内向大气挥发。

（3）进入水体的途径：

有害废物可通过下述途径进入水体：将其直接排入江、河、湖、海等地表水；露天堆放的废物被地表径流携带进入地表水；飘入空中的细小颗粒，通过降雨的冲洗沉积以及重力沉降和干沉降而落入地表水；露天堆放和填埋的废物，其可溶性有害成分在降水淋溶、渗透作用下可经土壤到达地下水。

（4）进入人体的途径：

环境中的有害废物以大气、水、土壤为媒介，可直接从呼吸道、消化管或皮肤进入人体。

7.4.1.2 放射性固体废物

1）放射性的基本概念

放射性核素自发地改变核结构，形成另一种核素的过程，称为核衰变。由于过程中总伴有带电或不带电粒子的放出，所以，核衰变又称为放射性衰变。放射性衰变按其放出的粒子性质，分为 α 衰变、β 衰变、β$^+$衰变、电子俘获、γ 衰变等多种类型。放射性核素衰变等过程中放射出来的各种粒子，成为核辐射。辐射通过与物质的相互作用，把能量传给受照射的介质，并在其内部引起各种变化。

环境中的放射性来源于天然和人工辐射。天然辐射来自地球外层空间的宇宙射线和地球天然存在的放射性核素辐射。从外层空间首先进入地球大气上层的宇宙射线，主要是质子、α粒子等混杂的高能粒子流，称为初级宇宙射线。在初级宇宙射线穿透大气的过程中与大气物质相互作用，产生的混杂、能量较低的次级粒子和电磁波，称为次级宇宙射线。在距地面 15 km 以下的大气中，初级宇宙射线大部分都转变为次级宇宙射线。人工辐射的来源主要有以诊断、医疗为目的所使用的辐射源设备和放射性药剂，核武器试验、核工业及核研究单位排放的三废，以及带有辐射的消费品等。

2）放射性固体废物的分类

根据国际原子能机构（IAEA）建议，放射性固体废物分为以下四类：

（1）$X \leqslant 0.2$ R/h 的低水平放射性废物，不必采用特殊防护。主要是 β 及 γ 放射体，所含 α 放射体可忽略不计。

（2）0.2 R/h$< X \leqslant 2$ R/h 的中水平放射性废物，需用薄层混凝土或铅屏蔽防护。主要是 β 及 γ 放射体，所含 α 放射性可忽略不计。

（3）$X > 2$ R/h 的高水平放射性废物，需要特殊防护装置。主要是 β 及 γ 放射体，所含 α 放射体可忽略不计。

（4）α 放射性要求不存在超临界问题，主要为 α 放射体。

3）核辐射对人体的损害

放射性物质对人体的损害主要是由核辐射引起的。辐射对人体的损害可以分为躯体效应和遗传效应两类，还可以分为随机与非随机性两类效应。

（1）躯体效应与遗传效应：躯体效应是指辐射所致的显现在受照者身体上的损害，如辐射致癌、放射病等。根据损害发生的早晚，有急性和晚发效应两种。遗传效应是指通过辐射对人体生殖细胞遗传物质的损害，使受照者后代发生的遗传变异。

（2）随机性效应与非随机性效应：在这一辐射损害的分类方法中，辐射损害发生率与剂量大小有关，严重程度与剂量无关，可能不存在剂量阈值的生物效应称随机性效应。它包含致癌等某些躯体效应和辐射防护中涉及剂量范围内的遗传效应。非随机性效应则指辐射损害的严重程度随剂量变化，存在剂量阈值的生物效应。

7.4.2　固体废物污染控制措施

固体废物既是污染水、大气、土壤的污染"源头"，又是废水、废气处理的"终态物"。控制"源头"，处理好"终态物"是固体废物污染控制的关键。固体废物对环境的危害与废物种类和性质、数量有关。

7.4.2.1　固体废物处理方法

固体废物的处置方法分为海洋处置和陆地处置。海洋处置方法包括深海投弃、海上焚烧；陆地处置方法包括土地耕作、工程库、储留池储存、土地填埋和深井灌注等几种。固体废物处理方法有物理处理、化学处理、生物处理、热处理、固化处理。

（1）物理处理：压实、破碎、分选、增稠、吸附、萃取等。

（2）化学处理：氧化、还原、中和、化学沉淀、化学熔出等。

（3）生物处理：好氧、厌氧、兼性厌氧处理、堆肥化。

（4）热处理：焚化、热解、湿式氧化、焙烧、烧结等。

（5）固化处理：水泥、沥青、玻璃、塑料、石灰固化等。

1）焚烧

该法主要是用来处理可燃性固体废弃物的，它可以减少固体废弃物的容量，使固体废弃物体积变小，以便填埋。另外，所产生的高温燃烧气体可以作为能源使用，如用来加热原料、浴水，甚至可以用来发电。所以该法在国外已被大量使用，但是燃烧气中往往存在黑烟或者有害气体，排出后产生二次公害，所以该法还在不断改进中。

2）固体废弃物的热分解

由于焚烧处理方法可引起二次公害，所以于1967年在丹麦开始了热分解处理方法的研究。近年来在美国、日本等国开始被工厂所采用。所谓热分解，就是把有关固体废弃物在无氧或少量氧存在的条件下加热至 $800 \sim 1\,000\ ℃$，获得高温气体的方法。同时还可以获得煤焦油，用作化工原料。分解后剩余的以碳为主的残渣，可以作肥料、填坑物和固体燃料等。研究认为，热分解法具有如下特点：

（1）垃圾在高温下进行分解，不会含有因微生物而引起的分解物质，可以产生完全无毒的残渣。

（2）用该法所生成的气体，其中含有氨气，可以中和该气体中的酸性气体，故排出的气体一般呈中性或弱碱性。例如，从橡胶的热分解中产生的二氧化硫，使从塑料的热分解中产生的氯化氢等酸性气体都被安全中和。

（3）热分解后的气体与煤气的成分很相近，仅调节一下发热量，就可以在任何条件下与煤气混合使用。

（4）该法不仅可对可燃性固体废弃物进行处理，对于液体废弃物、油以及含有塑料的垃圾也能进行处理。

（5）该法不发生机械故障，可保证安全运转。因此，该法当前被认为是很有前途的方法，一些发达国家都在积极研究。

3）化学浸出处理法

浸出法是选择适当的化学溶剂或称为浸出剂（如酸、碱、盐水溶液等）与固体废物发生作用，使其中的有用组分选择性溶解（或者是杂质组分溶解）的过程。处理过程包括前处理、浸出和浸出液精制过程。它可以处理含金、银、锌、钴、锰、钼、砷、锑、铀等固体废物和尾矿，也可以提纯石墨、高岭土、金刚石等非金属矿。按浸出剂的不同，浸出方法可分为酸浸、碱浸、盐浸、细菌浸、水浸。酸浸常用的浸出剂有硫酸、盐酸、硝酸、亚硫酸；碱浸常用碳酸钠、氨水、苛性钠、硫化钠为浸出剂；盐浸的浸出剂有氯化铁、硫酸盐、氯化钠、次氯酸钠等，用氰化钠、氰化钾做浸出剂的称为氰化浸法；细菌浸以硫酸铁、菌种、硫酸为浸出剂；水浸以水为浸出剂。

4）高温烧成法

在高温下，利用窑炉焙烧固体废物，生产金属或硅酸盐材料（如水泥、砖等）的处理方法。

5）化学稳定或固化

将有害废物固定或包封在惰性固体基材终产物中的处理方法为稳定化或固化。稳定化是指废物的有害成分通过化学变化或被引入某种稳定的晶格中的过程；固化是指对废物中的有害成分用惰性材料加以束缚的过程。固化处理方法可按原理分为包胶固化、自胶固化、玻璃固化和水玻璃固化。

（1）包胶固化是采用某种固化基材对于废物块或废物堆进行包覆处理的一种方法。对废物的包覆方法，一般可分为宏观包胶和微囊包胶。宏观包胶是把干燥的未稳定化处理的废物用包胶材料在其外围包上一个外层，使废物与环境隔离；微囊包胶是用包胶剂包覆废物的微观粒子。微囊包胶便于做到有害废物的安全处置，是目前国际上采用较多的处理技术，所用包胶基材有水泥、石灰、热塑性材料和有机聚合材料。

（2）自胶固化法是将含大量硫酸钙或亚硫酸钙的废物，在受控条件下煅烧到部分脱水至产生有胶结作用的硫酸钙或半水硫酸钙状态，然后与某些添加剂混合成稀浆，凝固后生成像塑料一样硬的、透水性差的物质。此法原理是基于亚硫酸钙和硫酸钙半水化合物具有最终形成类似于含有两个结晶水的硫酸钙的固化物的性质。

（3）玻璃固化原理是利用制造陶瓷或玻璃的成熟技术，将废物在高温下煅烧成氧化物，再与加入的添加剂煅烧、熔融、烧结，成为硅酸盐岩石或玻璃体。对于含重金属污泥的玻璃固化处理，要求添加玻璃化所需的硅质材料。例如，在有空气的条件下，加热含铬污泥时，三价铬可以变成六价铬；如在含有钙盐的含铬污泥里加入硅酸钠和黏土，就可以由于玻璃固化而抑制六价铬的产生。实验表明，含铬污泥在添加剂及其配比适当时，在烧结过程中可以形成不溶性的 $ZnO \cdot Cr_2O_3$ 尖晶石。

（4）水玻璃固化是以水玻璃为固化基材，使之同辅助材料（如硫酸、硝酸、磷酸等）混合反应，而后按一定配比与有害污泥混合，污泥即自动脱水固化。

7.4.2.2　固体废物污染控制技术

我国于 20 世纪 80 年代中期提出控制固体废物污染技术政策，主要是对固体废物实行资源化、无害化、减量化的技术政策，以"无害化"为主。

（1）资源的回收：通过对固体废物的再循环利用，回收能源和资源。对工业固体废物的回收，必须根据具体的行业生产特点而定，还应注意技术可行、产品具有竞争力及能获得经济效益等因素。基本任务是采取工艺措施从固体废物中回收资源和能源，是固体废物的主要归宿。

（2）无害化处置：固体废物的无害化处置是指经过适当的处理使固体废物或其中的有害成分无法危害环境或转化为对环境无害的物质。"无害化"工程处理技术有垃圾的焚烧、卫生填埋、堆肥、粪便的厌氧发酵、有害废物的热处理、解毒处理。

（3）减量化：基本任务是通过适宜的手段减少固体废物的数量和容积。一是对固体废物进行处理利用；二是减少它的产生。

7.4.2.3　固体废物污染控制措施

（1）改革生产工艺：采用无废技术、精料等。

（2）发展物质循环利用工艺：第一种产品的废物做第二种产品的原料，最后只剩下少量废物进入环境，以取得经济的、环境的和社会的综合效益。

（3）综合利用：有些固体废物中含有很大一部分未起变化的原料或副产物，可以回收利用。

（4）无害化处理与处置：有害固体废物，通过焚烧、热解、氧化还原等方式，改变有害物质的性质，可使之转化为无害物质或使有害物质含量达到国家规定的排放标准。

7.4.3　废物资源化

废物资源化是废物的再循环利用，回收资源和能源，又称"再生""回收利用"等。废物资源化是应用工程技术和管理方法，从废弃物中回收有用的物质和能源，也是废物利用的宏观称谓。如将城市垃圾中的有机物经过处理，可作为煤的辅助燃料；经高温分解制成燃料油；经微生物降解制取沼气和优质肥料等。固体工业废物，可制成建筑材料；从中回收有用金属和非金属材料。

早在 12 世纪，中国南宋时期的著名学者朱熹就提出"天无弃物"的观点。近 30 年来，环境问题日益尖锐，资源不断减少，废弃物的资源化已经为人们所关注。人类对固体废弃物的处理和利用，能防止和推延某些自然资源枯竭耗尽时代的出现，使自然资源能够永续使用，就意味着我们所设计和制造的产品最终将被再生和循环利用。并且随着社会生产力的发展，特别是大量高技术消费废品的日益剧增，给废弃物的处理和利用带来技术上的复杂性和难度。废物资源化技术工艺是近 30 年来的研究成果，还很不成熟。技术复杂，投资较大是废物资源化发展的两大障碍。

为了实现固体废物资源化，许多国家采取了鼓励利用废物的政策和措施，建立了专业化的废物交换和回收机构，开展废物交换和回收的活动。如中国 1979 年制定的《关于工业"三废"综合利用的若干规定》等法令，规定工业废渣无偿利用，废渣产品在一定时期内减免税收等。中国各城市普遍建立了物资回收公司。欧洲一些国家自 20 世纪 70 年代以来，开始实行废物交换。德意志联邦共和国化学工业协会最早建立废物交换制度，并与邻国奥地利、卢森堡、荷兰、比利时、丹麦等签订合作协议。西欧共同体商工委员会于 1978 年建立废物交换市场。北欧的瑞典、丹麦、芬兰和挪威建立了北欧废物交换所。美国环境保护局在全国设立 200 个废物交换点和 3 000 个回收中心。

7.4.3.1　城市生活垃圾的资源化

城市生活垃圾是指在城市日常生活中或者为城市日常生活提供服务的活动中产生的固体废物及法律、法规规定视为城市生活垃圾的固体废物。来源于家庭垃圾、企业垃圾、居民生活垃圾、集团垃圾等。通常包含报纸、杂志等纸类垃圾；玻璃包装、金属包装、塑料包装等包装垃圾；厨房生活垃圾；废旧家具等木竹类垃圾；纺织品、泥沙等垃圾。

城市生活垃圾处理方式有卫生填埋、高温堆肥和焚烧。不同的国家由于国情不同，垃圾的处理方法也有较大的差异，填埋、焚烧、堆肥、回收利用在各发达国家垃圾处理中所占的比例及总处理量也不同。总体来看，部分发达国家生活垃圾卫生填埋所占比例较高，例如，在最早开发垃圾焚烧技术的英国，2002 年卫生填埋仍占 77.8%，在经济实力最强的美国，2001 年卫生填埋也占 55.7%。回收利用和焚烧技术的应用也较为广泛，特别是回收利用在近期所占的比例逐渐上升，且工业发达国家由于能源、土地资源日益紧张，焚烧处理比例也逐渐增多。除加拿大、葡萄牙和瑞士外，生活垃圾回收利用所占比例都在 10% 以上，其中 2002 年德国生活垃圾回收利用率达 56.4%。堆肥应用较少，除法国、比利时、意大利、丹麦、卢森堡、荷兰、挪威和西班牙外所占比例一般都在 10%以下。农业型的发展中国家大多数以堆肥为主。生活垃圾适宜堆肥，费用低但管理要求高，受销路影响。而热解法、堆山造景、填海等新技术正不断取得新进展。

（1）填埋法作为垃圾的最终处置手段一直占有较大比例。填埋法投资小、设备少、处理量大、技术相对简单但占地量大，处理不慎会引起爆炸、污染水源和土壤等环境问题，填埋法处理城市生活垃圾占据主导地位。根据填埋场环保措施和环保标准判断，我国生活垃圾填埋场分为非卫生填埋场、准卫生填埋场、卫生填埋场三个等级。由于传统的混合垃圾卫生填埋场中可生物降解垃圾的自然降解速度较慢，不断产生渗滤液和填埋气体，因此为了加速可降解垃圾的降解、加速垃圾的稳定和沉降，厌氧、好氧和半好氧生物反应型填埋技术将是填埋技术发展的主要方向。

（2）堆肥是处理可堆腐有机物并使之实现资源化的有效技术。现代化堆肥工艺大多采用好氧堆肥，发酵温度在 50 ~ 65 ℃，发酵周期短，也称高效快速堆肥。好氧堆肥系统有许多种，按原料发酵所处的状态可分为仓式静态通风发酵技术和卧式旋转滚筒发酵技术，是堆肥技术发展的主要方向；按物料的流动形式可分为间歇式和连续式；按发酵设备的形式可分为封闭式和敞开式。目前在我国使用的生活垃圾堆肥技术分为简易高温堆肥技术、机械化高温堆肥技术两类。

（3）焚烧是一种可同时实现生活垃圾无害化、减量化、资源化的有效技术。但是焚烧技术一次性投资大，运转成本较高、要求垃圾低位热值大于 4 127 kJ/kg；生活垃圾焚烧过程中可能会造成二次污染，引起新的环境问题。焚烧主要有直接焚烧和热解气化焚烧两种方法。我国生活垃圾处理仍以直接焚烧为主，热解气化焚烧所占比例较小。常用的炉型是机械炉排焚烧炉、旋转窑焚烧炉，流化床焚烧炉和热解焚烧炉。目前，国内大部分焚烧炉主要采用机械炉排焚烧炉和流化床焚烧炉。国外垃圾焚烧处理技术已有约 100 年的发展历史，目前已较为先进和成熟。我国垃圾焚烧处理技术和装备在近年来也得到迅速的发展。在引进国外先进技术设备并进行技术研究和开发的基础上，国内已经形成了以企业实体为主的垃圾焚烧设备开发群体，其技术水平也在不断提高。但总体来看，单炉处理规模小，自控及余热利用技术水平较低。

（4）回收利用技术包括两个部分：垃圾分类和分选技术；垃圾分离后的回收利用技术。回收利用一方面减少了人类生产生活对自然资源的需求；另一方面也减少了需要进行处理的垃圾量。回收利用的途径主要包括：对生活垃圾实施分类收集；对生活垃圾中可回收利用部分，进行预处理、再使用、再加工、再制造。如废弃塑料，现有的塑料分选技术主要有：光选、电选、风力分选、密度分选、水力旋流器分选、浮选等多种方法。其中，光选法适合于块状塑料的分选，对于破碎后的细粒塑料，由于光谱中的某些波段会发生位移，难以分选。此外，也不宜分选薄的片状塑料或黑色塑料。风力分选比较适合于重物质与塑料的分选，用于塑料、纸等轻物质分选时，如不进行特殊工艺处理，分选率不高。而水力旋流器分选和浮选都属于湿式分选法，用水多，处理过程复杂。电选法分离耗能少，分选率高，对比重法无法分离的废塑料易于分选，但对分选物料的湿度及粒度要求较高，结构复杂。废弃塑料的回收利用技术以油化技术和焚烧技术应用较多，但是由于它们会产生二噁英，污染环境，正在受到越来越多的限制。运用成型设备，加工生产再生颗粒，然后根据不同市场需求进行资源化加工技术也逐渐成熟，例如，废旧塑料制板技术，就是将废旧塑料添加附加成分进行改性后压缩成板材。

7.4.3.2　农业固体废弃物的资源化

农业废弃物按其来源不同可分为以下几种类型。① 第一性生产废弃物，主要是指农田和果园残留物，如作物秸秆、果树枝条、杂草、落叶、果实外壳等。② 第二性生产废弃物，主要是指畜禽粪便和栏圈垫物等。③ 农副产品加工后的剩余物。④ 农村居民生活废弃物，包括人粪尿及生活垃圾。

我国是一个农业大国，农业生产中的废弃物种类繁多，数量巨大，但仅有 20%的农业废弃物被利用，农业资源被严重破坏和浪费。此外，种植业和养殖业只注重粮、肉、蛋、奶等产品的利用，对大量的副产品不能有效利用。据报道，我国每年玉米种植面积有 3 亿多亩，产生秸秆可达 2.2 亿 t；我国是仅次于巴西和印度的世界第三甘蔗种植大国，甘蔗作为大宗的糖料经济作物，在国民经济中占有重要地位，甘蔗渣是制糖的一种副产品，每生产出 1 t 蔗糖就会产生约 1 t 的蔗渣；我国也是世界花生生产大国，年总产量达 1 450 万 t 以上，占世界总产量的 42%，每年约产生 450 万 t 花生壳。玉米秸秆、甘蔗渣和花生壳中含有大量的纤维素、木质素、半纤维素等天然高分子物质。目前除了玉米秸秆、花生壳少量用作饲料，甘蔗渣少量用于造纸外，这些固体废弃物大部分被烧掉或废弃，这不但造成资源浪费，而且也产生严重的环境污染。

我国正逐步重视对农业固体废弃物的利用，如目前在我国农村地区大面积推广的农村可再生能源技术主要是沼气工程综合利用技术。沼气工程综合利用技术是以沼气为纽带，形成养殖-沼气-种植综合能源生态系统，如户用沼气系统，包括北方"四位一体"能源生态模式、西北"五配套"能源生态模式、大中型畜禽场能源工程等。

我国的农业废弃物资源化综合利用主要体现在以下几个方面。

1）获取能量

生物质能是仅次于煤炭、石油、天然气的第四大能源，在世界能源消费总量中占 14%。农业废弃物作为生物质的一部分，可被利用获取能量。

（1）制沼气：

研究表明，农作物秸秆、蔬菜瓜果的废弃物和畜禽粪便都是制沼气最好的原料。据测算，1 t 秸秆可替代 0.7 t 煤炭，每利用 1 万 t 秸秆可减少二氧化硫排放量 140 t 和烟尘排放量 100 t。

（2）气化：

利用生物质热能气化原理，将可燃物质经气化反应器干燥热解、气化和还原，可产生高效、清洁、方便的可燃气体，能解决农村供气、供热、供电问题。

（3）液化：

由生物质制成的液体燃料叫生物燃料，主要包括生物酒精、生物甲醇、生物柴油和生物油。将能量密度较低的废弃物转化成密度高、品位高的液体燃料是合理利用生物质能的有效途径，也是 21 世纪最有发展潜力的技术之一。

（4）固化：

将秸秆、稻壳、锯末、木屑等松散、无定型、低发热量的生物质原料经过机械加压、加热等，压制成具有一定形状、密度较高的固体成型燃料，其功效相当于中质煤，但没有煤所固有的含硫量大、灰分高、污染环境等缺点。成型工艺可分为常温压缩成型、热压成型和炭化成型三种。

2）制肥料

（1）堆肥：

根据微生物生长环境，将堆肥化分为好氧堆肥化和厌氧堆肥化。好氧堆肥化是指在氧存在状态下，好氧微生物对废物中的有机物进行分解转化的过程，最终的产物是 CO_2、H_2O、热量和腐殖质。厌氧堆肥化是在无氧存在状态下，厌氧微生物对废物中的有机物进行分解转化的过程，最终产物是 CH_4、CO_2、热量和腐殖质。通常所说的堆肥化一般是指好氧堆肥化。

（2）液体肥料：

农业废弃物做成堆肥后，其液体汁液经安全处理后可制成液体肥料。

（3）有机生物肥：

农业废弃物经堆肥处理后，沼气池中的固体残渣经处理后可制成有机肥。

（4）有机复合肥：

将高温堆肥产品经杀灭病原菌、虫卵和杂草种子等无害化和稳定化处理后，配以一定比例的无机氮、磷、钾复混造粒，加入功能微生物而形成一种融有机、无机肥及功能微生物于一体的"三合一"肥料。

3）生产饲料

农业废弃物除可直接还田和饲养大量牲畜外，还可制成多种富含营养成分的有机饲料。

（1）氨化饲料：

将氨水、无水氨（液氨）、尿素等含氨物质与秸秆混合发生变化，使秸秆中的纤维素、木质素细胞壁膨胀疏松，便于牲畜消化吸收。据报道，氨化后的秸秆有机物消化率可提高 8% ~ 12%，含氮量提高 8% ~ 10%，粗蛋白含量提高 1 ~ 2 倍，家畜采食量提高 20%。

（2）青贮饲料：

无毒的农业废弃物都可以青贮。青贮饲料能有效保持作物茎秆的青绿状态，提高适口性。茎秆青贮后可增加多种维生素、氨基酸、胡萝卜素等营养成分，用其饲喂奶牛，产奶量可增加 10% ~ 20%。

（3）生化蛋白饲料：

利用微生物培养基、酵母真菌、氨基酸、酶制剂等生物和矿物质将作物饲料转化为蛋白饲料，比普通饲料营养价值更高。如秸秆在制作剂的作用下，可转化为富含低分子碳水化合物、游离氨基酸、大量菌体蛋白和部分维生素的高效生化蛋白饲料。秸秆粗纤维含量由 26% ~ 32% 下降到 15% 以下，粗蛋白含量由 3% ~ 6% 提高到 14% ~ 20%，并含有丰富的纤维素酶及其他消化酶等活性因子。该饲料营养丰富，畜禽喜食，吸收率高，无副作用，比传统养猪法降低饲养成本 50% ~ 60%。

（4）酶化饲料：

人工造就近似于牛前胃的生理环境，经过有益微生物的发酵作用，使秸秆的纤维素、半纤维素、木质素等成分转化为糖类，可增加粗蛋白含量 7% ~ 13%、18 种氨基酸 4% ~ 8% 及各种维生素，从而使低能的废弃物转化为高能的、廉价的"细菌饲料"。

（5）碱化饲料：

在一定浓度的碱液（通常占干物质的 3% ~ 5%）作用下，打破秸秆粗纤维中纤维素、半纤维素、木质素之间的醚键或酯键，并溶去大部分木质素和硅酸盐，撕断纤维素与木质素的复合物，从而提高粗饲料的营养价值，使不消化的木质素变为易消化的羟基木质素，有利于动物的吸收。

（6）动物粪便经过再处理做饲料：

随着我国农村饲养业的发展，畜禽废弃物排放量大增。全国畜禽年排放粪便就达几亿吨，其中大部分未经处理就直接进入农田或排入江河，这样将带来环境、卫生等一系列问题，造成资源浪费。为此，必须重视畜禽粪便的综合利用。

4）生产工业及医药原料

（1）有机产品：

生产木糖、木糖醇、淀粉，制乙醇、糠醛，提取烟碱及中药原料。

（2）轻型建材：

可制作编织物和装饰品及其他材料。麦秸可编成凉席、凉帽；高粱秆可制成门帘和窗帘；玉米棒皮可做成汽车坐垫、靠背及床垫；稻草和其他秸秆可广泛用于造纸、人造板、复合墙板等。

（3）可降解的包装材料：

用农作物秸秆制作的方便碗和方便盒易分解、易腐烂，不仅减少了白色污染，还减少了木料消耗，有利于保护环境。

（4）食品防腐剂和空气清新剂：

竹叶可制成防腐剂，有些水果残渣可制成空气清新剂。

（5）培养基：

橡胶废水可用作培养基，作物废弃物可用作实用菌培养基。

（6）药物：

芹菜和黄瓜根可制成中药，薯秧根可做饲料，酿酒。

（7）生产食用菌：

平均1 kg左右秸秆能生产食用菌（平菇、香菇、金针菇等）1 kg，菌渣还可还田做有机肥。

（8）制作生物滤床滤料：

国内可制作滤料的废弃物有果菜、酒糟、锯木屑、蔗渣、稻谷、玉米穗、米糠、豆粕、杂草等。

（9）其他：

农业废弃物还可用来制造生物润滑油、生物柴油、生物塑料、生物洗涤剂、汽车构件和特殊纸类等。

5）农业废弃物在利用过程中存在的问题

（1）有关农业固体废弃物资源再生利用的政策、法规亟待完善。

目前我国没有一套行之有效的固体废弃物再生利用的政策法规，该产业处于自由发展状态。在实质性的资金、技术引进、税收、应用推广等方面都未得到切实的支持，只能对部分有利用价值的废弃物进行回收，数量极少。

（2）农业废弃物资源化利用的全民意识没有完全树立。

由于历史原因，我国农业资源的综合利用水平与国民经济发展相对滞后。大量的地方中小型企业、乡镇企业在进行生产时只考虑投资少，见效快，有钱可赚就行。在日益重视可持续发展的今天，我们要充分认识到农业废弃物综合利用的经济、环境与社会价值。同时，在对农业废弃物进行回收时，应提倡绿色回收，注重节约、环保。

（3）农业固体废弃物资源化利用的安全性不高。

目前，我国对农业固体废弃物中的有毒有害物质的处理和处置方法还不完善，为了防止其中的有毒有害物质对人类造成危害，我们应进一步深入研究农业废弃物中的有毒有害物质和重金属的处理方法，保证资源化利用安全可靠。

（4）农业固体废弃物资源化利用在一定程度上受季节与气候的影响。

农业废弃物与农作物一样具有季节性且稳定性较差，若不采取相应的措施对其进行处理，储存的废弃物非常容易变质。此外，农业废弃物还受气候和自然环境的影响，而目前我国在开发利用废弃物时，并未全面考虑季节与气候因素的影响。

（5）农业固体废弃物资源化利用的开发费用不足。

对现阶段农民来说，处理农业废弃物的一次性投资成本较高，农民无力自行承担，需在政府扶持的条件下，多方筹集资金。各级农业部门要积极争取政府增加资金投入，确保农业固体废弃物资源化利用的工作顺利进行。

（6）农业固体废弃物资源化需要技术保障。

尽管在最近几年内，我国在农业固体废弃物的资源化利用上已取得一定的进步，但在技术水平上同世界发达国家相比还存在很大的差距。因此我们要不断优化农业废弃物的处理技术，减少成本，使之能广泛应用。

7.4.3.3 建筑废弃物的资源化

建筑废弃物又称建筑垃圾，是指建设、施工单位或个人对各类建筑物、构筑物、管网等进行建设、拆除或铺设、修缮及装饰过程中所产生的余泥、渣土、弃料、泥浆及其他废弃物。按照来源分类，建筑废弃物可分为土地和道路开挖、旧建筑物拆除、建筑施工和建材生产五类，主要由渣土、碎石块、废砂浆、砖瓦碎块、混凝土块、沥青块、废塑料、废金属料、废竹木等组成。不同结构类型建筑物所产生的建筑施工废弃物成分有所不同，其基本组成一致，主要由土、渣土、砂浆和混凝土、砖石和混凝土碎块、打桩截下的钢筋混凝土桩头、废金属料、竹木材、装饰装修产生的废料、各种包装材料和其他废弃物等组成。我国城市每年产出垃圾约为 60 亿 t，其中建筑垃圾为 24 亿 t 左右，已占到城市垃圾总量的 40%。

我国对建筑垃圾的处理大体可以分为两类，一是将建筑垃圾进行轻度分拣，回收废金属、废混凝土等，采用这类处理方式的建筑垃圾仅占 2%；二是未经任何处理的建筑垃圾被运到郊外或者农村，买或者租块地，采用露天堆放或填埋的方式进行处理，采用这类处理方式的建筑垃圾约占 98%。这种不合理的处理方式不仅占用了大量的农田，增加了运输成本，还造成了大量资源浪费，使得建筑垃圾成为我国废弃物管理中的难题。

目前，国外发达国家将建筑垃圾转变成再生产品的资源化利用率已达到 60% ~ 90%。但我国建筑垃圾资源化水平较低，对建筑垃圾的利用仅局限于简单处理，如用于回填和公路建筑。生产再生砖、再生砌块等缺乏技术创新，附加值低，市场价值低，投资人投资回报率低，影响投资积极性。目前我国对于建筑垃圾的利用主要有以下几个方面：

（1）造景：如天津市的人造山利用建筑垃圾 500 万 m^3。

（2）环保型砖块：在厦门，利用建筑垃圾生产的环保砖获得推广，初步形成日消纳建筑垃圾 200 t、日产 10 万块标准砖的生产能力。

（3）再生骨料：再生骨料是建筑垃圾的最常见再生产品。再生骨料按来源可分为三大类：废弃混凝土骨料、碎砖骨料和其他再生骨料。再生骨料的应用决定了建筑废料处理的途径和方法，根据目前的研究来看，再生骨料主要用于制备再生混凝土，部分用于制备砖和砌块等墙材，也可用于制备再生水泥。

（4）地基加固处理：建筑工程中产生的碎砖瓦、废钢渣、碎石等可用于筑路施工、桩基填料、地基基础等。

总体来说，我国的建筑垃圾资源化效果不明显，存在以下问题：

（1）建筑垃圾分类收集程度不高，绝大部分是混合收集，增大了垃圾资源化、无害化处理的难度。

（2）建筑垃圾回收利用率低，大多数城市没有专业的回收机构。

（3）建筑垃圾资源化缺乏新技术、新工艺，垃圾处理采用简单填埋。

（4）建筑垃圾处理投资少，法规不健全，建设工作者环保意识不高。

7.4.3.4　工业固体废物资源化

工业固体废物是指在工业、交通等生产活动中产生的采矿废石、选矿尾矿、燃料废渣、化工生产及冶炼废渣等固体废物，又称工业废渣或工业垃圾。

按产生工业固体废物的行业类别，可将工业固体废物分类如下：① 冶金固体废物，主要指在各种金属冶炼过程中或冶炼后排出的所有残渣废物，如高炉矿渣、钢渣，各种有色金属渣，各种粉尘、污泥等；② 采矿固体废物，在各种矿石、煤的开采过程中，产生的矿渣数量极大，涉及的范围很广，如矿山的剥离废石、掘进废石、煤矸石、选矿废石、废渣、各种尾矿等；③ 燃料固体废物，燃料燃烧后所产生的废物，主要有煤渣、烟道灰、煤粉渣、页岩灰等；④ 化工固体废物，化学工业生产中排出的工业废渣，主要包括硫酸矿渣、电石渣、碱渣、煤气炉渣、磷渣、汞渣、铬渣、盐泥、污泥、硼渣、废塑料以及橡胶碎屑等；⑤ 放射性固体废物，在核燃料开采、制备以及辐照后燃料的回收过程中，都有固体放射性废渣或浓缩的残渣排出；⑥ 玻璃、陶瓷固体废物；⑦ 造纸、木材、印刷等工业固体废物，刨花、锯末、碎木、化学药剂、金属填料、塑料、木质素；⑧ 建筑固体废物，主要有金属、水泥、黏土、陶瓷、石膏、石棉、砂石、纸、纤维；⑨ 电力工业固体废物，主要有炉渣、粉煤灰、烟尘；⑩ 交通、机械、金属结构等工业固体废物，主要有金属、矿渣、砂石、模型、陶瓷、边角料、涂料、管道、绝缘材料、黏合剂、废木材、塑料、橡胶、烟尘等；⑪ 纺织服装业固体废物，主要有布头、纤维、橡胶、塑料、金属；⑫ 制药工业固体废物，主要指药渣；⑬ 食品加工业固体废物，主要有肉类、谷物、果类、菜蔬、烟草；⑭ 电器、仪器仪表等工业固体废物，主要有金属、玻璃、木材、橡胶、塑料、化学药剂、研磨料、陶瓷、绝缘材料等。

工业固体废物的类型不同，其组成也不同。主要以矿山固体废物、冶金固体废物、化工固体废物、其他固体废物这四大类为主。从近几年的统计资料来看，工业固体废物的组成具有相对稳定性。工业固体废物中以尾矿和采煤、燃煤产生的废物最多，占总量的 80% 左右，而煤矸石、炉渣和粉煤灰约占产生量的 50%，这与我国矿物资源主要靠自给、开采量大，能源以煤为主有密切关系。

1）矿山固体废物

矿山固体废物主要是指各类矿山在开采过程中所产生的剥离物和废石及在选矿过程中所排弃的尾矿。矿石的开采方法有露天开采和地下开采两种，其中，露天开采产生了剥离物，地下开采产生了废石。一般大中型露天矿山剥离量都在数百万吨，地下采矿井巷工程每年要产生数十万吨甚至更多的废石；在选矿作业中每选出 1 t 精矿，平均要产出几十吨或上百吨的尾矿，有的甚至要产出几千吨尾矿。总之，我国尾矿产生量很大，在工业固体废物产生量中占 30% 以上，最近几年一直在 1.8 亿 t 以上；同时，每年还排弃数亿吨的露天矿山开采剥离物和地下采矿废石等。

2）冶金固体废物

冶金固体废物主要包括高炉渣、钢渣、轧钢、铁合金渣、烧结、重有色金属冶炼以及铝工业固体废物等。比如，高炉渣的矿物组成与生产原料和冷却方式有关。如碱性高炉渣的主要矿物是黄长石；酸性高炉渣在冷却时全部凝结成玻璃体，在弱酸性高炉渣中，尤其在缓冷条件下，其结晶矿物相有黄长石、假硅灰石、辉石和斜长石等；高钛高炉渣中主要矿物是钙钛矿、安诺石、钛辉石、巴依石及尖晶石等；锰铁高炉渣中主要矿物是锰橄榄石。高炉渣的化学成分与普通硅酸盐水泥相似，主要是 Ca、Mg、Al、Si、Mn 等的氧化物，个别渣中含 Ti、V 等。

3）化工固体废物

化工固体废物是指化学工业生产过程中产生的固体、半固体或浆状废物，包括化工生产过程中进行化合、分解、合成等化学反应所产生的不合格产品（包括中间产品）和副产物、失效催化剂、废添加剂、未反应的原料及原料中夹带的杂质等，直接从反应装置排出的或在产品精制、分离、洗涤时由相应装置排出的工艺废物；还包括空气污染控制设施排出的粉尘、废水处理产生的污泥、设备检修和事故泄漏产生的固体废物以及报废的设备、化学品宣传品等。

化学固体废物产生量较大，种类繁多，主要包括无机盐、氯碱、磷肥、氮肥、纯碱、硫酸、有机原料、染料及感光材料等工业固体废物。

4）其他工业固体废物

主要是指粉煤灰、煤矸石、水泥厂窑灰及放射性废物等。

我国工业废物的综合利用主要集中在食品、烟草、纺织、石油加工、医药、橡胶制品和建材等行业，其综合利用率基本都在 75% 以上，而工业固体废物产生量最大的矿业以及易产生危险废物的有色金属冶炼业却低于平均水平，分别为 25% 和 20% 左右，其中煤矸石、炉渣、粉煤灰和冶炼渣的利用量占总利用量的 80%，尾矿和化工废渣分别仅占总量的 5% 左右，这说明我国当前工业固体废物的综合利用潜力很大。

不同国家、不同地区对工业废弃物的综合利用途径不同，主要取决于该地区的资源和需求状况。概括起来有以下五条途径：

（1）提取各种金属，尤其是稀贵金属。

（2）充分利用余热，大力回收能源。

（3）作为某些工业原料的代用品，节省资源。

（4）生产建材。

（5）作为农业化肥及改良土壤。

复习及思考题

1　环境与环境化学

一、名词解释

环境污染、环境化学、污染物的迁移、污染物的转化。

二、基本知识

（1）环境科学各分科按其性质和作用大致划分为三部分：环境基础科学、环境技术学及环境社会学。

（2）环境污染是由于人为因素使环境的构成或状态发生变化，环境素质下降，从而扰乱和破坏了生态系统和人们的正常生活和生产条件。

引起环境污染的物质或因子称为环境污染物，简称污染物。大部分的环境污染物是由人类的生产和生活活动产生的。环境污染物划分类别按受污染物影响的环境要素分为大气污染物、水体污染物、土壤污染物等；按污染物的形态可分为气体污染物、液体污染物和固体废物；按污染物的性质可分为化学污染物、物理污染物和生物污染物。

（3）污染物的转化是指环境中的污染物在物理、化学或生物作用下，改变存在形态或转变为另一种物质的过程。

污染物的迁移是指污染物在环境中所发生的空间位移及其引起的富集、分散和消失的过程。污染物在环境中的迁移主要有机械迁移、物理-化学迁移和生物迁移三种方式。其中物理-化学迁移和生物迁移是重要的迁移形式。

（4）地球环境系统由大气圈、水圈、岩石圈和生物圈四个圈层组成。

（5）环境化学是一门研究有害化学物质在环境介质中的存在、化学特性、行为和效应及其控制的化学原理和方法的科学。它既是环境科学的核心组成部分，也是化学科学的一个新的重要分支。

（6）环境科学所要研究解决的问题主要有两个：一类是人类活动对环境的影响，如气候改变、水土流失、沙漠化、盐渍化、动植物资源破坏及矿物资源破坏等；另一类是人类活动造成的环境污染对人和生物的影响，也就是各种环境因素对生物和人类生活和健康的影响。

三、思考与练习

（1）环境化学有哪些分支学科？各分支学科研究的主要内容是什么？

（2）环境化学与基础化学有什么区别与联系？

（3）环境化学是一门新兴学科，其定义尚不统一。请查阅有关资料，列出不同书籍中关于环境化学的定义。

2 大气环境化学

一、名词解释
大气污染、城市热岛效应、海陆风、臭氧层空洞、光化学烟雾。

二、基本知识
大气是由多种气体组成的混合体。其组成成分可分为稳定的、可变的和不确定的三种类型。其中，可变组分和不确定组分是导致大气污染的主要因素。

大气层的结构是指气象要素的垂直分布情况，根据大气温度随高度垂直变化的特征，将大气层分为对流层、平流层、中间层、热层和逸散层。通常的大气污染主要发生在对流层中。

大气稳定度是指大气抑制或促进气团在垂直方向运动的趋势。大气温度垂直递减率越大，气块越不稳定；反之，气块就越稳定。而气块越稳定，地面污染源排放出来的污染物越难以上升扩散。

逆温形成的过程是多种多样的。根据形成过程的不同，逆温可分为近地面层逆温和自由大气逆温两种。近地面层逆温又可分为辐射逆温、平流逆温、融雪逆温和地形逆温等；自由大气逆温可分为湍流逆温、下沉逆温和锋面逆温等。

与大气污染关系密切的是辐射逆温。地面因强烈的有效辐射而很快冷却，近地面气层冷却最为强烈，较高的气层冷却较慢，因而形成了自地面开始逐渐向上发展的逆温层，称为辐射逆温。辐射逆温最可能发生在夜间的静止空气，此时地球不再接受太阳辐射；近地面空气比高层空气先冷却，而高层空气保持温暖，密度小。逆温不利于空气对流，因而不利于污染物的扩散，使污染物滞留在局地，造成局地大气污染物的集聚。辐射逆温层多发生在距地面100~150 m 高度内。有云和有风都能减弱逆温，如风速超过 2~3 m/s 时，辐射逆温就不易形成。

影响大气污染物迁移的因素主要有风和湍流、天气形势和地理地势造成的逆温现象和污染源本身的特性。

大气污染是指由于人类活动或自然过程改变了大气层中某些原有成分或增加了某些有害物质，致使大气质量恶化，影响生态平衡体系，对人体健康和工农业生产及建筑物、设备等造成损害的现象。大气污染对人体健康将产生不同的危害。从规模上分类，可分为微观、中型和宏观三种。如放射性建筑材料的自然辐射所引起的室内大气污染属于微观空气污染；工业生产及汽车尾气排放所引起的室外周围大气污染属于中型大气污染；大气污染物远距离传输及对全球的影响属于宏观大气污染（如酸雨）。大气污染对人体健康影响较大的污染物有颗粒物、二氧化硫、一氧化碳和臭氧等。大气污染物种类很多，且依据污染源不同而有差异。常见的大气污染物有含硫氧化物、氮氧化物、碳氢化合物、卤素及其化合物和颗粒物等。大气污染对人类健康、工农业生产、动植物生长、社会生产和全球环境等都会造成很大的危害。

室内空气污染物的种类主要可划分为四个类型，即生物污染、化学污染、物理污染和放射性污染，目前室内环境空气污染以化学污染最为严重。

三、思考与练习

（1）描述大气层的结构，并指出通常大气污染主要发生在哪一层面，为什么？

（2）简述逆温现象对大气污染物的迁移有什么影响。

（3）影响大气中污染物迁移的主要因素有哪些？

（4）简要说明大气污染对人体健康的危害。

（5）什么叫光化学反应？简述光化学反应的过程。

（6）说明光化学烟雾的特征。

（7）说明酸雨的形成过程及其危害。

（8）描述温室效应形成的原因及其危害。

（9）简述臭氧层破坏对人体健康的影响。

（10）室内空气污染物主要有哪些，可采取哪些防治措施？

（11）近年来我国汽车工业发展迅速，请查阅有关资料，论述汽车产业的发展对环境会产生哪些影响，应采取哪些防治措施。

（12）平流层温度升高的原因是什么？

（13）辐射逆温是如何形成的？

（14）为什么高空飞行很适合？

（15）O_3 成为光化学烟雾的重要产物的原因是什么？

3 水环境化学

一、名词解释

生化需氧量 BOD、水体污染、水体天然污染源、水体的自净作用、水的环境容量、污染物的迁移转化、水体富营养化、赤潮、直接光解、敏化光解（间接光解）。

二、基本知识

（1）水体产生生物体的能力称为生产率。生产率是由水体的化学因素、物理因素相结合而决定的。

（2）生化需氧量（BOD）是指在一定体积的水中有机物降解所需要耗用氧气的量。BOD高的水体对水生生物的生长是有利的。衡量水体氧平衡的指标还有化学需氧量 COD、总需氧量 TOD 和总有机碳 TOC 等。

（3）水体中胶体颗粒的吸附作用可分为物理吸附和化学吸附两大类，化学吸附又可分为离子交换吸附和专属吸附。

（4）水体具有三个重要机能：能量相对稳定的单向衰减流动；物质相对稳定的循环流动；自净作用。

（5）水体污染源是指造成水体污染的污染物的发生源。通常是指向水体排入污染物或对水体产生有害影响的场所、设备和装置。按污染物的来源可分为天然污染源和人为污染源两大类。

水体天然污染源指自然界自行向水体释放有害物质或造成有害影响的场所。水体人为污染源是指人类活动形成的污染源，是环境保护研究和水污染防治的主要对象。人为污染源体系很复杂，按水体类型可分为江河、湖泊、海洋、地下水污染源；按人类活动方式分为工业、农业、交通、生活等污染源；按污染物及其形成污染的性质分为化学、物理、生物污染源及同时排放多种污染物的混合污染源；按排放污染物空间分布方式分为点源和非点源。

（6）未经妥善处理的污水（包括生活污水、工业废水和农业污水等）任意排入天然水体中，会使水体的物质组成发生变化，破坏了原有的物质平衡，造成水质恶化。与此同时，污染物也参与水体中的物质转化和循环过程。经过一系列的物理、化学和生物学变化，污染物被分离或分解，水体基本上或完全地恢复到原来的状态，这个自然净化过程称为水体自净作用。

水体的自净过程十分复杂，受很多因素影响。从机理上看，水体自净主要由下列几种过程组成：物理自净、化学自净、生物自净，在实际地面水体中，以上几个过程常相互交织在一起综合进行。从水体污染控制的角度看，水体对污水的稀释、扩散以及生物化学降解作用是水体自净的主要问题。

（7）一定水体在规定的环境目标下所能容纳污染物的最大负荷量称为水的环境容量。水环境容量的大小与下列因素有关：水体特征、污染物特征、水质目标。

（8）污染物的迁移转化是指污染物在自然环境中空间位置的移动和存在形态的变化以及这些变化所引起的污染物的富集或分散。

（9）有机污染物包括天然有机污染物（如动植物残体、腐殖质、生物排泄物等）和人工合成有机污染物。人工合成有机物种类繁多，随着工业废水来源的不同，对天然水体污染的程度也不同。有机污染物在水体中的迁移转化主要取决于有机污染物本身的性质以及水体的环境条件。有机污染物一般通过分配作用、挥发作用、水解作用、光解作用、生物降解和生物富集作用等途径进行迁移转化。有机污染物在生物-水之间的分配称为生物浓缩或生物积累。生物浓缩因子(BCF)指的是有机污染物在生物体某一器官内的浓度与水中该有机物浓度之比，用符号 BCF 或 K_B 表示。目前，测定 BCF 有平衡法和动力学法。

（10）一般可把光解过程分为三类：直接光解、敏化光解（间接光解）和光氧化反应。

（11）生物化学作用是指污染物通过生物的生理生化作用及食物链的传递过程发生特有的生命作用过程。生化作用大致可分为生物降解作用和生物积累作用。

（12）赤潮又称红潮，国际上通称为"有害藻华"，是海洋中某一种或几种浮游生物在一定环境条件下爆发性繁殖或高度聚集，引起海水变色，影响和危害其他海洋生物正常生存的灾害性生态异常现象。赤潮根据发生的地点不同，有外海型和内湾型之分；有外来型和原发型之别；还因出现的生物种类不同而有单相型、双相型和多相型之异。

三、思考与练习

（1）什么叫水体富营养化？其成因和危害是什么？

（2）什么叫赤潮？发生赤潮的基本条件是什么？

（3）调查目前市场上饮用水的品牌，论证并给出哪种水最适合饮用。

（4）调查我国的水资源情况。

4 土壤环境化学

一、名词解释

土壤的自净作用、土壤环境污染。

二、基本知识

（1）土壤的组成与性质

土壤是指陆地地表具有肥力并能生长植物的疏松表层物质，它处在岩石圈最外面，具有支持植物和微生物生长繁殖的能力。土壤是在地球表面岩石的风化过程和土壤母质的成土过程两者的综合作用下形成的。

裸露在地表的岩石，在各种物理、化学和生物因素的长期作用下，逐渐被破坏成疏松、大小不一的矿物颗粒，此过程称为岩石的风化过程。

土壤是由固体、液体和气体三相共同组成的疏松多孔体。固相指土壤矿物质（原生矿物质和次生矿物质）和土壤有机质，两者占土壤总量的 90% ~ 95%。液相指土壤中的水分及其可溶物，两者合称为土壤溶液。气相指土壤中的空气。

土壤颗粒粒级的划分标准及详细程度主要有三种，即国际制、苏联制和美国制。土壤矿物质的粒级划分是按粒径的大小将土粒分为若干组，称为粒组或粒级。

土壤中最主要的原生矿物有四类：硅酸盐类矿物、氧化物类矿物、硫化物类矿物和磷酸盐类矿物。土壤中次生矿物可分为：简单盐类、三氧化物类和次生铝硅酸盐类。土壤有机质是土壤中含碳有机化合物的总称，包括腐殖质、生物残体及土壤生物，其中腐殖质是其主要组成部分。土壤腐殖质是土壤环境中的主要有机胶体，对土壤环境特性、性质及污染物在土壤环境中的迁移、转化等过程起着重要的作用。土壤有机质是土壤形成的主要标志。

土壤性质对污染物在土壤中的迁移转化具有十分重要的作用。其主要性质有：吸附性、酸碱性、氧化还原性及自净作用。

在土壤中，有空气中的氧作为氧化剂，有水作为溶剂，有大量的胶体表面吸附各种物质并降低它们的反应活化能。此外，还有各种各样的微生物，它们产生的酶对各种结构的分子分别起到特有的降解作用。这些条件加在一起，使得土壤具有优越的自身更新能力。土壤的这种自身更新能力，称为土壤的自净作用。

土壤的自净能力取决于土壤的物质组成和其他特性，也和污染物的种类与性质有关。不同土壤的自净能力（即对污染物的负荷量或容纳污染物的容量）是不同的。土壤对不同污染物的净化能力也是不同的。一般来说，土壤自净的速度是比较缓慢的。

（2）土壤环境污染

土壤环境污染的产生是由于过量的有毒有害物质通过一定途径（人为影响、意外事故或自然灾害）进入土壤，使土壤环境质量下降，土壤的结构和功能遭到破坏，它直接或间接地危害人类的生存和健康。土壤环境污染是指人类活动产生的环境污染物进入土壤并积累到一定程度，引起土壤环境质量恶化的现象，简称土壤污染。衡量土壤环境质量是否恶化的标准是土壤环境质量标准。

土壤环境污染有以下两个特点：①隐蔽性和潜伏性；②不可逆性和长期性。

土壤环境污染的主要途径：① 水体污染型；② 大气污染型；③ 农业污染型；④ 固体废物污染型。

（3）重金属在土壤中的迁移转化

影响重金属迁移转化的因素很多，如金属的化学特性，土壤的生物特性、物理特性和环境条件等。重金属在土壤环境中的迁移转化过程按其特征常分为物理迁移、物理化学迁移、化学迁移和生物迁移。

土壤中的汞可以金属汞、无机汞和有机汞三种形态存在，这三种形态的汞在一定条件下可以相互转化。土壤中的无机汞化合物在嫌气细菌作用下，可以转化为甲基汞。甲基汞是汞的污染物中毒性最大的一种。

（4）化学农药在土壤中的迁移转化

土壤对农药的吸附作用，可降低农药的迁移性，但农药可通过气体挥发、雨水淋溶或生物吸收等途径发生迁移，通过化学反应、光化学反应或微生物的分解作用而降解。

（5）其他污染物质在土壤中的迁移转化

土壤中酚的挥发作用是酚迁移的一个重要途径，土壤中微生物对酚的降解作用及植物对酚的吸收与同化作用对土壤中酚的净化具有十分重要的意义。

土壤中的氟多以不溶性或难溶性化合物形态存在，其迁移转化过程与土壤水分状况、pH等条件有关。适量的氟对人体健康是有利的。

三、思考与练习

（1）土壤环境污染有哪些特点及途径？
（2）预防土壤重金属污染的基本原则是什么？

5 生物环境化学

一、名词解释

生物污染、生物富集、生物放大、生物积累、毒物。

二、基本知识

（1）生物污染是指大气、水环境以及土壤环境中各种各样的污染物质，包括施入土壤中的农药等，通过生物的表面附着、根部吸收、叶片气孔的吸收以及表皮的渗透等方式进入生物机体内，并通过食物链最终影响到人体健康。把污染环境的某些物质在生物体内累积至数量超过其正常含量，足以影响人体健康或动植物正常生长发育的现象称为生物污染。

（2）生物富集是指生物机体或处于同一营养级上的许多生物种群，通过非吞食方式（如植物根部的吸收、气孔的呼吸作用而吸收），从周围环境中蓄积某种元素或难降解的物质，使生物体内该物质的浓度超过环境中浓度的现象，又称为生物学富集或生物浓缩。生物富集用生物浓缩系数表示，即生物机体内某种物质的浓度和环境中该物质浓度的比值。

（3）生物放大是指在同一食物链上的高营养级生物，通过吞食低营养级生物蓄积某种元素或难降解物质，使其在机体内的浓度随营养级提高而增大的现象。生物放大的程度也用生物浓缩系数表示。生物放大的结果是食物链上高营养级生物体内这种物质的浓度显著地超过环境中的浓度，因此生物放大是针对食物链的关系而言的，如果不存在食物链的关系就不能称之为生物放大，而只能称之为生物富集或生物积累。

（4）生物积累是生物从周围环境（水、土壤、大气）中和食物链蓄积某种元素或难降解物质，使其在机体中的浓度超过周围环境中浓度的现象。生物放大和生物富集都是生物积累的一种方式。生物积累也用生物浓缩系数来表示。浓缩系数与生物体特性、营养等级、食物类型、发育阶段、接触时间、化合物的性质及浓度有关。

（5）污染物质进入人体的主要途径是通过饮食、呼吸和皮肤的吸收作用。

（6）酶是生物催化剂，能使化学反应在生物体温度下迅速进行。因此可以把酶定义为：由细胞制造和分泌的、以蛋白质为主要成分的、具有催化活性的生物催化剂。绝大多数的生物转化是在机体的酶参与和控制下完成的。依靠酶催化反应的物质叫底物。在生物酶作用下，底物发生的转化反应称之为酶促反应。各种酶都有一个活性部位，活性部位的结构决定了该种酶可以和什么样的底物相结合，即对底物具有高度的选择性或专一性，形成酶-底物复合物。复合物能分解生成一个或多个与起始底物不同的产物，而酶不断地被再生出来，继续参加催化反应。

（7）耗氧有机物质通过生物氧化以及其他的生物转化，变成更小、更简单的分子的过程称为耗氧有机物质的生物降解。如果有机物质最终被降解成为二氧化碳、水等无机物质，就称有机物质被完全降解，否则称之为不彻底降解。

（8）毒物是指进入生物机体后能使其体液和组织发生生物化学反应的变化，干扰或破坏生物机体的正常生理功能，并引起暂时性或持久性的病理损害，甚至危及生命的物质。

（9）两种或两种以上的毒物同时作用于机体所产生的综合毒性称为毒物的联合作用。毒物的联合作用主要包括协同作用、相加作用和拮抗作用。

三、思考与练习

（1）什么是毒物的联合作用，包括哪些？

（2）什么是汞的甲基化？汞是如何甲基化的？

6 典型污染物在环境各圈层中的转归与效应

一、基本知识

（1）重金属是具有潜在威胁和危害的重要污染物。重金属污染的特点是不能或难以被微生物降解。相反，重金属易被生物体吸收并通过食物链累积。在环境污染方面所说的重金属主要是指对生物有显著毒性和潜在危害的重金属及类金属元素，如汞、镉、铅、铬和砷等。具有一定毒性且在环境中广为分布的锌、铜、钴、镍、锡和钡等金属及其化合物也应包括在内。目前，最引起人们关注的是汞、铅、砷元素。

（2）有机卤化物包括卤代烃、多氯联苯、多氯代二噁英和有机氯农药等，最常见的是卤代烃和多氯联苯。

（3）表面活性剂是分子中同时具有亲水性基团和疏水性基团的物质。它能显著改变液体的表面张力或两相间界面的张力，具有良好的乳化或破乳，润湿、渗透或反润湿，分散或凝聚，起泡、稳泡和增加溶解力等作用。

（4）多环芳烃是广泛存在于环境中的有机污染物，也是最早被发现和研究的化学致癌物。多环芳烃（PAH）是分子中含有两个或两个以上苯环的碳氢化合物。两个以上的苯环连在一起的方式可以有两种：一种是非稠环型，即苯环与苯环之间各由一个碳原子相连，如联苯、联三苯等；另一种是稠环型，即两个碳原子为两个苯环所共有，如萘、蒽等。

二、思考与练习

（1）为什么有机汞的毒性通常大于无机汞？

（2）什么是金属的甲基化作用？它有什么意义？

（3）氧化-还原条件和酸碱条件（pH）对汞的迁移转化有什么影响？

（4）铅及其化合物有什么性质？

（5）铅有几种价态？常以什么价态存在？

7 能源与资源

一、名词解释

矿产资源、有害废物、金属矿产。

二、基本知识

（1）能源按其利用方式不同可分为一次能源和二次能源。一次能源是指能从自然界直接获取，并不改变基本形态的能源。二次能源是一次能源经过加工、转换成新的形态的能源。氢是一种二次能源。依据能否再生、循环使用，又可将一次能源分为再生能源和非再生能源。能够循环使用，不断得到补充的一次能源叫再生能源，如水能、太阳能、风能等。经亿万年形成而短期之内无法恢复的一次能源称非再生能源，如煤炭、石油、天然气、核燃料等。

（2）工业固体废物是指在工业、交通等生产过程中产生的固体废物。工业固体废物主要包括以下几类：① 冶金固体废物；② 化工固体废物；③ 矿山固体废物；④ 其他固体废物。

（3）目前，多数国家根据有害特性鉴别标准来判定有害废物，即按其是否具有可燃性、反应性、腐蚀性、浸出毒性、急性毒性、放射性等有害特性来进行判定。凡具有上述一种或一种以上特性者均认为属于有害废物。

（4）固体废物既是污染水、大气、土壤的污染"源头"，又是废水、废气处理的"终态物"。控制"源头"，处理好"终态物"是固体废物污染控制的关键。固体废物对环境的危害与废物的种类、性质和数量有关。固体废物的处置方法分为海洋处置和陆地处置。海洋处置方法包括深海投弃、海上焚烧；陆地处置方法包括土地耕作、工程库、储留池储存、土地填埋和深井灌注等几种。固体废物处理方法有物理处理、化学处理、生物处理、热处理、固化处理。

① 物理处理：压实、破碎、分选、增稠、吸附、萃取等；

② 化学处理：氧化、还原、中和、化学沉淀、化学熔出等；

③ 生物处理：好氧、厌氧、兼性厌氧处理、堆肥化；

④ 热处理：焚化、热解、湿式氧化、焙烧、烧结等；

⑤ 固化处理：水泥、沥青、玻璃、塑料、石灰固化等。

三、思考与练习

（1）举例说明固体废物处理方法有几种。

（2）说明固体废物污染控制措施。

参考文献

[1] 何燧源，金云云，何方. 环境化学[M]. 上海：华东师范大学出版社，2001.

[2] 王红云，赵连俊. 环境化学[M]. 北京：化学工业出版社，2004.

[3] 何燧源. 环境化学分类辞典（汉英俄日词目对照）[M]. 上海：华东理工大学出版社，2000.

[4] 何燧源，何方，金云云. 环境污染物分析监测[M]. 北京：化学工业出版社，2001.

[5] 何燧源. 环境毒物[M]. 北京：化学工业出版社，2002.

[6] 王焕校. 污染生态学[M]. 北京：高等教育出版社，2000.

[7] 郭子义，韦薇. 环境化学导论[M]. 北京：北京师范大学出版社，2001.

[8] MANAHAN S E. Environmental chemistry[M]. 5th ed. Michigan: Lewis publishers, 1991.

[9] 邵敏，赵美萍. 环境化学[M]. 北京：中国环境科学出版社，2001.

[10] 蒋展鹏. 环境工程学[M]. 北京：高等教育出版社，1992.

[11] 增岛博. 环境化学概论[M]. 东京：朝仓书店，2003.

[12] 王连生. 环境化学与工程辞典[M]. 北京：化学工业出版社，2002.

[13] 王云. 土壤环境元素化学[M]. 北京：中国环境科学出版社，1995.

[14] 王晓蓉. 环境化学[M]. 江苏：南京大学出版社，1993.

[15] 王凯雄. 水化学[M]. 北京：化学工业出版社，2001.

[16] 牛冬杰，孙晓杰，赵由才. 工业固体废物处理与资源化[M]. 北京：冶金工业出版社，2007.

[17] 周群英. 环境工程微生物[M]. 北京：高等教育出版社，2000.

[18] 林肇信. 环境保护概论[M]. 北京：高等教育出版社，1999.

[19] 林肇信. 大气污染控制工程[M]. 北京：高等教育出版社，1994.

[20] 张坤民. 可持续发展论[M]. 北京：中国环境科学出版社，1997.

[21] 孙铁珩. 污染生态学[M]. 北京：科学出版社，2002.

[22] 杨景辉. 土壤污染与防治[M]. 北京：科学出版社，1995.

[23] 李金惠，王伟，王洪涛. 城市生活垃圾规划与管理[M]. 北京：中国环境科学出版社，2007.

[24] MANAHAN S E. 环境化学[M]. 北京：高等教育出版社，2013.